新工科暨卓越工程师教育培养计划电子信息类专业系列教材
普通高等学校"双一流"建设电子信息类专业特色教材

丛书顾问/郝 跃

XINHAO YU XITONG XUEXI ZHIDAO JI XITI JIEDA

信号与系统学习指导及习题解答

■ 主 编/李开成

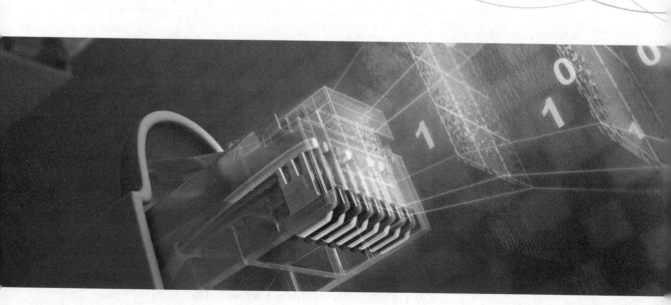

华中科技大学出版社
http://www.hustp.com
中国·武汉

内容简介

为了配合"信号与系统"课程的教学和练习,编写了本书。本书对"信号与系统"的主要内容做了归纳与总结,给出了解题指导、典型例题与习题解答。习题解答对应于李开成编写、华中科技大学出版社出版的新工科暨卓越工程师教育培养计划电子信息类专业系列教材中的《信号与系统》。本书内容涵盖"信号与系统"课程的所有内容,包括:信号与系统的基本概念;线性时不变系统时域分析;傅里叶级数与傅里叶变换;连续时间系统的频域分析;离散时间信号的傅里叶分析;离散时间系统的傅里叶分析;拉普拉斯变换和连续时间系统复频域分析;离散时间信号与系统 z 域分析;系统分析的状态变量法。本书力求严谨、详实,注重启发性,有的题目给出了一题多解。本书可供"信号与系统"课程教学和练习辅导参考,也可作为考研复习资料。

图书在版编目(CIP)数据

信号与系统学习指导及习题解答/李开成主编. —武汉:华中科技大学出版社,2021.6
ISBN 978-7-5680-7179-6

Ⅰ.①信… Ⅱ.①李… Ⅲ.①信号系统-高等学校-教学参考资料 Ⅳ.①TN911.6

中国版本图书馆 CIP 数据核字(2021)第 098823 号

信号与系统学习指导及习题解答 　　　　　　　　　　　　　李开成　主编
Xinhao yu Xitong Xuexi Zhidao ji Xiti Jieda

策划编辑:祖　鹏
责任编辑:余　涛
封面设计:秦　茹
责任监印:周治超

出版发行:华中科技大学出版社(中国•武汉)　　电话:(027)81321913
　　　　　武汉市东湖新技术开发区华工科技园　　邮编:430223
录　　排:武汉市洪山区佳年华文印部
印　　刷:武汉开心印印刷有限公司
开　　本:787mm×1092mm　1/16
印　　张:11.75
字　　数:276 千字
版　　次:2021 年 6 月第 1 版第 1 次印刷
定　　价:37.90 元

本书若有印装质量问题,请向出版社营销中心调换
全国免费服务热线:400-6679-118　　竭诚为您服务
版权所有　侵权必究

编 委 会

顾问 郝　跃(西安电子科技大学)

编委 (按姓氏笔画排名)

万永菁(华东理工大学)	王志军(北京大学)
方　娟(北京工业大学)	尹宏鹏(重庆大学)
尹学锋(同济大学)	刘　爽(电子科技大学)
刘　强(天津大学)	刘有耀(西安邮电大学)
孙闽红(杭州电子科技大学)	杨晓非(华中科技大学)
吴怀宇(武汉科技大学)	张永辉(海南大学)
张朝柱(哈尔滨工程大学)	金湘亮(湖南师范大学)
赵军辉(华东交通大学)	胡立坤(广西大学)
柳　宁(暨南大学)	姜胜林(华中科技大学)
凌　翔(电子科技大学)	唐朝京(国防科技大学)
童美松(同济大学)	曾以成(湘潭大学)
曾庆山(郑州大学)	雷鑑铭(华中科技大学)

前言

"信号与系统"是电子信息、电气工程、自动化、光电工程、物理、生物医学、精密仪器、计算机、机械等多学科的重要基础课程,其应用领域十分广泛,几乎遍及电类及非电类的各个工程技术学科。

为了适应时代的发展要求,作者编写了"信号与系统"新工科教材。课程的主要内容包括以下 9 章。

第 1 章:信号与系统的基本概念,包括:连续时间信号、离散时间信号、信号的分类、系统的建模与描述、系统的性质。

第 2 章:线性时不变系统时域分析,包括:连续时间系统时域分析——微分方程求解、单位冲激响应与单位阶跃响应、连续时间系统的卷积描述和卷积积分、离散时间系统时域分析——差分方程求解、离散时间系统的单位脉冲响应与单位阶跃响应、离散时间系统的卷积描述和卷积和。

第 3 章:傅里叶级数与傅里叶变换,包括:三角傅里叶级数、复指数傅里叶级数、傅里叶变换与反变换、傅里叶变换的性质、广义傅里叶变换、信号的抽样与抽样定理、信号的调制与解调。

第 4 章:连续时间系统的频域分析,包括:系统的频率响应函数、系统的正弦输入信号响应、系统的周期输入信号响应、系统的非周期输入信号响应、理想滤波器、系统的无失真传输条件、理想线性相位低通滤波器。

第 5 章:离散时间信号的傅里叶分析,包括:离散时间傅里叶变换(DTFT)、离散傅里叶变换(DFT)、DFT 的性质、圆周卷积、DFT 的计算误差、快速傅里叶变换(FFT)。

第 6 章:离散时间系统的傅里叶分析,包括:离散时间系统的频率响应函数、系统对正弦输入信号的响应、理想低通数字滤波器、因果低通数字滤波器。

第 7 章:拉普拉斯变换和连续时间系统复频域分析,包括:连续时间信号的拉普拉斯变换、拉普拉斯变换的性质、反拉普拉斯变换、系统函数、系统的频率响应、系统的正弦稳态响应、系统的稳定性分析、电路系统的复频域分析。

第 8 章:离散时间信号与系统 z 域分析,包括:离散时间信号 z 变换、z 变换的性质、逆 z 变换、差分方程的 z 域求解、系统函数、系统的频率响应、系统的正弦稳态响应、系统的稳定性分析。

第 9 章:系统分析的状态变量法,包括:连续时间系统状态方程的建立、离散时间系统状态方程的建立、状态方程的求解、系统的可控性与可观性。

本书为配合"信号与系统"的教学和练习而编写,对信号与系统的主要内容做了归纳与总结,给出了解题指导、典型例题与习题解答。习题解答对应于李开成编写、华中科技大学出版社出版的新工科暨卓越工程师教育培养计划电子信息类专业系列教材《信号与系统》，习题解答内容涵盖教材所述内容。

本书在编写过程中充分吸收了国内外优秀教材的精华，注重严谨性、系统性、逻辑性以及解决问题方法的多样性。可供"信号与系统"教学和练习辅导参考，也可作为考研复习资料。

由于编者水平有限，书中可能存在诸多问题或不足，敬请读者批评指正。

编　者
于华中科技大学
2020 年 12 月

目录

1 信号与系统的基本概念 …………………………………………………………… (1)
  1.1 信号的分类 ……………………………………………………………… (1)
  1.2 典型连续时间信号 ……………………………………………………… (1)
  1.3 信号在时域的运算 ……………………………………………………… (3)
  1.4 信号在时域的变换 ……………………………………………………… (3)
  1.5 离散时间信号的定义与表示 …………………………………………… (4)
  1.6 基本离散时间信号 ……………………………………………………… (4)
  1.7 系统的定义与分类 ……………………………………………………… (5)
  1.8 系统的建模与描述 ……………………………………………………… (6)
  1.9 系统的性质 ……………………………………………………………… (6)

2 线性时不变系统时域分析 ………………………………………………………… (17)
  2.1 连续时间系统的时域分析 ……………………………………………… (17)
  2.2 连续时间系统卷积分析 ………………………………………………… (19)
  2.3 离散时间系统的时域分析 ……………………………………………… (20)
  2.4 离散时间系统卷积分析法 ……………………………………………… (23)

3 傅里叶级数与傅里叶变换 ………………………………………………………… (47)
  3.1 周期信号的傅里叶级数 ………………………………………………… (47)
  3.2 傅里叶变换 ……………………………………………………………… (49)
  3.3 抽样信号的傅里叶变换与抽样定理 …………………………………… (51)

4 连续时间系统的频域分析 ………………………………………………………… (65)

5 离散时间信号的傅里叶分析 ……………………………………………………… (79)
  5.1 离散时间傅里叶变换 …………………………………………………… (79)
  5.2 离散傅里叶变换 ………………………………………………………… (81)
  5.3 快速傅里叶变换 ………………………………………………………… (85)

6 离散时间系统的傅里叶分析 ……………………………………………………… (94)
  6.1 离散时间系统的频率响应函数 ………………………………………… (94)
  6.2 系统对正弦输入信号的响应 …………………………………………… (94)
  6.3 滑动平均滤波器 ………………………………………………………… (95)
  6.4 理想低通数字滤波器 …………………………………………………… (95)
  6.5 理想低通滤波器的单位脉冲响应 ……………………………………… (95)
  6.6 因果低通数字滤波器 …………………………………………………… (95)

7 拉普拉斯变换和连续时间系统复频域分析 ……………………………………… (101)
  7.1 拉普拉斯变换 …………………………………………………………… (101)

7.2　典型信号的拉普拉斯变换 ·· (102)
　　7.3　拉普拉斯变换的基本性质 ·· (102)
　　7.4　拉普拉斯反变换 ·· (103)
　　7.5　微分方程的拉普拉斯变换 ·· (105)
　　7.6　系统函数 ·· (105)
　　7.7　系统的稳定性分析 ·· (108)
　　7.8　电路系统的复频域分析 ·· (109)
8　离散时间信号与系统 z 域分析 ·· (125)
　　8.1　离散时间信号 z 变换 ·· (125)
　　8.2　逆 z 变换 ·· (127)
　　8.3　差分方程的 z 域求解 ·· (130)
　　8.4　系统函数 ·· (130)
9　系统分析的状态变量法 ·· (154)
　　9.1　状态变量法基本概念 ·· (154)
　　9.2　连续时间系统状态方程的建立 ·· (155)
　　9.3　离散时间系统状态方程的建立 ·· (158)
　　9.4　连续时间系统状态方程的求解 ·· (160)
　　9.5　离散时间系统状态方程的求解 ·· (162)
　　9.6　系统的可控性与可观性 ·· (163)
参考文献 ·· (177)

1 信号与系统的基本概念

内容提要：

1.1 信号的分类

1. 连续时间信号和离散时间信号

连续时间信号 $x(t)$：信号在时间轴上连续或分段连续；

离散时间信号 $x[n]$：$x(t)|_{t=nT}=x(nT)$，表示为 $x[n]$，T 为抽样间隔，n 为整数。

2. 周期信号和非周期信号

周期信号：$x(t)$，$x[n]$ 在整个时间轴周而复始变化；

非周期信号：不具有周而复始变化特点的信号。

3. 能量信号和功率信号

能量信号：$\int_{-\infty}^{\infty}|x(t)|^2\mathrm{d}t<\infty$ 或 $\sum_{n=-\infty}^{\infty}|x[n]|^2<\infty$；

功率信号：$P=\dfrac{1}{T}\int_{0}^{T}|x(t)|^2\mathrm{d}t<\infty$。

4. 确定信号和随机信号

确定信号：能用确定的时间函数或曲线表示的信号，如正弦信号；

随机信号：不能用确定的时间函数表示的信号，如噪声信号。

1.2 典型连续时间信号

(1) 正弦信号：$x(t)=A\sin(\omega t+\varphi)$，$-\infty<t<\infty$；

(2) 直流信号：$x(t)=E$，E 为常数，$-\infty<t<+\infty$；

(3) 单位阶跃信号：$u(t)=\begin{cases}0, & t<0 \\ 1, & t>0\end{cases}$；

(4) 单位矩形脉冲信号：$p_\tau(t)=\begin{cases}1, & -\dfrac{\tau}{2}<t<\dfrac{\tau}{2} \\ 0, & |t|>\dfrac{\tau}{2}\end{cases}$，$G_\tau(t)=Ep_\tau(t)$，$E$ 为常数；

(5) 三角脉冲信号：$p_\Delta(t) = \dfrac{-2|t|}{\tau} + 1$；

(6) 单位冲激信号：$\begin{cases} \delta(t) = 0, & t \neq 0 \\ \int_{-\infty}^{\infty} \delta(t)\mathrm{d}t = 1 \end{cases}$。

单位冲激信号具有如下性质：

① $x(t)\delta(t) = x(0)\delta(t)$；

② $x(t)\delta(t-t_0) = x(t_0)\delta(t-t_0)$；

③ $\int_{-\infty}^{\infty} x(t)\delta(t)\mathrm{d}t = x(0)$；

④ $\int_{-\infty}^{\infty} x(t)\delta(t-t_0)\mathrm{d}t = x(t_0)$；

⑤ $\delta(-t) = \delta(t)$；

⑥ $\delta(at) = \dfrac{1}{|a|}\delta(t)$，$a$ 为常数；

⑦ $\delta(at-t_0) = \dfrac{1}{|a|}\delta\left(t-\dfrac{t_0}{a}\right)$，$a$ 为常数；

⑧ 单位阶跃信号 $u(t)$ 与单位冲激信号 $\delta(t)$ 之间具有如下关系：

$$u(t) = \int_{-\infty}^{t} \delta(\lambda)\mathrm{d}\lambda, \quad \delta(t) = \dfrac{\mathrm{d}u(t)}{\mathrm{d}t}$$

(7) 单位冲激偶信号：$\delta'(t) = \dfrac{\mathrm{d}\delta(t)}{\mathrm{d}t}$，$\delta'(t-t_0) = \dfrac{\mathrm{d}\delta(t-t_0)}{\mathrm{d}t}$。

单位冲激偶信号具有如下性质：

① $\delta'(-t) = -\delta'(t)$（奇函数）；

② $\int_{-\infty}^{\infty} \delta'(\lambda)\mathrm{d}\lambda = 0$；

③ $\int_{-\infty}^{t} \delta'(\lambda)\mathrm{d}\lambda = \delta(t)$。

(8) 单位符号信号：$\mathrm{sgn}(t) = \begin{cases} -1, & t < 0 \\ 1, & t > 0 \end{cases}$

$$\mathrm{sgn}(t) = u(t) - u(-t) = 2u(t) - 1$$

(9) 单位斜坡信号：$r(t) = \begin{cases} 0, & t < 0 \\ t, & t \geq 0 \end{cases}$，$r(t) = tu(t)$。

单位斜坡信号与单位阶跃信号、冲激信号之间的关系：

① $u(t) = \dfrac{\mathrm{d}r(t)}{\mathrm{d}t}$；

② $\delta(t) = \dfrac{\mathrm{d}r^2(t)}{\mathrm{d}t^2}$；

③ $\int_{-\infty}^{t} u(\lambda)\mathrm{d}\lambda = r(t)$。

(10) 指数信号：$x(t) = \mathrm{e}^{at}$，a 为常数。

(11) 抽样信号：

$$x(t) = \mathrm{Sa}(t) = \dfrac{\sin t}{t}, \quad -\infty < t < +\infty$$

抽样信号的性质：
① $\mathrm{Sa}(t)=\mathrm{Sa}(-t)$；
② $\mathrm{Sa}(0)=\lim\limits_{t\to 0}\dfrac{\sin t}{t}=1$；
③ 当 $t=\pm k\pi, k$ 为整数时，$\mathrm{Sa}(t)=0$；
④ $\int_{-\infty}^{\infty}\mathrm{Sa}(t)\mathrm{d}t=\pi$；
⑤ $\lim\limits_{t\to\pm\infty}\mathrm{Sa}(t)=0$。

sinc 信号：

$$\mathrm{sinc}(t)=\frac{\sin(\pi t)}{\pi t}, \quad -\infty<t<\infty$$

$$\mathrm{Sa}(t)=\frac{\sin t}{t}=\mathrm{sinc}\left(\frac{t}{\pi}\right)$$

$$\mathrm{sinc}(t)=\frac{\sin(\pi t)}{\pi t}=\mathrm{Sa}(\pi t)$$

(12) 分段连续时间信号：信号在有限个时间点不连续而在其他点均连续。

(13) 周期信号：

连续周期信号：

$$x(t)=x(t+T), \quad -\infty<t<\infty$$

若 $x_1(t)$ 和 $x_2(t)$ 均为周期信号，且周期分别为 T_1 和 T_2，当且仅当：

$$\frac{T_1}{T_2}=\frac{q}{r}, \quad q、r \text{ 均为正整数，且互质}$$

则 $x(t)=x_1(t)+x_2(t)$ 为周期信号，且周期为 $T=T_1 r=T_2 q$，否则为非周期信号。

1.3 信号在时域的运算

加法运算： $y(t)=x_1(t)+x_2(t)$

乘法运算： $y(t)=x_1(t)\cdot x_2(t)$

比例运算： $y(t)=Ax(t)$

微分运算： $y(t)=\dfrac{\mathrm{d}x(t)}{\mathrm{d}t}$

积分运算： $y(t)=\int_{-\infty}^{t}x(\lambda)\mathrm{d}\lambda$

信号的广义导数：$y(t)=\dfrac{\mathrm{d}x(t)}{\mathrm{d}t}+\sum\limits_{i=1}^{n}[x(t_i^+)-x(t_i^-)]\delta(t-t_i)$，$t_i$ 为不连续点，t_i^-、t_i^+ 分别为不连续点的左、右函数值。

1.4 信号在时域的变换

反褶：$y(t)=x(-t)$，以纵轴为对称轴将信号 $x(t)$ 做折叠。

倒相：$y(t)=-x(t)$，以横轴为对称轴将信号 $x(t)$ 做折叠。

时移：$y(t)=x(t-t_0)$，信号 $x(t)$ 延时间轴平行移动 t_0 时刻。若 $t_0>0$，$x(t-t_0)$ 为

右移，$x(t+t_0)$ 为左移。

尺度：$y(t)=x(at)$，其中，a 为常数。将信号 $x(t)$ 沿时间轴压缩或展宽。当 $0<a<1$ 时，信号沿时间轴被展宽；当 $a>1$ 时，信号沿时间轴被压缩。

1.5 离散时间信号的定义与表示

定义：$x(t)|_{t=nT}=x(nT)$，用 $x[n]$ 表示 $x(nT)$，n 为整数，T 为抽样间隔。

表示方法：函数，序列，表格，杆状图。

1.6 基本离散时间信号

(1) 单位脉冲信号：$\delta[n]=\begin{cases}0, & n\neq 0\\ 1, & n=0\end{cases}$，$\delta[n-j]=\begin{cases}0, & n\neq j\\ 1, & n=j\end{cases}$。

性质：

① $x[n]\delta[n]=x[0]\delta[n]$；

② $x[n]\delta[n-i]=x[i]\delta[n-i]$；

③ $x[n]=\sum_{i=-\infty}^{\infty}x[i]\delta[n-i]$。

(2) 单位阶跃信号：$u[n]=\begin{cases}1, & n\geqslant 0\\ 0, & n<0\end{cases}$，$u[n-j]=\begin{cases}1, & n\geqslant j\\ 0, & n<j\end{cases}$。

可推得下列关系：

① $\delta[n]=u[n]-u[n-1]$；

② $u[n]=\delta[n]+\delta[n-1]+\delta[n-2]+\cdots=\sum_{i=0}^{\infty}\delta[n-i]$；

③ $x[n]u[n]=\begin{cases}x[n], & n\geqslant 0\\ 0, & n<0\end{cases}$；

(3) 直流信号：$x[n]=1$，$n=\pm 1,\pm 2,\cdots,\pm\infty$；

(4) 单位斜坡信号：$r[n]=\begin{cases}0, & n<0\\ n, & n\geqslant 0\end{cases}$，$r[n]=nu[n]$；

(5) 单边指数信号：$x[n]=a^n u[n]$，a 为常数；

(6) 周期离散时间信号：$x[n]=x[n+r]$，$n=0,\pm 1,\pm 2,\cdots,\pm\infty$，$r$ 为整数。使上述关系成立的最小 r 为基本周期。

对 $x(t)=A\cos(\omega_0 t+\theta)$ 进行抽样，则
$$x[n]=x(t)|_{t=nT}=A\cos(\omega_0 nT+\theta)=A\cos(\Omega_0 n+\theta)$$

当且仅当 $\dfrac{2\pi}{\Omega_0}=\dfrac{r}{q}$，$r,q$ 均为正整数，$x[n]=A\cos[\Omega_0 n+\theta]$ 为周期信号，且其周期为 $r=\dfrac{2\pi}{\Omega_0}\cdot q$，否则周期不存在。

(7) 离散时间矩形脉冲信号：$p_L[n]=\begin{cases}1, & n=-\dfrac{L-1}{2},\cdots,-1,0,1,\cdots,\dfrac{L-1}{2}\\ 0, & \text{其他}\end{cases}$。

(8) 信号在时域的运算和变换:类似于连续时间信号在时域的运算和变换。

1.7 系统的定义与分类

1. 系统的定义

由若干基本元件或设备相互连接并实现特定功能的整体。系统可以是硬件,也可以是软件(算法)。

2. 系统的分类

1) 集总参数系统和分布参数系统

集总参数系统:由集总参数元件构成的系统。

分布参数系统:含有分布参数元件的系统,如均匀长线传输系统。

2) 线性系统和非线性系统

线性系统:由常系数微分方程或差分方程描述输入/输出关系的系统。

非线性系统:由非常系数微分方程或差分方程描述输入/输出关系的系统。

3) 连续时间系统和离散时间系统

连续时间系统:取值区间在时间轴上连续的系统。

离散时间系统:只在某些离散点才有取值、其他点无定义的系统。

4) 时不变系统和时变系统

时不变系统:系统的响应与激励施加于系统的时刻无关。常系数微分方程或差分方程系统是线性时不变系统(linear time invariant system,LTI)。

时变系统:系统的响应与激励施加于系统的时刻有关。系数随时间变化的微分方程或差分方程系统是时变系统(time varying system)。

5) 动态系统和即时系统

动态系统:系统的输入/输出关系由微分方程或差分方程描述的系统,如含有储能元件电容、电感的电路系统。

即时系统:系统输入/输出关系由代数方程描述的系统,如仅由纯电阻元件所构成的电路系统。

6) 记忆系统和无记忆系统

记忆系统:系统的输出不仅与当前时刻的输入有关,还与它过去的输入有关。

无记忆系统:系统的输出只与当前时刻的输入有关。

7) 因果系统和非因果系统

因果系统:系统当前的响应与将来的激励无关。

非因果系统:系统当前的响应与将来的激励有关。

8) 稳定系统和非稳定系统

稳定系统:施加给系统的扰动消除后能恢复到原来状态的系统。

非稳定系统:施加给系统的扰动消除后不能恢复到原来状态的系统。

9) BIBO 稳定系统和非 BIBO 稳定系统

BIBO 稳定系统:有界输入必定有界输出的系统。

非 BIBO 稳定系统:有界输入可能导致无界输出的系统。

1.8 系统的建模与描述

1. 连续时间系统的建模与描述

根据基本的物理定律,如 KVL、KCL、牛顿第二定律等建立数学模型。

线性时不变系统由常系数微分方程描述:

$$\frac{d^n y(t)}{dt^n} + a_{n-1}\frac{d^{n-1} y(t)}{dt^{n-1}} + \cdots + a_0 y(t) = b_m \frac{d^m x(t)}{dt^m} + \cdots + b_0 x(t)$$

式中:a_i、b_i 均为常数;$x(t)$为激励或输入;$y(t)$为响应或输出;n 为微分方程的阶数。

2. 离散时间系统的建模与描述

离散时间系统一般由差分方程描述。方程的建立一般基于:

(1) 信号处理算法,如滑动平均滤波;

(2) 由微分方程导出。

对连续时间信号进行抽样,有 $x(t)|_{t=nT} = x[nT]$,$y(t)|_{t=nT} = y[nT]$。

若抽样间隔时间 T 足够小,则有

$$\frac{dx(t)}{dt}\bigg|_{t=nT} \approx \frac{x[(n+1)T] - x[nT]}{T}, \quad \frac{dy(t)}{dt}\bigg|_{t=nT} \approx \frac{y[(n+1)T] - y[nT]}{T}$$

$$\frac{d^2 y(t)}{dt^2}\bigg|_{t=nT} \approx \frac{dy(t)/dt|_{t=nT+T} - dy(t)/dt|_{t=nT}}{T}$$

$$= \frac{y[(n+2)T] - 2y[(n+1)T] + y[nT]}{T^2}$$

将上述关系代入微分方程,整理即得系统的差分方程。

差分方程分前向差分方程和后向差分方程,两种形式之间可以互相转换。

1.9 系统的性质

(1) 齐次性:若 $x(t) \rightarrow y(t)$,有 $ax(t) \rightarrow ay(t)$,a 为任意常数,则系统是齐次的(homogenous)。

(2) 叠加性:若 $x_1(t) \rightarrow y_1(t)$,$x_2(t) \rightarrow y_2(t)$,有 $x_1(t) + x_2(t) \rightarrow y_1(t) + y_2(t)$,则系统是可加的(additive)。

(3) 线性性:若 $x_1(t) \rightarrow y_1(t)$,$x_2(t) \rightarrow y_2(t)$,有 $ax_1(t) + bx_2(t) \rightarrow ay_1(t) + by_2(t)$,则系统是线性的(linear)。满足齐次性和叠加性的系统是线性系统(linear system)。

(4) 时不变性:若 $x(t) \rightarrow y(t)$,有 $x(t-t_0) \rightarrow y(t-t_0)$,则系统为时不变性系统(time-invariant system),否则为时变系统(time-varying system)。

(5) 微分性:对于 LTI 系统,若 $x(t) \rightarrow y(t)$,则 $\frac{dx(t)}{dt} \rightarrow \frac{dy(t)}{dt}$。

(6) 积分性:对于 LTI 系统,若 $x(t) \rightarrow y(t)$,则 $\int_{-\infty}^{t} x(\lambda) d\lambda \rightarrow \int_{-\infty}^{t} y(\lambda) d\lambda$。

(7) 因果性。

对于任意时刻 t_1,若系统的响应 $y(t_1)$不取决于 $t > t_1$ 时刻的激励,则系统是因果的(causal),否则是非因果的(noncausal)。可以用冲激响应检验系统的因果性。若 $t < 0$

时,$y(t) \neq 0$,则系统是非因果的。

(8) 记忆性。

若系统在 t_1 时刻的输出 $y(t_1)$ 取决于过去到 t_1 时刻的输入,则系统是有记忆的(system with memory),否则系统是无记忆的(memoryless system)。

解题指导：

(1) 信号绘图时应注意信号的基本特征,应标出信号的初值、终值及一些关键的值,如极大值和极小值等,同时应注意阶跃、冲激信号的特点。

(2) 系统性质的判断要紧扣定义分析,有些情况可举反例证明。

典型例题：

例 1 试绘出下列各函数式的波形图。

(1) $x_1(t) = u(t^2 - 1)$；(2) $x_2(t) = \dfrac{\mathrm{d}}{\mathrm{d}t}[\mathrm{e}^{-t}\cos t\, u(t)]$。

解 (1) $\qquad x_1(t) = u(t^2 - 1) = u[(t-1)(t+1)]$

由 $u(t)$ 的特性可知：

$$(t+1)(t-1) > 0, \quad u(t^2-1) = 1$$
$$(t+1)(t-1) < 0, \quad u(t^2-1) = 0$$

从而求得

$$u(t^2-1) = \begin{cases} 1 & |t| > 1 \\ 0 & |t| < 1 \end{cases}$$

波形如下图所示。

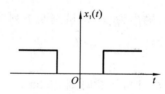

(2) $\qquad x_2(t) = \dfrac{\mathrm{d}}{\mathrm{d}t}[\mathrm{e}^{-t}\cos t\, u(t)]$

$$\dfrac{\mathrm{d}}{\mathrm{d}t}[u(t)] = \delta(t), \quad x(t)\delta(t) = x(0)\delta(t)$$

$$x_2(t) = \dfrac{\mathrm{d}}{\mathrm{d}t}[\mathrm{e}^{-t}\cos t\, u(t)] = (-\mathrm{e}^{-t}\cos t - \mathrm{e}^{-t}\sin t)u(t) + \mathrm{e}^{-t}\cos t\, \delta(t)$$

$$= -\mathrm{e}^{-t}(\cos t + \sin t)u(t) + \delta(t) = -\sqrt{2}\,\mathrm{e}^{-t}\cos\left(t - \dfrac{\pi}{4}\right)u(t) + \delta(t)$$

波形如图所示。

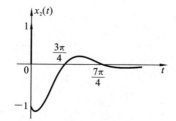

例 2 求下列函数值:

(1) $x(t)=\dfrac{\mathrm{d}}{\mathrm{d}t}[\mathrm{e}^{-t}\delta(t)]$;(2) $x(t)=\displaystyle\int_{-\infty}^{t}\mathrm{e}^{-3\tau}\delta'(\tau)\mathrm{d}\tau$。

解 (1) $x(t)=\dfrac{\mathrm{d}}{\mathrm{d}t}[\mathrm{e}^{-t}\delta(t)]=\dfrac{\mathrm{d}}{\mathrm{d}t}[\delta(t)]=\delta'(t)$

(2) $x(t)=\displaystyle\int_{-\infty}^{t}\mathrm{e}^{-3\tau}\delta'(\tau)\mathrm{d}\tau=\int_{-\infty}^{t}[\delta'(\tau)+3\delta(\tau)]\mathrm{d}\tau$

$\qquad\qquad=\displaystyle\int_{-\infty}^{t}\delta'(\tau)\mathrm{d}\tau+\int_{-\infty}^{t}3\delta(\tau)\mathrm{d}\tau=\delta(t)+3u(t)$

例 3 已知信号 $x(t)$ 的波形如下图所示,试画出下列函数的波形。

(1) $x(6-2t)$;(2) $\dfrac{\mathrm{d}}{\mathrm{d}t}[x(6-2t)]$。

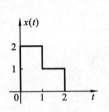 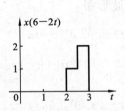 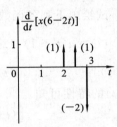

例 4 试判断 $y(t)=x\left(\dfrac{t}{2}\right)$ 是否为线性时不变系统?

解 $x(t)\longrightarrow y(t)=x\left(\dfrac{t}{2}\right)$,$x(t-t_0)\longrightarrow x\left(\dfrac{t}{2}-t_0\right)\neq y(t-t_0)=x\left(\dfrac{t-t_0}{2}\right)$,故系统非时不变,即时变。

例 5 系统的输入为 $x(t)$,输出为 $y(t)$,试判断下列系统是否为因果系统。

(1) $y(t)=x(t)\cos(t+1)$;

(2) $y(t)=x(-t)$。

解 (1) $y(t)=x(t)\cos(t+1)$,任意时刻 t 的输出等于同一时刻的输入乘以一个随时间变化的函数,与将来的输入无关,故该系统是因果的。

(2) $y(t)=x(-t)$,当 $t_0>0$ 时,$y(t_0)=x(-t_0)$,输出仅取决于过去时刻 $-t_0$ 的值。但当 $t<0$ 时,如 $t=-2$,$y(-2)=x(2)$,输出与将来的输入有关。因此,该系统是非因果的。

习题解答:

1. 试粗略绘出下列信号的波形。

(1) $x(t)=(2-\mathrm{e}^{-t})u(t)$;

(2) $x(t)=\mathrm{e}^{-t}\cos(10\pi t)[u(t-1)-u(t-2)]$;

(3) $x(t)=t\mathrm{e}^{-t}u(t)$;

(4) $x(t)=\dfrac{\sin[\pi(t-t_0)]}{\pi(t-t_0)}$;

(5) $x(t)=\dfrac{\mathrm{d}}{\mathrm{d}t}[\mathrm{e}^{-t}\cos tu(t)]$。

解

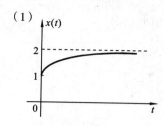
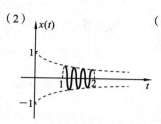
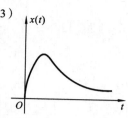
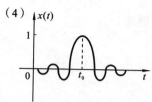
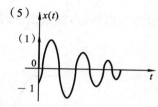

2. 计算下列各式。

(1) $y(t) = \int_{-\infty}^{\infty} x(t_0 - t)\delta(t)\mathrm{d}t$；

(2) $y(t) = \int_{-\infty}^{\infty} (2-t)\delta(t)\mathrm{d}t$；

(3) $y(t) = \int_{-\infty}^{\infty} (\mathrm{e}^{-t} + t)\delta(t+2)\mathrm{d}t$；

(4) $y(t) = \int_{-\infty}^{\infty} (\sin t + t)\delta\left(t - \frac{\pi}{6}\right)\mathrm{d}t$。

解 (1) $y(t) = \int_{-\infty}^{\infty} x(t_0 - t)\delta(t)\mathrm{d}t = \int_{-\infty}^{\infty} x(t_0)\delta(t)\mathrm{d}t = x(t_0)\int_{-\infty}^{\infty} \delta(t)\mathrm{d}t = x(t_0)$

(2) $y(t) = \int_{-\infty}^{\infty} (2-t)\delta(t)\mathrm{d}t = \int_{-\infty}^{\infty} 2\delta(t)\mathrm{d}t = 2\int_{-\infty}^{\infty} \delta(t)\mathrm{d}t = 2$

(3) $y(t) = \int_{-\infty}^{\infty} (\mathrm{e}^{-t} + t)\delta(t+2)\mathrm{d}t = \int_{-\infty}^{\infty} (\mathrm{e}^{2} - 2)\delta(t+2)\mathrm{d}t$

$= (e^2 - 2)\int_{-\infty}^{\infty} \delta(t+2)\mathrm{d}t = e^2 - 2$

(4) $y(t) = \int_{-\infty}^{\infty} (\sin t + t)\delta\left(t - \frac{\pi}{6}\right)\mathrm{d}t = \int_{-\infty}^{\infty} \left(\sin \frac{\pi}{6} + \frac{\pi}{6}\right)\delta\left(t - \frac{\pi}{6}\right)\mathrm{d}t$

$= \left(\frac{1}{2} + \frac{\pi}{6}\right)\int_{-\infty}^{\infty} \delta\left(t - \frac{\pi}{6}\right)\mathrm{d}t = \frac{1}{2} + \frac{\pi}{6}$

3. 试判断下列信号是否为周期,如果是,求基本周期。

(1) $x(t) = \cos(\pi t) + \cos(4\pi t/5)$；

(2) $x(t) = \cos(2\pi(t-4)) + \sin(5\pi t)$；

(3) $x(t) = \cos(2\pi t) + \cos(10t)$。

解 (1) $T_1 = \frac{2\pi}{\pi} = 2$, $T_2 = \frac{2\pi}{4\pi/5} = \frac{5}{2}$

$\frac{T_1}{T_2} = \frac{2}{5/2} = \frac{4}{5} = \frac{r}{q}$, r, q 均为整数,故 $x(t)$ 为周期信号。

$$T = 5T_1 = 4T_2 = 5 \times 2 = 10$$

(2) $T_1 = \frac{2\pi}{2\pi} = 1, T_2 = \frac{2\pi}{5\pi} = \frac{2}{5}$

$$\frac{T_1}{T_2}=\frac{1}{2/5}=\frac{5}{2}=\frac{r}{q}, r,q \text{ 均为整数,故 } x(t) \text{ 为周期信号,}$$

$$T=2T_1=5T_2=2\times 1=2$$

(3) $$T_1=\frac{2\pi}{2\pi}=1, T_2=\frac{2\pi}{10}=\frac{\pi}{5}$$

$\frac{T_1}{T_2}=\frac{1}{\pi/5}=\frac{5}{\pi}\neq \frac{r}{q}$,故 $x(t)$ 为非周期信号。

4. 已知信号 $x(t)$ 波形下图所示,试画出下列波形。

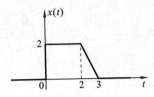

(1) $y(t)=2x(2t)$;

(2) $y(t)=x\left(\frac{1}{2}t-1\right)$;

(3) $y(t)=x(-2t+6)$;

(4) $y(t)=\frac{dx(t)}{dt}$。

解

(1) 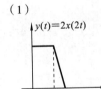 (2) 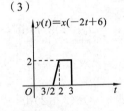 (3) (4)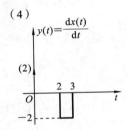

5. 试粗略画出下列离散时间信号

(1) $x[n]=(0.5)^n u[n]$;

(2) $x[n]=(-0.5)^n u[n]$;

(3) $x[n]=\sin(\pi n/4)$;

(4) $x[n]=u[n]-2u[n-1]+u[n-4]$;

(5) $x[n]=\delta[n+1]-\delta[n]+u[n+1]-u[n-2]$。

解 (1) 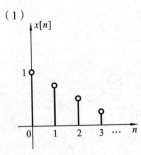 (2) 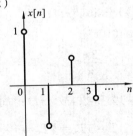 (3)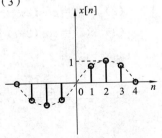

6. 试判断下列信号是否为周期信号,如果是,求基本周期。

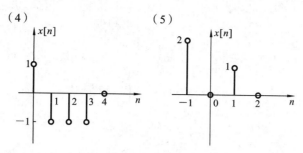

(1) $x[n]=\sin(10n)$;

(2) $x[n]=\sin(10\pi n/3)$。

解 (1) $\dfrac{2\pi}{\Omega_0}=\dfrac{2\pi}{10}=\dfrac{\pi}{5}\neq\dfrac{r}{q}$,故 $x[n]$ 为非周期信号。

(2) $r=\dfrac{2\pi}{\Omega_0}q=\dfrac{2\pi}{10\pi/3}q=\dfrac{3}{5}q$,当 $q=5$ 时,$r=3$,故周期为 3。

7. 试判断下列系统是否为线性的、时不变的与因果的？并说明理由。

(1) $y(t)=\dfrac{\mathrm{d}x(t)}{\mathrm{d}t}$;

(2) $y(t)=x(t)u(t)$;

(3) $x(t)=tx(t)$;

(4) $y(t)=\displaystyle\int_{-\infty}^{t}x(\lambda)\mathrm{d}\lambda$。

解 (1) 线性:

$ax(t)\to\dfrac{\mathrm{d}ax(t)}{\mathrm{d}t}=a\dfrac{\mathrm{d}x(t)}{\mathrm{d}t}=ay(t)$,满足齐次性；

$x_1(t)+x_2(t)\to\dfrac{\mathrm{d}x_1(t)}{\mathrm{d}t}+\dfrac{\mathrm{d}x_2(t)}{\mathrm{d}t}=y_1(t)+y_2(t)$,满足叠加性；

$ax_1(t)+bx_2(t)\to a\dfrac{\mathrm{d}x_1(t)}{\mathrm{d}t}+b\dfrac{\mathrm{d}x_2(t)}{\mathrm{d}t}=ay_1(t)+by_2(t)$,线性。

时不变:
$$x(t)\to y(t)=\dfrac{\mathrm{d}x(t)}{\mathrm{d}t}$$
$$x(t-t_0)\to\dfrac{\mathrm{d}x(t-t_0)}{\mathrm{d}t}=y(t-t_0)$$

因果:系统在 t 时刻的响应与 $t>t_0$ 时的激励无关,故系统是因果的。

(2) 线性: $x_1(t)\to x_1(t)u(t),x_2(t)\to x_2(t)u(t)$
$$ax_1(t)+bx_2(t)\to ax_1(t)u(t)+bx_2(t)u(t)=ay_1(t)+by_2(t)$$

时变: $x(t)\to x(t)u(t)$
$$x(t-t_0)\to x(t-t_0)u(t)\neq x(t-t_0)u(t-t_0)=y(t-t_0)$$

因果: $y(t)=x(t)u(t)$,系统当前的响应只与当前的激励有关,与将来的激励无关。

(3) 线性: $x(t)\to tx(t)$
$$ax_1(t)+bx_2(t)\to atx_1(t)+btx_2(t)=ay_1(t)+by_2(t)$$

时变: $x(t)\to tx(t)$
$$x(t-t_0)\to tx(t-t_0)\neq(t-t_0)x(t-t_0)=y(t-t_0)$$

因果: $y(t)=tx(t)$,系统的响应只与当前的激励有关,与将来的激励无关。

(4) 线性：
$$x(t) \to \int_{-\infty}^{t} x(\lambda) d\lambda$$
$$ax_1(t) + bx_2(t) \to a\int_{-\infty}^{t} x_1(\lambda) d\lambda + b\int_{-\infty}^{t} x_2(\lambda) d\lambda = ay_1(t) + by_2(t)$$

时不变：
$$x(t) \to y(t) = \int_{-\infty}^{t} x(\lambda) d\lambda$$
$$x(t-t_0) \to \int_{-\infty}^{t} x(\lambda - t_0) d\lambda = y(t-t_0)$$

因果：$y(t) = \int_{-\infty}^{t} x(\lambda) d\lambda$，系统的响应与过去及当前的激励有关，与将来的激励无关。

8. 试确定下列系统的因果性、记忆性、线性、时不变性，并给出理由。

(1) $y(t) = |x(t)|$；

(2) $y(t) = e^{x(t)}$；

(3) $y(t) = \sin t x(t)$；

(4) $y(t) = \begin{cases} x(t), & |x(t)| \leq 10 \\ 10, & |x(t)| > 10 \end{cases}$；

(5) $y(t) = \int_0^t (t-\lambda) x(\lambda) d\lambda$；

(6) $y(t) = \int_0^t \lambda x(\lambda) d\lambda$。

解 (1) 因果：系统当前的响应只与当前的激励有关，与将来的激励无关。

无记忆：当前的响应只与当前的激励有关，与过去的激励无关。

非线性：
$$x(t) \to |x(t)|$$
$$-x(t) = |-x(t)| = |x(t)|，不满足齐次性，故系统非线性。$$

时不变：
$$x(t) \to |x(t)|$$
$$x(t-t_0) \to |x(t-t_0)| = y(t-t_0)$$

(2) 因果：系统当前的响应与将来的激励无关。

无记忆：当前的响应只与当前的激励有关，与过去的激励无关。

非线性：
$$x(t) \to e^{x(t)}$$
$ax(t) \to e^{ax(t)} \neq ay(t)$，不满足齐次性，故系统是非线性的。

时不变：
$$x(t) \to e^{x(t)}$$
$x(t-t_0) \to e^{ax(t-t_0)} = y(t-t_0)$，故系统时不变。

(3) 因果：系统当前的响应只与当前的激励有关，与将来的激励无关。

无记忆：系统当前的响应与过去的激励无关。

线性：
$$x(t) \to \sin t x(t)$$
$$ax_1(t) + bx_2(t) \to a\sin t x_1(t) + b\sin t x_2(t) = ay_1(t) + by_2(t)$$

时变：
$$x(t) \to \sin t x(t)$$
$$x(t-t_0) \to \sin t x(t-t_0) \neq y(t-t_0) = \sin(t-t_0) x(t-t_0)$$

(4) 因果：系统当前的响应与将来的激励无关。

无记忆：系统当前的响应与过去的激励无关。

非线性：$x(t) \to y(t) = \begin{cases} x(t), & |x(t)| \leq 10 \\ 10, & |x(t)| > 10 \end{cases}$

$$ax(t) \to \begin{cases} ax(t) \\ 10 \end{cases} \neq ay(t), 不满足齐次性,故系统是非线性的。$$

时不变：
$$x(t) \to y(t) = \begin{cases} x(t), & |x(t)| \leqslant 10 \\ 10, & |x(t)| > 10 \end{cases}$$

$$x(t-t_0) \to \begin{cases} x(t-t_0), & |x(t-t_0)| \leqslant 10 \\ 10, & |x(t-t_0)| > 10 \end{cases} = y(t-t_0)$$

（5）因果：系统当前的响应与将来的激励无关。

有记忆：$y(t) = \int_0^t (t-\lambda)x(\lambda)\mathrm{d}\lambda$,系统当前的响应与过去到现在的激励有关。

线性：
$$x(t) \to \int_0^t (t-\lambda)x(\lambda)\mathrm{d}\lambda$$

$$ax_1(t) + bx_2(t) \to a\int_0^t (t-\lambda)x_1(\lambda)\mathrm{d}\lambda + b\int_0^t (t-\lambda)x_2(\lambda)\mathrm{d}\lambda = ay_1(t) + by_2(t)$$

时变：
$$x(t) \to \int_0^t (t-\lambda)x(\lambda)\mathrm{d}\lambda$$

$$x(t-t_0) \to \int_0^t (t-\lambda)x(\lambda-t_0)\mathrm{d}\lambda \neq y(t-t_0)$$

（6）因果：系统的响应与将来的激励无关。

有记忆：系统当前的响应与过去到现在的激励有关。

线性：
$$x(t) \to y(t) = \int_0^t \lambda x(\lambda)\mathrm{d}\lambda$$

$$ax_1(t) + bx_2(t) \to a\int_0^t \lambda x_1(\lambda)\mathrm{d}\lambda + b\int_0^t \lambda x_2(\lambda)\mathrm{d}\lambda = ay_1(t) + by_2(t)$$

时变：
$$x(t) \to y(t) = \int_0^t \lambda x(\lambda)\mathrm{d}\lambda$$

$$x(t-t_0) \to \int_0^t \lambda x(\lambda-t_0)\mathrm{d}\lambda \neq y(t-t_0)$$

9. 试判断下列离散时间系统的因果性、记忆性、线性、时不变性,并给出理由。

(1) $y[n] = x[n] + 2x[n-2]$;

(2) $y[n] = x[n] + 2x[n+1]$;

(3) $y[n] = nx[n]$;

(4) $y[n] = u[n]x[n]$;

(5) $y[n] = |x[n]|$;

(6) $y[n] = \sin(x[n])$;

(7) $y[n] = \sum_{i=0}^n (0.5)^n x[i], n \geqslant 0$。

解 （1）因果：系统当前的响应与将来的激励无关。

有记忆：系统当前的响应与过去的激励有关。

线性,时不变：系统由常系数差分方程描述,故为线性时不变系统。

（2）非因果：系统当前的响应与将来的激励有关。

无记忆：系统当前的响应与过去的激励无关。

线性,时不变：系统由常系数差分方程描述,故为线性时不变系统。

（3）因果：系统当前的响应与将来的激励无关。

无记忆：系统当前的响应与过去的激励无关。

线性：$x[n] \to y[n] = nx[n]$
$$ax[n] \to nax[n] = ay[n]$$

设 $x_1[n] \to y_1[n] = nx_1[n]$，$x_2[n] \to y_2[n] = nx_2[n]$
$$ax_1[n] + bx_2[n] \to ay_1[n] + by_2[n]$$

时变：$x[n] \to y[n] = nx[n]$
$$x[n-n_0] \to nx[n-n_0] \neq (n-n_0)x[n-n_0] = y[n-n_0]$$

(4) 因果：系统当前的响应与将来的激励无关。

无记忆：系统当前的响应与过去的激励无关。

线性：$x[n] \to x[n]u[n]$
$$ax_1[n] + bx_2[n] \to ax_1[n]u[n] + bx_2[n]u[n] = ay_1[n] + by_2[n]$$

时变：$x[n] \to x[n]u[n]$
$$x[n-n_0] \to x[n-n_0]u[n] \neq y[n-n_0]$$

(5) 因果：系统当前的响应与将来的激励无关。

无记忆：系统当前的响应与过去的激励无关。

非线性：$x[n] \to |x[n]|$

$-x[n] \to |-x[n]| = |x[n]|$，不满足齐次性，故系统非线性。

时不变：$x[n] \to y[n] = |x[n]|$
$$x[n-n_0] \to |x[n-n_0]| = y[n-n_0]$$

(6) 因果：系统当前的响应与将来的激励无关。

无记忆：系统当前的响应与过去的激励无关。

非线性：$x[n] \to \sin(x[n])$

$ax[n] \to \sin(ax[n]) \neq ay[n]$，不满足齐次性，故系统非线性。

时不变：$x[n] \to \sin(x[n]) = y[n]$
$$x[n-n_0] \to \sin(x[n-n_0]) = y[n-n_0]$$

(7) 因果：系统当前的响应与将来的激励无关。

有记忆：系统当前的响应与过去到现在的激励有关。

线性：$x[n] \to \sum_{i=0}^{n}(0.5)^n x[i]$

$$ax_1[n] + bx_2[n] \to a\sum_{i=0}^{n}(0.5)^n x_1[i] + b\sum_{i=0}^{n}(0.5)^n x_2[i] = ay_1[n] + by_2[n]$$

时变：$x[n] \to y[n] = \sum_{i=0}^{n}(0.5)^n x[i]$

$$x[n-n_0] \to \sum_{i=0}^{n}(0.5)^n x[i] \neq y[n-n_0]$$

10. 一线性时不变连续时间系统在 $x(t)$ 激励下所产生的响应为 $y(t)$。如果 $x(t) = u(t)$，$y(t) = 2(1-e^{-t})u(t)$。求在下列激励下的 $y(t)$。

(1) $x(t) = 2u(t) - 2u(t-1)$；

(2) $x(t) = tu(t)$。

解 $x(t) = u(t) \to y(t) = 2(1-e^{-t})u(t)$

(1) $2u(t)-2u(t-1) \to 2 \cdot 2(1-e^{-t})u(t) - 2 \cdot 2[1-e^{-(t-1)}]u(t-1)$

(2) $tu(t) = \int_{-\infty}^{t} u(\lambda)d\lambda \to \int_{-\infty}^{t} 2(1-e^{-\lambda})u(\lambda)d\lambda = \int_{0}^{t} 2(1-e^{-\lambda})d\lambda$
$= 2(t+e^{-t})-2, \quad t \geqslant 0$

11. 证明下列系统是线性的、时不变的：

$$y[n] + \sum_{i=1}^{N} a_i y[n-i] = \sum_{i=0}^{M} b_i x[n-i]$$

式中：系数 a_i、b_i 为常数。

证

$$y[n] + \sum_{i=1}^{N} a_i y[n-i] = \sum_{i=0}^{M} b_i x[n-i]$$

$$x[n] \to y[n]$$

$$ax[n] \to y_1[n] + \sum_{i=1}^{N} a_i y_1[n-i] = \sum_{i=1}^{M} b_i ax[n-i]$$

$y_1[n] = ay[n]$，满足齐次性。

$ax_1[n] + bx_2[n] \to ay_1[n] + by_2[n]$，故系统是线性的。

$$x[n-n_0] \to y_3[n] + \sum_{i=1}^{N} a_i y_3[n-i] = \sum_{i=1}^{M} b_i x[n-n_0-i]$$

$y_3[n] = y[n-n_0]$，故系统时不变。

12. 证明积分系统和微分系统是线性系统：

(1) $y(t) = \int_{0}^{t} x(\lambda)d\lambda$；

(2) $y(t) = \dfrac{dx(t)}{dt}$。

证 (1) $\qquad x(t) \to y(t) = \int_{0}^{t} x(\lambda)d\lambda$

$$ax_1(t) + bx_2(t) \to a\int_{0}^{t} x_1(\lambda)d\lambda + b\int_{0}^{t} x_2(\lambda)d\lambda = ay_1(t) + by_2(t)$$

故系统是线性的。

(2) $\qquad x(t) \to y(t) = \dfrac{dx(t)}{dt}$

$$ax_1(t) + bx_2(t) \to \dfrac{d}{dt}[ax_1(t)] + \dfrac{d}{dt}[ax_2(t)] = ay_1(t) + by_2(t)$$

故系统是线性的。

13. 试确定下图所示具有理想二极管的电路系统的因果、线性及时不变性，并给出理由。

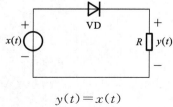

解 $x(t)>0$ 时，$\qquad y(t) = x(t)$

当 $x(t)<0$ 时，$\qquad y(t) = 0$

即
$$y(t) = \begin{cases} x(t), & x(t) > 0 \\ 0, & x(t) < 0 \end{cases}$$

因果：系统当前的输出与将来的激励无关。

非线性： $x(t) \to y(t) = \begin{cases} x(t), & x(t) > 0 \\ 0, & x(t) < 0 \end{cases}$

设 $x(t) > 0$，$-x(t) \to$ 输出恒为零，不满足齐次性，故系统非线性。

时不变： $x(t) \to y(t) = \begin{cases} x(t), & x(t) > 0 \\ 0, & x(t) < 0 \end{cases}$

$$x(t-t_0) \to y(t-t_0) = \begin{cases} x(t-t_0), & x(t-t_0) > 0 \\ 0, & x(t-t_0) < 0 \end{cases}$$

2 线性时不变系统时域分析

内容提要:

2.1 连续时间系统的时域分析

1. 时域经典法求解

线性时不变连续时间系统微分方程:

$$\frac{d^n y(t)}{dt^n} + a_{n-1}\frac{d^{n-1} y(t)}{dt^{n-1}} + \cdots + a_0 y(t) = b_m \frac{d^m x(t)}{dt^m} + \cdots + b_0 x(t)$$

式中:$x(t)$ 为输入;$y(t)$ 为输出;a_i、b_i 各系数均为常数;n 为方程的阶数。

1) 齐次微分方程的解

$$\frac{d^n y(t)}{dt^n} + a_{n-1}\frac{d^{n-1} y(t)}{dt^{n-1}} + \cdots + a_0 y(t) = 0$$

齐次解的形式取决于特征方程的特征根(characteristic roots)的形式。

(1) 单根:$p_1 \neq p_2 \neq \cdots \neq p_n$, $y_h(t) = \sum_{i=1}^{n} k_i e^{p_i t}$;

(2) r 重根:$p_1 = p_2 = \cdots = p_r$, $y_h(t) = \sum_{i=1}^{r} k_i t^{r-i} e^{p_1 t}$;

(3) 一对共轭复根:$p_{1,2} = \alpha \pm j\beta$, $y_h(t) = k_1 e^{p_1 t} + k_1^* e^{p_1^* t} = 2|k_1| e^{\alpha t}\cos(\beta t + \angle k_1)$ 或 $y_h(t) = e^{\alpha t}[c_1\cos(\beta t) + c_2\sin(\beta t)]$;

(4) r 重共轭复根:$p_{1,2} = \alpha \pm j\beta$, $y_h(t) = e^{\alpha t}(c_1 + c_2 t + \cdots + c_r t^{r-1})\cos(\beta t) + e^{\alpha t}(d_1 + d_2 t + \cdots + d_r t^{r-1})\sin(\beta t)$。

结合 n 个初始条件可确定上述各系数。

2) 非齐次微分方程的解

$$\frac{d^n y(t)}{dt^n} + a_{n-1}\frac{d^{n-1} y(t)}{dt^{n-1}} + \cdots + a_0 y(t) = b_m \frac{d^m x(t)}{dt^m} + \cdots + b_0 x(t)$$

解的形式为:$y(t) = y_h(t) + y_p(t)$,$y_h(t)$ 为齐次微分方程的解;$y_p(t)$ 为非齐次微分方程的特解。

求解步骤:

(1) 求齐次微分方程的通解 $y_h(t)$,解与特征根有关;

(2) 求非齐次微分方程的特解 $y_p(t)$，解与激励的形式有关；
(3) 非齐次微分方程的通解：$y(t) = y_h(t) + y_p(t)$；
(4) 由 $y(t)$，结合 n 个初始条件确定待定系数；
(5) 写出给定条件下非齐次方程解。

非齐次微分方程的特解与激励形式的对应关系

激励 $x(t)$	特解 $y_p(t)$	
E（常数）	A（常数）	
t^m	$A_m t^m + A_{m-1} t^{m-1} + \cdots + A_1 t + A_0$	
$e^{\alpha t}$	$A e^{\alpha t}$	当 α 不是特征根时
	$(A_1 t + A_0) e^{\alpha t}$	当 α 是特征根时
	$(A_k t^k + A_{k-1} t^{k-1} + \cdots + A_1 t + A_0) e^{\alpha t}$	当 α 是 k 重特征根时
$\cos(\omega t), \sin(\omega t)$	$A_1 \cos(\omega t) + A_2 \sin(\omega t)$	

2. 微分方程的解与系统响应之间的关系

微分方程的解（solution）就是系统的响应（response），解与响应之间具有确定的对应关系，且有明确的物理意义。

(1) 零输入响应：仅由初始条件所产生的响应。
(2) 零状态响应：初始条件为零，仅由激励所产生的响应。
(3) 暂态响应：当 $t \to \infty$ 时，趋于零的那部分响应。
(4) 稳态响应：当 $t \to \infty$ 时，保留下来的那部分响应。
(5) 自由响应：齐次方程的解，它由两部分组成，即零输入响应和零状态响应中的齐次解部分。
(6) 强制响应：对应于非齐次方程的特解，由激励产生。
(7) 全响应：

全响应＝零输入响应＋零状态响应；
全响应＝自由响应＋强制响应；
全响应＝暂态响应＋稳态响应。

各响应之间的关系如下图所示。

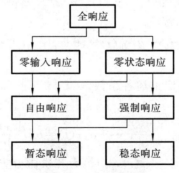

系统各响应之间的关系

3. 单位冲激响应

激励为单位冲激信号时系统的零状态响应，$\delta(t) \to h(t)$。

$$\frac{d^n h(t)}{dt^n} + a_{n-1}\frac{d^{n-1}h(t)}{dt^{n-1}} + \cdots + a_0 h(t) = b_m \frac{d^m \delta(t)}{dt^m} + \cdots + b_0 \delta(t)$$

解的形式与 m、n 值的相对大小有关。设特征方程的特征根为单根,则

当 $n > m$ 时,
$$h(t) = (c_1 e^{\alpha_1 t} + c_2 e^{\alpha_2 t} + \cdots + c_n e^{\alpha_n t}) u(t)$$

当 $m = n$ 时,
$$h(t) = (c_1 e^{\alpha_1 t} + c_2 e^{\alpha_2 t} + \cdots + e^{\alpha_n t}) u(t) + c\delta(t)$$

当 $n < m$ 时,
$$h(t) = (c_1 e^{\alpha_1 t} + c_2 e^{\alpha_2 t} + \cdots + e^{\alpha_n t}) u(t) + c\delta(t) + \sum_{j=1}^{m-n} d_j \delta^{(m-j)}(t)$$

将 $h(t)$ 及相关导数代入方程,比较两边系数即可求出冲激响应。

后面将可见,用拉氏变换求冲激响应较简单。

4. 单位阶跃响应

激励为单位阶跃信号时系统的零状态响应,$u(t) \rightarrow g(t)$。

1) 时域经典法

方程的解为齐次解加特解。当 $t > 0$ 时,$u(t) = 1$,故特解等于常数。齐次解的形式取决于特征方程根的形式。

2) 利用单位冲激信号和单位阶跃信号之间的关系求解

对于 LTI 系统,由 $\delta(t) \rightarrow h(t)$,有

$$u(t) = \int_{-\infty}^{t} \delta(\lambda) d\lambda \rightarrow g(t) = \int_{-\infty}^{t} h(\lambda) d\lambda$$

2.2 连续时间系统卷积分析

1. 卷积

1) 卷积的定义

对于线性时不变系统,卷积(convolution)定义为

$$y(t) = x(t) * h(t) = \int_{-\infty}^{\infty} x(\lambda) h(t-\lambda) d\lambda$$

2) 卷积的性质

(1)
$$x(t) * \delta(t) = x(t)$$
$$x(t) * \delta(t-T) = x(t-T)$$
$$x(t-t_0) * \delta(t-T) = x(t-t_0-T)$$

(2) 交换律(commutativity):
$$x(t) * v(t) = v(t) * x(t)$$

(3) 分配律(distributivity):
$$x(t) * [v(t) + w(t)] = x(t) * v(t) + x(t) * w(t)$$

(4) 结合律(associativity):
$$[x(t) * v(t)] * w(t) = x(t) * [v(t) * w(t)]$$

(5) 积分性(integration property):

$$\int_{-\infty}^{t}[x(\lambda)*v(\lambda)]\mathrm{d}\lambda = x(t)*\int_{-\infty}^{t}v(\lambda)\mathrm{d}\lambda = \int_{-\infty}^{t}x(\lambda)\mathrm{d}\lambda * v(t)$$

(6) 微分性(derivative property):
$$\frac{\mathrm{d}}{\mathrm{d}t}[x(t)*v(t)] = \frac{\mathrm{d}}{\mathrm{d}t}x(t)*v(t) = x(t)*\frac{\mathrm{d}}{\mathrm{d}t}v(t)$$

(7) 微积分性(differentiation and integration)
$$x(t)*v(t) = \frac{\mathrm{d}}{\mathrm{d}t}x(t) * \int_{-\infty}^{t}v(\lambda)\mathrm{d}\lambda = \int_{-\infty}^{t}x(\lambda)\mathrm{d}\lambda * \frac{\mathrm{d}}{\mathrm{d}t}v(t)$$

$$x(t)*u(t) = \int_{-\infty}^{t}x(\lambda)\mathrm{d}\lambda * \frac{\mathrm{d}u(t)}{\mathrm{d}t} = \int_{-\infty}^{t}x(\lambda)\mathrm{d}\lambda * \delta(t)$$

$$= \int_{-\infty}^{t}x(\lambda)\mathrm{d}\lambda = \int_{0}^{\infty}x(t-\lambda)\mathrm{d}\lambda$$

2. 卷积的计算

1) 图解法
$$x(t)*v(t) = \int_{-\infty}^{\infty}x(\lambda)v(t-\lambda)\mathrm{d}\lambda$$

计算步骤:
(1) 变量置换: $x(t) \to x(\lambda)$, $v(t) \to v(\lambda)$。
(2) 反褶: $v(\lambda) \to v(-\lambda)$。
(3) 平移: $v(-\lambda) \to v(t-\lambda)$。
(4) 信号分时间区间相乘并积分: $\int_{-\infty}^{\infty}x(\lambda)v(t-\lambda)\mathrm{d}\lambda$。

2) 解析法
若两信号均由函数给出,则 $x(t)*v(t) = \int_{-\infty}^{\infty}x(\lambda)v(t-\lambda)\mathrm{d}\lambda$。

3) 变换域求解
利用卷积定理,将卷积变换到频域或复频域,再求反变换。

3. 卷积计算系统的零状态响应

对于 LTI 系统,任意输入的零状态响应等于任意激励与单位冲激响应的卷积,即
$$y(t) = x(t)*h(t)$$

4. 数值卷积

对于因果(当 $t<0$ 时,$h(t)=0$)线性时不变系统,其零状态响应为
$$y(t) = x(t)*h(t) = \int_{0}^{\infty}h(\lambda)x(t-\lambda)\mathrm{d}\lambda$$

将时间离散化,可得
$$y[n] = \sum_{i=0}^{\infty}Th[i]x[n-i]$$

该方法可以模拟具有单位冲激响应 $h(t)$ 的线性时不变连续时间系统。

2.3 离散时间系统的时域分析

线性时不变离散时间系统由常系数差分方程描述:

$$y[n] + \sum_{i=1}^{N} a_i y[n-i] = \sum_{i=0}^{M} b_i x[n-i]$$

式中：$x[n]$ 为输入；$y[n]$ 为输出；系数 a_i、b_i 均为常数。结合初始条件可求出差分方程的解。

若差分方程右边为零，则方程为齐次差分方程（homogeneous difference equation），反之为非齐次差分方程（nonhomogeneous difference equation）。

差分方程有前向和后向两种形式，二者可以互相转换。响应序列的最高序号与最低序号之差为差分方程的阶数。

差分方程的求解方法主要有：① 递推法；② 经典法；③ z 变换法。

1. 递推法求解

根据差分方程，由过去时刻的输出递推当前或将来时刻的输出。

2. 时域经典法求解

差分方程的解等于齐次解加特解。

1）齐次差分方程时域解

N 阶齐次差分方程为

$$y[n] + \sum_{i=1}^{N} a_i y[n-i] = 0$$

其特征方程为

$$\alpha^N + a_1 \alpha^{N-1} + a_2 \alpha^{N-2} + \cdots + a_N = 0$$

方程解的形式取决于特征方程根的形式。

（1）所有的根全部为单根（distinct roots），即 $\alpha_1 \neq \alpha_2 \neq \cdots \neq \alpha_N$，

$$y_h[n] = c_1 \alpha_1^N + c_2 \alpha_2^N + \cdots + c_N \alpha_N^N = \sum_{i=1}^{N} c_i \alpha_i^N$$

（2）所有的根全部为重根（repeated roots），即 $\alpha_1 = \alpha_2 = \cdots = \alpha_N = \alpha$，

$$y_h[n] = (c_1 + c_2 n + \cdots + c_N n^{N-1}) \alpha^N = \sum_{i=1}^{N} c_i n^{i-1} \alpha^N$$

（3）有 k 个重根，$\alpha_1 = \alpha_2 = \cdots = \alpha_k$，其余为单根，

$$y_h[n] = \sum_{i=1}^{k} c_i n^{i-1} \alpha_i^k + \sum_{j=k+1}^{N} c_j \alpha_j^n$$

（4）有一对共轭复根（conjugate roots），即 $\alpha_i \pm \mathrm{j}\beta_i$，

$$y_h[n] = c_1 (\alpha + \mathrm{j}\beta)^n + c_2 (\alpha - \mathrm{j}\beta)^n$$

或

$$y_h[n] = c_3 \rho^n \cos(n\varphi) + c_4 \rho^n \sin(n\varphi)$$

式中：$\rho = \sqrt{\alpha^2 + \beta^2}$；$\varphi = \arctan \dfrac{\beta}{\alpha}$。

（5）有 k 重共轭复根，即 $(\alpha_i \pm \mathrm{j}\beta_i)^k$，$y_h[n]$ 含 $\rho^n \cos(n\varphi)$，$\rho^n \sin(n\varphi)$；$n\rho^n \cos(n\varphi)$，$n\rho^n \sin(n\varphi)$；$\cdots$；$n^{k-1} \rho^n \cos(n\varphi)$，$n^{k-1} \rho^n \sin(n\varphi)$。

结合 N 个初始条件可确定解的各待定系数。

2）非齐次差分方程时域解

当差分方程右边不为零（激励不为零）时所对应的差分方程称为非齐次差分方程。

方程的解等于齐次解加特解：$y[n] = y_h[n] + y_p[n]$。

齐次解 $y_h[n]$ 的形式取决于特征根的形式；特解 $y_p[n]$ 取决于激励的形式。下表所示的为几种典型激励所对应的特解形式。

激励与特解的对应形式

激励 $x[n]$	特解 $y_p[n]$	
E（常数）	A（常数）	
n^m	$A_m n^m + A_{m-1} n^{m-1} + \cdots + A_1 n + A_0$	
α^n	$A\alpha^n$	当 α 不是特征根时
	$(A_1 n + A_0)\alpha^n$	当 α 是特征根时
	$(A_k n^k + A_{k-1} n^{k-1} + \cdots + A_1 n + A_0)\alpha^n$	当 α 是 k 重特征根时
$\cos(\beta n), \sin(\beta n)$	$p\cos(\beta n) + q\sin(\beta n)$ 或 $A\cos(\beta n + \varphi)$	

求解步骤：

(1) 由特征方程求特征根；

(2) 由特征根写出齐次解 $y_h[n]$；

(3) 由激励形式写出特解 $y_p[n]$；

(4) 写出非齐次差分方程的通解 $y[n] = y_h[n] + y_p[n]$；

(5) 通解结合初始值确定各待定系数；

(6) 写出非齐次差分方程解。

3) 差分方程的解与系统响应之间的关系

差分方程的解＝全响应＝齐次解＋特解：$y[n] = y_h[n] + y_p[n]$；

全响应＝自由响应＋强制响应：$y[n] = y_n[n] + y_f[n]$；

全响应＝零输入响应＋零状态响应：$y[n] = y_{zi}[n] + y_{zs}[n]$；

全响应＝暂态响应＋稳态响应：$y[n] = y_{tr}[n] + y_{ss}[n]$。

差分方程的齐次解对应自由响应，特解对应强制响应，即 $y_h[n] = y_n[n]$，$y_p[n] = y_f[n]$。

3. 利用差分方程解微分方程

将微分方程离散化可得差分方程，因此可以通过解差分方程来解微分方程。$y[n]$ 称为 $y(t)$ 的欧拉近似（Euler approximation），离散时间间隔越小，$y[n]$ 越接近 $y(t)$。

4. 离散时间系统的单位脉冲响应

激励为单位脉冲信号 $\delta[n]$ 时离散时间系统的零状态响应 $h[n]$ 称为单位脉冲响应（unit pulse response），$\delta[n] \to h[n]$。

$$h[n] + \sum_{i=1}^{N} a_i h[n-i] = \sum_{i=0}^{M} b_i \delta[n-i]$$

求解方法主要有：① 递推法；② 时域经典法；③ z 变换求解法。

(1) 递推法：由过去时刻的输出值推得当前或将来时刻的输出值。

(2) 时域经典法：由于 $\delta[n] = \begin{cases} 0, & n \neq 0 \\ 1, & n = 0 \end{cases}$，因此可将零状态响应转换为零输入响应，其解对应于齐次差分方程的解。

5. 单位阶跃响应

1) 时域经典法

差分方程的解为齐次解加特解。

(1) 齐次解 $y_n[n]$ 的形式取决于特征根的形式。

(2) 特解 $y_p[n]$ 的形式取决于激励的形式。单位阶跃信号 $x[n]=1, n\geqslant 0$，故有
$$y_p[n]=c, \quad n\geqslant 0, \quad c \text{ 为常数}$$

2) 利用单位脉冲响应求单位阶跃响应

对于线性时不变系统：$u[n] = \sum_{i=0}^{\infty}\delta[n-i] \rightarrow y[n] = \sum_{i=0}^{\infty}h[n-i]$。

6. 滑动平均滤波器

差分方程的特殊情况：

(1) 滑动平均滤波器（moving average filter, MA）：
$$y[n] = \sum_{i=0}^{N-1}\frac{1}{N}x[n-i] = \frac{1}{N}(x[n]+x[n-1]+\cdots+x[n-N+1])$$

(2) 加权滑动平均滤波器（weighted moving average filter, WMA）：
$$y[n] = \sum_{i=0}^{N-1}w_i x[n-i], \quad \sum_{i=0}^{N-1}w_i = 1$$

(3) 指数加权滑动平均滤波器（exponentially weighted moving average filter, EWMA）：
$$y[n] = \sum_{i=0}^{N-1}ab^i x[n-i]$$

式中：b 为实数，且 $0<b<1$。由 $\sum_{i=0}^{N-1}w_i = \sum_{i=0}^{N-1}ab^i = 1$，求得 $a = \dfrac{1-b}{1-b^N}$。

2.4 离散时间系统卷积分析法

1. 卷积和

1) 卷积和定义
$$x[n] * v[n] = \sum_{i=-\infty}^{\infty}x[i]v[n-i]$$

2) 卷积和运算的性质

(1) $x[n] = \sum_{i=-\infty}^{\infty}x[i]\delta[n-i] = x[n] * \delta[n]$。

(2) $x[n] * \delta[n-q] = x[n-q]$, $x[n-M] * \delta[n-N] = x[n-M-N]$。

(3) $x[n] * u[n] = \sum_{i=-\infty}^{n}x[i]$。

(4) 移位特性：

若 $x[n] * v[n] = w[n]$，则 $x[n-q] * v[n] = x[n] * v[n-q] = w[n-q]$。

(5) 交换律：$x[n] * v[n] = v[n] * x[n]$。

(6) 分配率：$x[n] * (v[n]+w[n]) = x[n] * v[n] + x[n] * w[n]$。

(7) 结合律：$x[n] * (v[n] * w[n]) = (x[n] * v[n]) * w[n]$。

2. 卷积和的计算

1) 解析法(analytical method)

当信号用函数表示时,根据定义计算卷积和。

2) 图解法(graphical method)

$$x[n] * v[n] = \sum_{i=-\infty}^{\infty} x[i]v[n-i]$$

计算步骤:

(1) 变量置换: $x[n] \to x[i]$, $h[n] \to h[i]$;

(2) 反褶: 将其中一个信号反褶, $h[i] \to h[-i]$;

(3) 时移: 将反褶信号沿时间轴平移 $h[-i] \to h[n-i]$, n 的变化范围为 $-\infty \sim +\infty$;

(4) 相乘求和: 当 n 取不同值时,将 $x[i]$ 与 $h[n-i]$ 同序号值相乘并求和 $\sum_{i=-\infty}^{\infty} x[i]h[n-i]$。

3) 表格法(table method)

对于起点从非 $-\infty$ 的序列求卷积,可用表格法和阵列法求解。

将两序列分别按行和列依顺序排列,将列中的各元素与行中的每一元素分别相乘得到新的一行元素值,再将对角线各元素求和即得卷积和的某一元素值。若两序列的第一个非零元素序号分别为 M 和 N,则卷积和的第一个元素的序号为 $M+N$,其余的元素序号按顺序排列。

4) 阵列法(array-array method)

将两序列按顺序排列成两行,将第二行的各元素分别与第一行的各元素相乘,将相乘所得结果构成新的一行元素,然后按列将各元素值求和即得所求卷积和。

3. 系统的零状态响应

对于线性时不变系统: $y_{zs}[n] = \sum_{i=-\infty}^{\infty} x[i]h[n-i] = x[n] * h[n]$。

解题指导:

(1) 常系数微分方程的解等于齐次解加特解,齐次解的形式取决于特征根的形式,特解的形式取决于激励的形式。

(2) 微分方程的解与各响应之间具有对应关系,且有明确的物理意义。

(3) 图解法计算卷积通常将相对简单的函数做反褶、平移,要分区间做信号的乘法和积分。

(4) 常系数差分方程的解等于齐次解加特解,齐次解的形式取决于特征根的形式,特解的形式取决于激励的形式。

典型例题:

例 1 已知系统的微分方程为 $\dfrac{d^2 y(t)}{dt^2} + 5\dfrac{dy(t)}{dt} + 4y(t) = \dfrac{dx(t)}{dt} + 2x(t)$,求(1) 单位冲激响应;(2) 单位阶跃响应;(3) 当 $x(t) = u(t)$, $y(0^-) = 2$, $y'(0^-) = 4$ 时,系统的

零输入响应、零状态响应、全响应、强制响应和自由响应。

解 （1） $$\frac{d^2 h(t)}{dt^2}+5\frac{dh(t)}{dt}+4h(t)=\frac{d\delta(t)}{dt}+2\delta(t)$$

特征方程： $$\alpha^2+5\alpha+4=0$$

得特征根 $$\alpha_1=-1,\alpha_2=-4$$

$$h(t)=(c_1 e^{-t}+c_2 e^{-4t})u(t)$$
$$h'(t)=(-c_1 e^{-t}-4c_2 e^{-4t})u(t)+(c_1 e^{-t}+c_2 e^{-4t})\delta(t)$$
$$=(-c_1 e^{-t}-4c_2 e^{-4t})u(t)+(c_1+c_2)\delta(t)$$
$$h''(t)=(c_1 e^{-t}+16c_2 e^{-4t})u(t)+(c_1+16c_2)\delta(t)+(c_1+c_2)\delta'(t)$$

将 $h(t)$、$h'(t)$、$h''(t)$ 代入微分方程,比较方程两边系数,解方程组得

$$c_1=\frac{1}{3},\quad c_2=\frac{2}{3}$$

故 $$h(t)=\left(\frac{1}{3}e^{-t}+\frac{2}{3}e^{-4t}\right)u(t)$$

用拉普拉斯变换求冲激响应很简单：

$$s^2 H(s)+5sH(s)+4H(s)=s+2$$
$$H(s)=\frac{s+2}{s^2+5s+4}=\frac{1/3}{s+1}+\frac{2/3}{s+4}$$
$$h(t)=\left(\frac{1}{3}e^{-t}+\frac{2}{3}e^{-4t}\right)u(t)$$

(2) $g(t)=\int_{-\infty}^{t}h(\lambda)d\lambda=\int_{-\infty}^{t}\left(\frac{1}{3}e^{-\lambda}+\frac{2}{3}e^{-4\lambda}\right)u(\lambda)d\lambda=\int_{0}^{t}\left(\frac{1}{3}e^{-\lambda}+\frac{2}{3}e^{-4\lambda}\right)d\lambda$

$$=\left(\frac{1}{2}-\frac{1}{3}e^{-t}-\frac{1}{6}e^{-4t}\right)u(t)$$

用拉普拉斯变换求解：

$$\frac{d^2 g(t)}{dt^2}+5\frac{dg(t)}{dt}+4g(t)=\frac{du(t)}{dt}+2u(t)$$

$$s^2 G(s)+5sG(s)+4G(s)=1+\frac{2}{s}$$

$$G(s)=\frac{s+2}{s(s^2+5s+4)}=\frac{1}{2s}-\frac{1/3}{s+1}-\frac{1/6}{s+4}$$

故 $$g(t)=\left(\frac{1}{2}-\frac{1}{3}e^{-t}-\frac{1}{6}e^{-4t}\right)u(t)$$

(3) 零输入响应

$$\frac{d^2 y(t)}{dt^2}+5\frac{dy(t)}{dt}+4y(t)=0$$
$$y(0^-)=2,\quad y'(0^-)=4$$

特征方程： $\alpha^2+5\alpha+4=0$

特征根 $\alpha_1=-1,\alpha_2=-4$，为两单根，故

$$y(t)=c_1 e^{-t}+c_2 e^{-4t},\quad t>0$$
$$y'(t)=-c_1 e^{-t}-4c_2 e^{-4t}$$
$$y(0^-)=y(0^+)=2,\quad y'(0^-)=y'(0^+)=4$$

由初始条件,有

$$\begin{cases} c_1 + c_2 = 2 \\ -c_1 - 4c_2 = 4 \end{cases}$$

解得，
$$c_1 = 4, c_2 = -2$$

故零输入响应：
$$y_{zi}(t) = 4e^{-t} - 2e^{-4t}, \quad t > 0$$

零状态响应：
$$\frac{d^2 y(t)}{dt^2} + 5\frac{dy(t)}{dt} + 4y(t) = \frac{dx(t)}{dt} + 2x(t)$$

$$x(t) = u(t), \quad y(0^-) = 0, \quad y'(0^-) = 0$$

解上述方程需求 $y(0^+)$、$y'(0^+)$ 初始条件。

$$\frac{d^2 y(t)}{dt^2} + 5\frac{dy(t)}{dt} + 4y(t) = \delta(t) + 2u(t)$$

方程右边有冲激，说明方程左边第一项含冲激。
将方程两边从 0^- 到 0^+ 积分，有

$$y'(0^+) - y'(0^-) = 1, \quad y'(0^+) = 1$$
$$y(0^+) = y(0^-) = 0$$

方程的解为齐次解加特解，即

$$y(t) = (c_1 e^{-t} + c_2 e^{-4t}) + A, \quad t > 0$$

特解应满足微分方程，故

$$4A = 2, \quad A = \frac{1}{2}$$

所以，
$$y(t) = (c_1 e^{-t} + c_2 e^{-4t}) + \frac{1}{2}, \quad t > 0$$
$$y'(t) = -c_1 e^{-t} - 4c_2 e^{-4t}, \quad t > 0$$

由 $y(0^+)$、$y'(0^+)$ 初始条件，有

$$\begin{cases} (c_1 + c_2) + \frac{1}{2} = 0 \\ -c_1 - 4c_2 = 1 \end{cases}$$

解得，
$$c_1 = -\frac{1}{3}, \quad c_2 = -\frac{1}{6}$$

所以，
$$y_{zs}(t) = \frac{1}{2} - \frac{1}{3}e^{-t} - \frac{1}{6}e^{-4t}, \quad t > 0$$

全响应：
$$y(t) = y_{zi}(t) + y_{zs}(t) = (4e^{-t} - 2e^{-4t}) + \left(\frac{1}{2} - \frac{1}{3}e^{-t} - \frac{1}{6}e^{-4t}\right), \quad t > 0$$
$$= \frac{1}{2} + \frac{11}{3}e^{-t} - \frac{13}{6}e^{-4t}, \quad t > 0$$

强制响应：
$$y_f(t) = \frac{1}{2}, \quad t > 0$$

自由响应：
$$y_n(t) = \frac{11}{3}e^{-t} - \frac{13}{6}e^{-4t}, \quad t>0$$

例 2 已知 $x_1(t) = \begin{cases} 1, & |t|<1 \\ 0, & |t|>1 \end{cases}$, $x_2(t) = \dfrac{t}{2}$ $(0 \leqslant t \leqslant 3)$，用图解法计算卷积积分 $y(t) = x_1(t) * x_2(t)$。

解 当 $t<-1$ 时，$y(t)=0$；

当 $-1 \leqslant t < 1$ 时，$y(t) = \int_{-1}^{t} \dfrac{1}{2}(t-\tau)\mathrm{d}\tau = \dfrac{t^2}{4} + \dfrac{t}{2} + \dfrac{1}{4}$；

当 $1 \leqslant t < 2$ 时，$y(t) = \int_{-1}^{t} \dfrac{1}{2}(t-\tau)\mathrm{d}\tau = t$；

当 $2 \leqslant t < 4$ 时，$y(t) = \int_{t-3}^{1} \dfrac{1}{2}(t-\tau)\mathrm{d}\tau = -\dfrac{t^2}{4} + \dfrac{t}{2} + 2$；

当 $t \geqslant 4$ 时，$y(t) = 0$。

$$y(t) = \begin{cases} \dfrac{t^2}{4} + \dfrac{t}{2} + \dfrac{1}{4}, & -1 \leqslant t < 1 \\ t, & 1 \leqslant t < 2 \\ -\dfrac{t^2}{4} + \dfrac{t}{2} + 2, & 2 \leqslant t < 4 \\ 0, & \text{其他 } t \end{cases}$$

习题解答：

1. 已知系统的微分方程及初始条件，求系统的零输入响应。

(1) $\dfrac{\mathrm{d}^2 y(t)}{\mathrm{d}t^2} + 2\dfrac{\mathrm{d}y(t)}{\mathrm{d}t} + 2y(t) = 0$，$y(0_+) = 1$，$y'(0_+) = 2$；

(2) $\dfrac{\mathrm{d}^2 y(t)}{\mathrm{d}t^2} + 2\dfrac{\mathrm{d}y(t)}{\mathrm{d}t} + y(t) = 0$，$y(0_+) = 1$，$y'(0_+) = 2$。

解 (1) 特征方程 $\alpha^2 + 2\alpha + 2 = 0$，得
$$\alpha_1 = -1+\mathrm{j}, \quad \alpha_2 = -1-\mathrm{j}$$
$$y_{zi}(t) = \mathrm{e}^{-t}(c_1 \cos t + c_2 \sin t), \quad t>0$$
由初始条件 $y(0_+) = 1$，$y'(0_+) = 2$，得
$$c_1 = 1, \quad c_2 = 3$$
所以，
$$y_{zi}(t) = \mathrm{e}^{-t}(\cos t + 3\sin t), \quad t>0$$

(2) 特征方程 $\alpha^2 + 2\alpha + 1 = 0$，得
$$\alpha_1 = \alpha_2 = -1$$
$$y_{zi}(t) = c_1 \mathrm{e}^{-t} + c_2 t \mathrm{e}^{-t}, \quad t>0$$
由初始条件 $y(0_+) = 1$，$y'(0_+) = 2$，得
$$c_1 = 1, \quad c_2 = 3$$
$$y_{zi}(t) = (3t+1)\mathrm{e}^{-t}, \quad t>0$$

2. 已知系统的微分方程为 $\dfrac{\mathrm{d}^2 y(t)}{\mathrm{d}t^2} + 3\dfrac{\mathrm{d}y(t)}{\mathrm{d}t} + 2y(t) = \dfrac{\mathrm{d}x(t)}{\mathrm{d}t} + 3x(t)$，求下列两种激励和起始状态的零输入响应、零状态响应、全响应、自由响应和强制响应。

(1) $x(t)=u(t), y(0_-)=1, y'(0_-)=2$;

(2) $x(t)=e^{-3t}u(t), y(0_-)=1, y'(0_-)=2$。

解 (1) ① $y_{zi}(t)$——零输入响应。

对应齐次微分方程及初始条件下的解：
$$y''_{zi}(t)+3y'_{zi}(t)+2y_{zi}(t)=0$$

特征方程 $\alpha^2+3\alpha+2=0$，得
$$\alpha_1=-1, \quad \alpha_2=-2$$
$$y_{zi}(t)=c_1 e^{-t}+c_2 e^{-2t}, \quad t>0$$

确定 0_+ 时刻的初始条件：

由
$$y'_{zi}(0_+)=y'_{zi}(0_-)=2$$
$$y_{zi}(0_+)=y_{zi}(0_-)=1$$

求得，
$$c_1=4, \quad c_2=-3$$
$$y_{zi}(t)=4e^{-t}-3e^{-2t}, \quad t>0$$

② $y_{zs}(t)$——零状态响应。

对应零初始条件下非齐次微分方程的解。

$$\begin{cases} y''_{zs}(t)+3y'_{zs}(t)+2y_{zs}(t)=\dfrac{d}{dt}u(t)+3u(t)=\delta(t)+3u(t) \\ y(0_-)=0, \quad y'(0_-)=0 \end{cases} \qquad (*)$$

$$y_{zs}(t)=c_1 e^{-t}+c_2 e^{-2t}+y_p(t) \qquad (**)$$

$y_p(t)$ 为特解，由激励 $\delta(t)$ 和 $3u(t)$ 引起。

令 $y''(t)+3y'(t)+2y(t)=\delta(t)$，得特解
$$y_{p1}(t)=(k_1 e^{-t}+k_2 e^{-2t})u(t)$$

求其一阶及二阶导数，并代入微分方程，比较方程两边系数，求得，$k_1=1, k_2=-1$。所以
$$y_{p1}(t)=(e^{-t}-e^{-2t})u(t)$$

令 $y''(t)+3y'(t)+2y(t)=3u(t)$，当 $t>0$ 时，
$$y''(t)+3y'(t)+2y(t)=3$$

得特解 $y_{p2}(t)=A$，将其代入上式微分方程，求得
$$y_{p2}(t)=\frac{3}{2}$$

故由激励 $\delta(t)$ 和 $3u(t)$ 引起的特解为
$$y_p(t)=y_{p1}(t)+y_{p2}(t)=e^{-t}-e^{-2t}+\frac{3}{2}, \quad t>0 \qquad (***)$$

由方程 $(*)$ 可见，$y''_{zs}(t)$ 含有冲激，$y'_{zs}(t)$、$y_{zs}(t)$ 不含有冲激。将方程两边作 0_- 到 0_+ 的积分，有
$$\int_{0_-}^{0_+} y''_{zs}(t)dt+\int_{0_-}^{0_+} 3y'_{zs}(t)dt+\int_{0_-}^{0_+} 2y_{zs}(t)dt=\int_{0_-}^{0_+}\delta(t)dt+\int_{0_-}^{0_+} 3u(t)dt$$
$$y'_{zs}(0_+)-y'_{zs}(0_-)=1$$

所以
$$y'_{zs}(0_+)=1+y'_{zs}(0_-)=1+0=1$$

又有
$$y_{zs}(0_+)=y_{zs}(0_-)=0$$

由式 $(**)$ 及式 $(***)$ 得零状态响应：

$$y_{zs}(t) = c_1 e^{-t} + c_2 e^{-2t} + e^{-t} - e^{-2t} + \frac{3}{2}, \quad t > 0$$

$$y'_{zs}(t) = -c_1 e^{-t} - 2c_2 e^{-2t} - e^{-t} + 2e^{-2t}$$

由 $y'_{zs}(0_+) = 1$ 及 $y_{zs}(0_+) = 0$,求得

$$c_1 = -3, \quad c_2 = \frac{3}{2}$$

所以

$$y_{zs}(t) = -3e^{-t} + \frac{3}{2}e^{-2t} + e^{-t} - e^{-2t} + \frac{3}{2}$$

$$= -2e^{-t} + \frac{1}{2}e^{-2t} + \frac{3}{2}, \quad t > 0$$

③ $y(t)$——全响应。

$$y(t) = y_{zi}(t) + y_{zs}(t) = (4e^{-t} - 3e^{-2t}) + \left(-2e^{-t} + \frac{1}{2}e^{-2t} + \frac{3}{2}\right)$$

$$= 2e^{-t} - \frac{5}{2}e^{-2t} + \frac{3}{2}, \quad t > 0$$

④ $y_n(t)$——自由响应。

$$y_n(t) = 2e^{-t} - \frac{5}{2}e^{-2t}, \quad t > 0$$

⑤ $y_f(t)$——强制响应。

$$y_f(t) = y_p(t) = \frac{3}{2}$$

$$y(t) = y_n(t)(自由响应) + y_f(t)(强制响应)$$

(2) ① $y_{zi}(t)$——零输入响应。

特征方程 $\alpha^2 + 3\alpha + 2 = 0$,得

$$\alpha_1 = -1, \quad \alpha_2 = -2$$

$$y_{zi}(t) = c_1 e^{-t} + c_2 e^{-2t}, \quad t > 0$$

由初始条件,得

$$\begin{cases} y(0_-) = 1 \\ y'(0_-) = 2 \end{cases} \Rightarrow \begin{cases} c_1 + c_2 = 1 \\ -c_1 - 2c_2 = 2 \end{cases} \Rightarrow \begin{cases} c_1 = 4 \\ c_2 = -3 \end{cases}$$

所以

$$y_{zi}(t) = 4e^{-t} - 3e^{-2t}, \quad t > 0$$

② $y_{zs}(t)$——零状态响应。

$$\begin{cases} y''(t) + 3y'(t) + 2y(t) = \dfrac{dx(t)}{dt} + 3x(t) = \dfrac{d}{dt}(e^{-3t}u(t)) + 3e^{-3t}u(t) = \delta(t) \\ y(0_-) = 0, \quad y'(0_-) = 0 \end{cases} \quad (*)$$

由于当 $t > 0$ 时,$\delta(t) = 0$,故零状态响应可转化为零输入响应,关键是确定 0_+ 时刻的初始值。

$$y(t) = k_1 e^{-t} + k_2 e^{-2t}$$

由方程 $(*)$,$y''(t)$ 含有冲激,$y'(t)$、$y(t)$ 不含冲激,故有

$$\int_{0_-}^{0_+} y''(t)dt + 3\int_{0_-}^{0_+} y'(t)dt + 2\int_{0_-}^{0_+} y(t)dt = \int_{0_-}^{0_+} \delta(t)dt = 1$$

$$y'(0_+) - y'(0_-) = 1, \quad y'(0_+) = 1$$

$$y(0_+) = y(0_-) = 0$$

所以
$$\begin{cases} y(0_+) = k_1 + k_2 = 0 \\ y'(0_+) = -k_1 - 2k_2 = 1 \end{cases} \Rightarrow \begin{cases} k_1 = 1 \\ k_2 = -1 \end{cases}$$

故
$$y_{zs}(t) = e^{-t} - e^{-2t}, \quad t > 0$$

或按以下方法求解：
$$y(t) = (k_3 e^{-t} + k_4 e^{-2t}) u(t)$$
$$y'(t) = (-k_3 e^{-t} - 2k_4 e^{-2t}) u(t) + (k_3 + k_4) \delta(t)$$
$$y''(t) = (k_3 e^{-t} + 4k_4 e^{-2t}) u(t) + (-k_3 - 2k_4) \delta(t) + (k_3 + k_4) \delta'(t)$$

将上列各式代入式（*），并比较方程两边系数，得 $k_3 = 1, k_4 = -1$。

所以
$$y_{zs}(t) = e^{-t} - e^{-2t}, \quad t > 0$$

③ $y(t)$——全响应。
$$y(t) = y_{zi}(t) + y_{zs}(t) = (4e^{-t} - 3e^{-2t}) + (e^{-t} - e^{-2t}) = 5e^{-t} - 4e^{-2t}, \quad t > 0$$

④ $y_n(t)$——自由响应。
$$y_n(t) = 5e^{-t} - 4e^{-2t}, \quad t > 0$$

⑤ $y_f(t)$——强制响应。

$y_f(t) = 0$，因为全响应中无与激励有关项。

3. 求下列系统的单位冲激响应 $h(t)$ 和单位阶跃响应 $g(t)$。

(1) $\dfrac{dy(t)}{dt} + 3y(t) = 2\dfrac{dx(t)}{dt}$；

(2) $\dfrac{d^2 y(t)}{dt^2} + 5\dfrac{dy(t)}{dt} + 6y(t) = x(t)$；

(3) $\dfrac{d^2 y(t)}{dt^2} + 5\dfrac{dy(t)}{dt} + 6y(t) = \dfrac{d^2 x(t)}{dt^2} + 2\dfrac{dx(t)}{dt} + 3x(t)$；

(4) $\dfrac{dy(t)}{dt} + 2y(t) = \dfrac{d^2 x(t)}{dt^2} + 3\dfrac{dx(t)}{dt} + 4x(t)$。

解 (1)
$$\dfrac{dy(t)}{dt} + 3y(t) = 2\dfrac{dx(t)}{dt}$$

输入为单位冲激信号，$x(t) = \delta(t)$，
$$\dfrac{dh(t)}{dt} + 3h(t) = 2\delta'(t) \quad (*)$$

特征方程 $\alpha + 3 = 0$，得
$$\alpha = -3$$

所以
$$h(t) = c_1 e^{-3t} u(t) + c_2 \delta(t)$$
$$h'(t) = -3c_1 e^{-3t} u(t) + c_1 \delta(t) + c_2 \delta'(t)$$

将 $h(t)$、$h'(t)$ 代入式（*），有
$$-3c_1 e^{-3t} u(t) + c_1 \delta(t) + c_2 \delta'(t) + 3c_1 e^{-3t} u(t) + 3c_2 \delta(t) = 2\delta'(t)$$

即
$$(c_1 + 3c_2) \delta(t) + c_2 \delta'(t) = 2\delta'(t)$$

比较方程两边的系数，有
$$\begin{cases} c_1 + 3c_2 = 0 \\ c_2 = 2 \end{cases} \Rightarrow \begin{cases} c_1 = -6 \\ c_2 = 2 \end{cases}$$

所以
$$h(t)=-6\mathrm{e}^{-3t}u(t)+2\delta(t)$$
单位阶跃响应为
$$g(t)=\int_{-\infty}^{t}h(\lambda)\mathrm{d}\lambda=\int_{-\infty}^{t}-6\mathrm{e}^{-3\lambda}u(\lambda)\mathrm{d}\lambda+\int_{-\infty}^{t}2\delta(\lambda)\mathrm{d}\lambda$$
$$=\int_{0}^{t}-6\mathrm{e}^{-3\lambda}\mathrm{d}\lambda+2=2\mathrm{e}^{-3t}u(t)$$

求冲激响应最简单的方法是利用拉普拉斯变换,后面章节将详述。

将方程(*)两边求拉普拉斯变换,有
$$sH(s)+3H(s)=2s$$
$$H(s)=\frac{2s}{s+3}=\frac{2(s+3)-6}{s+3}=2-\frac{6}{s+3}$$
其反变换即为冲激响应:
$$h(t)=2\delta(t)-6\mathrm{e}^{-3t}u(t)$$

(2)
$$\frac{\mathrm{d}^2 y(t)}{\mathrm{d}t^2}+5\frac{\mathrm{d}y(t)}{\mathrm{d}t}+6y(t)=x(t)$$
$$\frac{\mathrm{d}^2 h(t)}{\mathrm{d}t^2}+5\frac{\mathrm{d}h(t)}{\mathrm{d}t}+6h(t)=\delta(t) \qquad (*)$$
$$h(t)=(c_1\mathrm{e}^{-2t}+c_2\mathrm{e}^{-3t})u(t)$$
$$h'(t)=(-2c_1\mathrm{e}^{-2t}-3c_2\mathrm{e}^{-3t})u(t)+(c_1+c_2)\delta(t)$$
$$h''(t)=(4c_1\mathrm{e}^{-2t}+9c_2\mathrm{e}^{-3t})u(t)+(-2c_1-3c_2)\delta(t)+(c_1+c_2)\delta'(t)$$

将 $h(t)$、$h'(t)$、$h''(t)$ 代入微分方程,并比较方程两边系数,得
$$c_1=1, \quad c_2=-1$$
所以
$$h(t)=(\mathrm{e}^{-2t}-\mathrm{e}^{-3t})u(t)$$
或用拉氏变换
$$s^2 H(s)+5sH(s)+6H(s)=1$$
$$H(s)=\frac{1}{s^2+5s+6}=\frac{1}{s+2}-\frac{1}{s+3}$$
$$h(t)=(\mathrm{e}^{-2t}-\mathrm{e}^{-3t})u(t)$$

单位阶跃响应为
$$g(t)=\int_{-\infty}^{t}h(\lambda)\mathrm{d}\lambda=\int_{-\infty}^{t}(\mathrm{e}^{-2\lambda}-\mathrm{e}^{-3\lambda})u(\lambda)\mathrm{d}\lambda=\int_{0}^{t}(\mathrm{e}^{-2\lambda}-\mathrm{e}^{-3\lambda})\mathrm{d}\lambda$$
$$=\frac{1}{2}(1-\mathrm{e}^{-2t})u(t)-\frac{1}{3}(1-\mathrm{e}^{-3t})u(t)$$
$$=\left(-\frac{1}{2}\mathrm{e}^{-2t}+\frac{1}{3}\mathrm{e}^{-3t}+\frac{1}{6}\right)u(t)$$

或用拉普拉斯变换求解:

由 $\dfrac{\mathrm{d}^2 y(t)}{\mathrm{d}t^2}+5\dfrac{\mathrm{d}y(t)}{\mathrm{d}t}+6y(t)=x(t)$,有
$$g''(t)+5g'(t)+6g(t)=u(t)$$
$$s^2 G(s)+5sG(s)+6G(s)=\frac{1}{s}$$
$$G(s)=\frac{1}{s}\cdot\frac{1}{s^2+5s+6}=\frac{1/6}{s}+\frac{-1/2}{s+2}+\frac{1/3}{s+3}$$

求反变换，得
$$g(t)=\left(\frac{1}{6}-\frac{1}{2}\mathrm{e}^{-2t}+\frac{1}{3}\mathrm{e}^{-3t}\right)u(t)$$

(3) $$\frac{\mathrm{d}^2 y(t)}{\mathrm{d}t^2}+5\frac{\mathrm{d}y(t)}{\mathrm{d}t}+6y(t)=\frac{\mathrm{d}^2 x(t)}{\mathrm{d}t^2}+2\frac{\mathrm{d}x(t)}{\mathrm{d}t}+3x(t)$$
$$h''(t)+5h'(t)+6h(t)=\delta''(t)+2\delta'(t)+3\delta(t) \qquad (*)$$
$$h(t)=(c_1\mathrm{e}^{-2t}+c_2\mathrm{e}^{-3t})u(t)+c\delta(t)$$
$$h'(t)=(-2c_1\mathrm{e}^{-2t}-3c_2\mathrm{e}^{-3t})u(t)+(c_1+c_2)\delta(t)+c\delta'(t)$$
$$h''(t)=(4c_1\mathrm{e}^{-2t}+9c_2\mathrm{e}^{-3t})u(t)+(-2c_1-3c_2)\delta(t)+(c_1+c_2)\delta'(t)+c\delta''(t)$$

将上列各式代入式(*)，并比较两边系数，得
$$c_1=3,c_2=-6,c=1$$

所以
$$h(t)=\delta(t)+(3\mathrm{e}^{-2t}-6\mathrm{e}^{-3t})u(t)$$

或用拉普拉斯变换求解：
$$s^2 H(s)+5sH(s)+6H(s)=s^2+2s+3$$
$$H(s)=\frac{s^2+2s+3}{s^2+5s+6}=1+\frac{3}{s+2}-\frac{6}{s+3}$$
$$h(t)=\delta(t)+(3\mathrm{e}^{-2t}-6\mathrm{e}^{-3t})u(t)$$

单位阶跃响应为
$$g(t)=\int_{-\infty}^{t}h(\lambda)\mathrm{d}\lambda=\int_{-\infty}^{t}[\delta(\lambda)+(3\mathrm{e}^{-2\lambda}-6\mathrm{e}^{-3\lambda})u(\lambda)]\mathrm{d}\lambda$$
$$=\left(\frac{1}{2}-\frac{3}{2}\mathrm{e}^{-2t}+2\mathrm{e}^{-3t}\right)u(t)$$

(4) $$\frac{\mathrm{d}y(t)}{\mathrm{d}t}+2y(t)=\frac{\mathrm{d}^2 x(t)}{\mathrm{d}t^2}+3\frac{\mathrm{d}x(t)}{\mathrm{d}t}+4x(t)$$
$$h'(t)+2h(t)=\delta''(t)+3\delta'(t)+4\delta(t)$$
$$h(t)=c_1\mathrm{e}^{-2t}u(t)+c_2\delta(t)+c_3\delta'(t)$$
$$h'(t)=-2c_1\mathrm{e}^{-2t}u(t)+c_1\delta(t)+c_2\delta'(t)+c_3\delta''(t)$$
$$h''(t)=4c_1\mathrm{e}^{-2t}u(t)-2c_1\delta(t)+c_1\delta'(t)+c_2\delta''(t)+c_3\delta'''(t)$$

将上列各式代入微分方程，并比较两边系数，得
$$c_1=2,c_2=1,c_3=1$$

所以
$$h(t)=2\mathrm{e}^{-2t}u(t)+\delta(t)+\delta'(t)$$

或用拉普拉斯变换求解：
$$sH(s)+2H(s)=s^2+3s+4$$
$$H(s)=\frac{s^2+3s+4}{s+2}=1+s+\frac{2}{s+2}$$
$$h(t)=\delta(t)+\delta'(t)+2\mathrm{e}^{-2t}u(t)$$

单位阶跃响应为
$$g(t)=\int_{-\infty}^{t}h(\lambda)\mathrm{d}\lambda=\int_{-\infty}^{t}[\delta(\lambda)+\delta'(\lambda)+2\mathrm{e}^{-2\lambda}u(\lambda)]\mathrm{d}\lambda$$
$$=u(t)+\delta(t)+(1-\mathrm{e}^{-2t})u(t)=\delta(t)+(2-\mathrm{e}^{-2t})u(t)$$

或用拉普拉斯变换求解：

$$Y(s) = H(s)X(s) = \frac{s^2+3s+4}{s+2} \cdot \frac{1}{s} = \frac{s^2+3s+4}{s^2+2s} = 1 + \frac{s+4}{s^2+2s} = 1 + \frac{2}{s} - \frac{1}{s+2}$$

其反变换为
$$y(t) = g(t) = \delta(t) + 2u(t) - e^{-2t}u(t) = \delta(t) + (2-e^{-2t})u(t)$$

4. 求下列卷积：$y(t) = x(t) * v(t)$。

(1) $x(t) = u(t), v(t) = e^{-\alpha t}u(t)$；

(2) $x(t) = \cos(\omega t), v(t) = \delta(t+1) - \delta(t-1)$；

(3) $x(t) = e^{-\alpha t}u(t), v(t) = \sin t u(t)$。

解 (1) $x(t) = u(t), v(t) = e^{-\alpha t}u(t)$

$$y(t) = x(t) * v(t) = \int_{-\infty}^{\infty} v(\lambda)x(t-\lambda)d\lambda = \int_{-\infty}^{\infty} e^{-\alpha\lambda}u(\lambda)u(t-\lambda)d\lambda$$

当 $\lambda > 0$ 时，$\qquad u(\lambda) \neq 0$

当 $t-\lambda > 0$，即 $\lambda < t$ 时，$\qquad u(t-\lambda) \neq 0$

所以
$$y(t) = \int_0^t e^{-\alpha\lambda}d\lambda \cdot u(t) = \frac{1}{\alpha}(1-e^{-\alpha t})u(t)$$

(2) $\qquad x(t) = \cos\omega t, v(t) = \delta(t+1) - \delta(t-1)$

$$y(t) = \int_{-\infty}^{\infty} v(\lambda)x(t-\lambda)d\lambda = \int_{-\infty}^{\infty} [\delta(\lambda+1)-\delta(\lambda-1)] \cdot \cos[\omega(t-\lambda)]d\lambda$$

$$= \int_{-\infty}^{\infty} \{\cos[\omega(t+1)]\delta(\lambda+1) - \cos[\omega(t-1)]\delta(\lambda-1)\}d\lambda$$

$$= \cos[\omega(t+1)] - \cos[\omega(t-1)]$$

或
$$y(t) = x(t) * v(t) = \cos(\omega t) * [\delta(t+1)-\delta(t-1)] = \cos[\omega(t+1)] - \cos[\omega(t-1)]$$

(3) $\qquad x(t) = e^{-\alpha t}u(t), \quad y(t) = \sin t u(t)$

$$y(t) = \int_{-\infty}^{\infty} \sin\lambda u(\lambda)e^{-\alpha(t-\lambda)}u(t-\lambda)d\lambda = \int_0^t \sin\lambda e^{-\alpha(t-\lambda)}d\lambda \cdot u(t)$$

$$= \int_0^t \frac{1}{2j}(e^{j\lambda} - e^{-j\lambda})e^{-\alpha(t-\lambda)}d\lambda \cdot u(t) = \frac{\alpha\sin t - \cos t + e^{-\alpha t}}{\alpha^2+1}u(t)$$

5. 已知信号 $x(t)、v(t)$ 如下图所示，求卷积 $y(t) = x(t) * v(t)$。

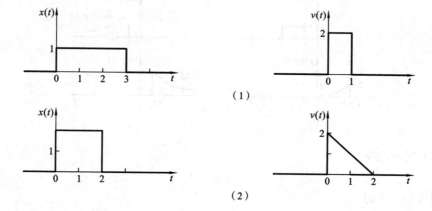

(1)

(2)

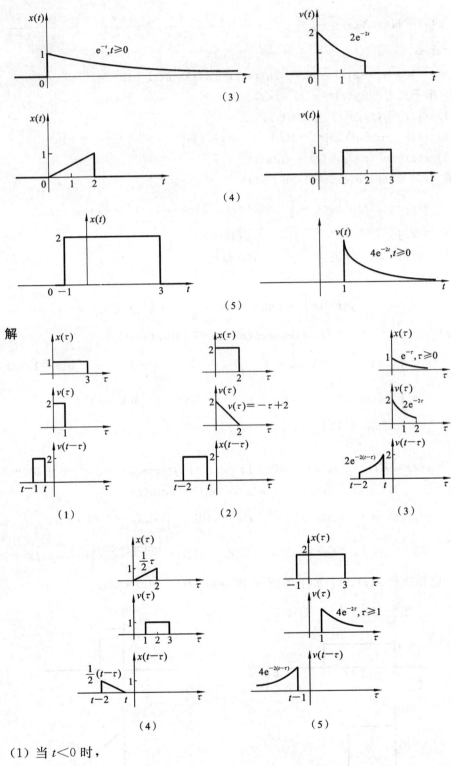

(1) 当 $t<0$ 时,
$$y(t)=0$$
当 $0\leqslant t<1$ 时,
$$y(t)=\int_0^t 2\mathrm{d}\tau = 2t$$

当 $1 \leqslant t < 3$ 时,
$$y(t) = \int_{t-1}^{t} 2 \mathrm{d}\tau = 2(t - t + 1) = 2$$

当 $3 \leqslant t < 4$ 时,
$$y(t) = \int_{t-1}^{3} 2 \mathrm{d}\tau = 2(3 - t + 1) = 2(4 - t)$$

当 $t > 4$ 时,
$$y(t) = 0$$

$$y(t) = \begin{cases} 2t, & 0 \leqslant t < 1 \\ 2, & 1 \leqslant t < 3 \\ -2t + 8, & 3 \leqslant t < 4 \\ 0, & t \geqslant 4 \end{cases}$$

(2) 当 $t < 0$ 时,
$$y(t) = 0$$

当 $0 \leqslant t < 2$ 时,
$$y(t) = \int_{0}^{t} 2(-\tau + 2) \mathrm{d}\tau = -2 \int_{0}^{t} \tau \mathrm{d}\tau + 4 \int_{0}^{t} \mathrm{d}\tau = -t^2 + 4t$$

当 $2 \leqslant t < 4$ 时,
$$y(t) = \int_{t-2}^{2} 2(-\tau + 2) \mathrm{d}\tau = -2 \int_{t-2}^{2} \tau \mathrm{d}\tau + 4 \int_{t-2}^{2} \mathrm{d}\tau = t^2 - 8t + 16$$

当 $t \geqslant 4$ 时,
$$y(t) = 0$$

$$y(t) = \begin{cases} -t^2 + 4t, & 0 \leqslant t < 2 \\ t^2 - 8t + 16, & 2 \leqslant t < 4 \\ 0, & t \geqslant 4 \end{cases}$$

(3) 当 $0 \leqslant t < 2$ 时,
$$y(t) = \int_{0}^{t} \mathrm{e}^{-\tau} \cdot 2\mathrm{e}^{-2(t-\tau)} \mathrm{d}\tau = 2\mathrm{e}^{-t}(1 - \mathrm{e}^{-t})$$

当 $t \geqslant 2$ 时,
$$y(t) = \int_{t-2}^{t} \mathrm{e}^{-\tau} \cdot 2\mathrm{e}^{-2(t-\tau)} \mathrm{d}\tau = 2\mathrm{e}^{-t}(1 - \mathrm{e}^{-2})$$

$$y(t) = \begin{cases} 2\mathrm{e}^{-t}(1 - \mathrm{e}^{-t}), & 0 \leqslant t < 2 \\ 2\mathrm{e}^{-t}(1 - \mathrm{e}^{-2}), & t \geqslant 2 \end{cases}$$

(4) 当 $t < 1$ 时,
$$y(t) = 0$$

当 $1 \leqslant t < 3$ 时,
$$y(t) = \int_{1}^{t} -\frac{1}{2}(\tau - t) \mathrm{d}\tau = -\frac{1}{4}(t - 1)^2$$

当 $3 \leqslant t < 5$ 时,
$$y(t) = \int_{t-2}^{3} -\frac{1}{2}(\tau - t) \mathrm{d}\tau = \frac{1}{4}(t - 5)(t - 1)$$

当 $t \geqslant 5$ 时,

$$y(t) = \begin{cases} 0, & 0 \leqslant t < 1 \\ \dfrac{1}{4}(t-1)^2, & 1 \leqslant t < 3 \\ \dfrac{1}{4}(5-t)(t-1), & 3 \leqslant t < 5 \\ 0, & t \geqslant 5 \end{cases}$$

(5) 当 $t-1 < -1$，即 $t < 0$ 时，
$$y(t) = 0$$

当 $-1 \leqslant t-1 < 3$，即 $0 \leqslant t < 4$ 时，
$$y(t) = \int_{-1}^{t-1} 2 \times 4\mathrm{e}^{-2(t-\tau)}\mathrm{d}\tau = 4\mathrm{e}^{-2t}[\mathrm{e}^{2(t-1)} - \mathrm{e}^{-2}]$$

当 $t-1 \geqslant 3$，即 $t \geqslant 4$ 时，
$$y(t) = \int_{-1}^{3} 2 \times 4\mathrm{e}^{-2(t-\tau)}\mathrm{d}\tau = 4\mathrm{e}^{-2t}(\mathrm{e}^6 - \mathrm{e}^{2t})$$

$$y(t) = \begin{cases} 0, & t < 0 \\ 4\mathrm{e}^{-2t}[\mathrm{e}^{2(t-1)} - \mathrm{e}^{-2}], & 0 \leqslant t < 4 \\ 4\mathrm{e}^{-2t}(\mathrm{e}^6 - \mathrm{e}^{-2}), & t \geqslant 4 \end{cases}$$

6. 已知信号 $x(t) = u(t) + u(t-1) - 2u(t-2)$，$v(t) = 2u(t+1) - u(t) - u(t-1)$，求卷积 $y(t) = x(t) * v(t)$。

解 两信号波形如下图所示。

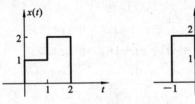

第 6 题图

解法一：用函数表示为
$$x(t) = u(t) + u(t-1) - 2u(t-2), \quad v(t) = 2u(t+1) - u(t) - u(t-1)$$

$$\begin{aligned} y(t) &= x(t) * v(t) \\ &= \int_{-\infty}^{\infty} [u(\lambda) + u(\lambda-1) - 2u(\lambda-2)] \\ &\quad [2u(t-\lambda+1) - u(t-\lambda) - u(t-\lambda-1)]\mathrm{d}\lambda \\ &= \int_{-\infty}^{\infty} [u(\lambda) \cdot 2u(t-\lambda+1) - u(\lambda)u(t-\lambda) - u(\lambda)u(t-\lambda-1) \\ &\quad + u(\lambda-1) \cdot 2u(t-\lambda+1) - u(\lambda-1)u(t-\lambda) - u(\lambda-1)u(t-\lambda-1) \\ &\quad - 4u(\lambda-2)u(t-\lambda+1) + 2u(\lambda-2)u(t-\lambda) + 2u(\lambda-2)u(t-\lambda-1)]\mathrm{d}\lambda \\ &= 2\int_0^{t+1}\mathrm{d}\lambda \cdot u(t+1) - \int_0^t \mathrm{d}\lambda \cdot u(t) - \int_0^{t-1} \mathrm{d}\lambda \cdot u(t-1) \\ &\quad + 2\int_1^{t+1}\mathrm{d}\lambda \cdot u(t) - \int_1^t \mathrm{d}\lambda \cdot u(t-1) - \int_1^{t-1} \mathrm{d}\lambda \cdot u(t-2) \\ &\quad - 4\int_2^{t+1}\mathrm{d}\lambda \cdot u(t-1) + 2\int_2^t \mathrm{d}\lambda \cdot u(t-2) + 2\int_2^{t-1} \mathrm{d}\lambda \cdot u(t-3) \end{aligned}$$

$$= 2(t+1)u(t+1) - tu(t) - (t-1)u(t-1) + 2tu(t) - (t-1)u(t-1)$$
$$- (t-2)u(t-2) - 4(t-1)u(t-1) + 2(t-2)u(t-2) + 2(t-3)u(t-3)$$
$$= 2(t+1)u(t+1) + tu(t) - 6(t-1)u(t-1) + (t-2)u(t-2) + 2(t-3)u(t-3)$$

解法二：

当 $t < -1$ 时,
$$y(t) = 0$$

当 $-1 \leqslant t < 0$ 时,
$$y(t) = \int_0^{t+1} 2\mathrm{d}\lambda = 2t+2$$

当 $0 \leqslant t < 1$ 时,
$$y(t) = \int_0^t 1\mathrm{d}\lambda + \int_t^1 2\mathrm{d}\lambda + \int_1^{t-1} 4\mathrm{d}\lambda = 3t+2$$

当 $1 \leqslant t < 2$ 时,
$$y(t) = \int_{t-1}^1 1\mathrm{d}\lambda + \int_1^t 2\mathrm{d}\lambda + \int_t^2 4\mathrm{d}\lambda = -3t+8$$

当 $2 \leqslant t < 3$ 时,
$$y(t) = \int_{t-1}^2 2\mathrm{d}\lambda = -2t+6$$

当 $t \geqslant 3$,
$$y(t) = 0$$

解法三：
$$y(t) = x(t) * v(t)$$
$$Y(s) = X(s)V(s) = \left(\frac{1}{s} + \frac{1}{s}e^{-s} - \frac{2}{s}e^{-2s}\right)\left(\frac{2}{s}e^s - \frac{1}{s} - \frac{1}{s}e^{-s}\right)$$
$$= \frac{2}{s^2}e^s + \frac{1}{s^2} - \frac{6}{s^2}e^{-s} + \frac{1}{s^2}e^{-2s} + \frac{2}{s^2}e^{-3s}$$

求反拉普拉斯变换,得
$$y(t) = 2(t+1)u(t+1) + tu(t) - 6(t-1)u(t-1) + (t-2)u(t-2)$$
$$+ 2(t-3)u(t-3)$$

7. 一连续时间系统具有如下输入/输出关系：
$$y(t) = \int_{-\infty}^t (t-\lambda+2)x(\lambda)\mathrm{d}\lambda$$

(1) 求系统的冲激响应 $h(t)$。
(2) $x(t) = u(t) - u(t-1)$,求系统的输出响应 $y(t)$。

解 (1) $h(t) = \int_{-\infty}^t (t-\lambda+2)\delta(\lambda)\mathrm{d}\lambda = (t+2)u(t)$

(2) $y(t) = \int_{-\infty}^t (t-\lambda+2)[u(\lambda) - u(\lambda-1)]\mathrm{d}\lambda$
$$= \int_{-\infty}^t (t-\lambda+2)u(\lambda)\mathrm{d}\lambda - \int_{-\infty}^t (t-\lambda+2)u(\lambda-1)\mathrm{d}\lambda$$
$$= \int_0^t (t-\lambda+2)\mathrm{d}\lambda \cdot u(t) - \int_1^t (t-\lambda+2)\mathrm{d}\lambda \cdot u(t-1)$$
$$= \left(\frac{1}{2}t^2 + 2t\right)u(t) + \left(-\frac{1}{2}t^2 - t + \frac{3}{2}\right)u(t-1)$$

即
$$y(t) = \begin{cases} \frac{1}{2}t^2 + 2t, & 0 \leqslant t \leqslant 1 \\ t + \frac{3}{2}, & t > 1 \end{cases}$$

8. 一因果线性时不变连续时间系统的冲激响应为
$$h(t) = e^{-t} + \sin t, \quad t \geqslant 0$$
(1) 求系统的单位阶跃响应；
(2) 若 $x(t) = u(t) - u(t-2)$，求系统的输出响应 $y(t)$。

解 (1) $g(t) = \int_{-\infty}^{t} h(\lambda) d\lambda = \int_{-\infty}^{t} (e^{-\lambda} + \sin\lambda) u(\lambda) d\lambda = (-e^{-t} - \cos t + 2) u(t)$

(2) $x(t) = u(t) - u(t-2) \xrightarrow{\text{LTI}} y(t) = (-e^{-t} - \cos t + 2) u(t)$
$\qquad - [-e^{-(t-2)} + \cos(t-2) + 2] u(t-2)$

9. 已知系统的差分方程 $y[n+1] - 0.8 y[n] = x[n], x[n] = u[n], y[0] = 2$。
(1) 试用递推法求解差分方程，并给出 $y[1], y[2]$ 的值；
(2) 求差分方程的解析解。

解 (1) $y[n+1] - 0.8 y[n] = x[n], x[n] = u[n], y[0] = 2$
$$y[n+1] = 0.8 y[n] + x[n]$$
$$y[1] = 0.8 y[0] + x[0] = 0.8 \times 2 + 1 = 2.6$$
$$y[2] = 0.8 y[1] + x[1] = 0.8 \times 2.6 + 1 = 3.08$$

(2) $\qquad y[n] = y_n[n] + y_p[n]$

其中，$y_n[n]$ 为齐次解，$y_p[n]$ 为特解。

特征方程 $\alpha - 0.8 = 0$，得
$$\alpha = 0.8$$

所以 $\qquad y_n[n] = c (0.8)^n, \quad n \geqslant 0$

$y_p[n] = A$，将其代入原方程，有
$$A - 0.8 A = 1$$
得 $\qquad A = 5$

所以 $\qquad y[n] = c (0.8)^n + 5, \quad n \geqslant 0$

由初始条件 $y[0] = 2$，有
$$c (0.8)^0 + 5 = 2$$
得 $\qquad c = -3$
$$y[n] = -3 (0.8)^n + 5, \quad n \geqslant 0$$

10. 一离散时间系统的差分方程如下：
$$y[n+2] + \frac{3}{4} y[n+1] + \frac{1}{8} y[n] = x[n]$$
$y[-2] = -1, y[-1] = 2$，对于所有 $n, x[n] = 0$，分别用(1)递推法求 $y[n], n = 0, 1, 2, 3$；(2) 经典法求解析解 $y[n]$。

解 (1) $\qquad y[n+2] = -\frac{3}{4} y[n+1] - \frac{1}{8} y[n] + x[n]$

$$y[0] = -\frac{3}{4} y[-1] - \frac{1}{8} y[-2] = -\frac{3}{4} \times 2 - \frac{1}{8} \times (-1) = -1.375$$

$$y[1] = -\frac{3}{4}y[0] - \frac{1}{8}y[-1] = -\frac{3}{4} \times (-1.375) - \frac{1}{8} \times 2 = 0.78125$$

$$y[2] = -\frac{3}{4}y[1] - \frac{1}{8}y[0] = -\frac{3}{4} \times 0.78125 - \frac{1}{8} \times (-1.375) = -0.4140625$$

$$y[3] = -\frac{3}{4}y[2] - \frac{1}{8}y[1] = -\frac{3}{4} \times (-0.4140625) - \frac{1}{8} \times 0.78125 = 0.21289$$

(2) 特征方程 $\alpha^2 + \frac{3}{4}\alpha + \frac{1}{8} = 0$,得

$$\alpha_1 = -\frac{1}{2}, \quad \alpha_2 = -\frac{1}{4}$$

$$y[n] = c_1\left(-\frac{1}{2}\right)^n + c_2\left(-\frac{1}{4}\right)^n, \quad n \geq 0 \tag{*}$$

由差分方程递推求出

$$y[0] = -1.375, \quad y[1] = 0.78125$$

由 $y[0]$、$y[1]$ 及式(*),有

$$\begin{cases} y[0] = c_1 + c_2 = -1.375 \\ y[1] = c_1\left(-\frac{1}{2}\right) + c_2\left(-\frac{1}{4}\right) = 0.78125 \end{cases}$$

得

$$c_1 = -1.75, \quad c_2 = 0.375$$

所以

$$y[n] = \left[-1.75\left(-\frac{1}{2}\right)^n + 0.375\left(-\frac{1}{4}\right)^n\right]u[n]$$

11. 解差分方程

(1) $y[n] + 3y[n-1] + 2y[n-2] = 0, y[-1] = 2, y[-2] = 1$;

(2) $y[n] + 2y[n-1] + y[n-2] = 0, y[0] = y[-1] = 1$;

(3) $y[n] + y[n-2] = 0, y[0] = 1, y[1] = 2$。

解 (1) $\quad y[n] + 3y[n-1] + 2y[n-2] = 0$

特征方程 $\alpha^2 + 3\alpha + 2 = 0$,得

$$\alpha_1 = -1, \quad \alpha_2 = -2$$

所以 $\quad y[n] = c_1(-1)^n + c_2(-2)^n, \quad n \geq 0$

由差分方程

$$y[n] = -3y[n-1] - 2y[n-2]$$

得

$$y[0] = -3y[-1] - 2y[-2] = -3 \times 2 - 2 \times 1 = -8$$

$$y[1] = -3y[0] - 2y[-1] = -3 \times (-8) - 2 \times 2 = 20$$

则有

$$\begin{cases} y[0] = c_1 + c_2 = -8 \\ y[1] = -c_1 - 2c_2 = 20 \end{cases}$$

得 $\quad c_1 = 4, \quad c_2 = -12$

所以 $\quad y[n] = [4(-1)^n - 12(-2)^n]u[n]$

(2) $\quad y[n] + 2y[n-1] + y[n-2] = 0$

特征方程 $\alpha^2 + 2\alpha + 1 = 0$,得

$$\alpha_1 = \alpha_2 = -1$$

$$y[n] = (c_1 + c_2 n)(-1)^n, \quad n \geq 0$$
$$y[1] = -2y[0] - y[-1] = -2 \times 1 - 1 = -3$$
$$\begin{cases} y[0] = c_1 = 1 \\ y[1] = (c_1 + c_2)(-1) = -3 \end{cases}$$

得
$$c_1 = 1, \quad c_2 = 2$$

所以
$$y[n] = (1 + 2n)(-1)^n u[n]$$

(3) $\qquad y[n] + y[n-2] = 0$

特征方程 $\alpha^2 + 1 = 0$,得
$$\alpha_1 = j, \quad \alpha_2 = -j$$
$$y[n] = c_1 (j)^n + c_2 (-j)^n, \quad n \geq 0$$

由 $y[n] = 1, y[1] = 2$,得
$$\begin{cases} c_1 + c_2 = 1 \\ -c_1 + c_2 = 2j \end{cases}$$

得
$$c_1 = \frac{1}{2}(1 - 2j), \quad c_2 = \frac{1}{2}(1 + 2j)$$

所以
$$y[n] = \frac{1-2j}{2}(j)^n + \frac{1+2j}{2}(-j)^n = \frac{1-2j}{2}e^{j\frac{n\pi}{2}} + \frac{1+2j}{2}e^{-j\frac{n\pi}{2}} = \cos\frac{n\pi}{2} + 2\sin\frac{n\pi}{2}, \quad n \geq 0$$

12. 解差分方程 $y[n] + 2y[n-1] + y[n-2] = 3^n, y[-1] = 0, y[0] = 0$。

解 特征方程 $\alpha^2 + 2\alpha + 1 = 0$,得
$$\alpha_1 = \alpha_2 = -1$$

齐次解
$$y_n[n] = (c_1 + c_2 n)(-1)^n, \quad n \geq 0$$

特解 $y_p[n] = c \cdot 3^n$,将其代入原差分方程,有
$$c \cdot 3^n + 2c \cdot 3^{n-1} + c \cdot 3^{n-2} = 3^n$$

得
$$c = \frac{9}{16}$$

所以 $\qquad y[n] = y_n[n] + y_p[n] = (c_1 + c_2 n)(-1)^n + \frac{9}{16} \cdot 3^n$

由初始条件 $y[-1] = 0, y[0] = 0$ 得
$$\begin{cases} -(c_1 - c_2) + \frac{3}{16} = 0 \\ c_1 + \frac{9}{16} = 0 \end{cases}, \quad 解得 \begin{cases} c_1 = -\frac{9}{16} \\ c_2 = -\frac{3}{4} \end{cases}$$

所以 $\quad y[n] = \left(-\frac{3}{4}n - \frac{9}{16}\right)(-1)^n + \frac{9}{16} \cdot 3^n = \left(\frac{3}{4}n + \frac{9}{16}\right)(-1)^{n+1} + \frac{1}{16} \cdot 3^{n+2}$

13. 已知因果系统的差分方程为
$y[n] + 3y[n-1] + 2y[n-2] = x[n], \quad x[n] = 2^n u[n], \quad y[0] = 0, \quad y[1] = 2$,
求系统的响应。

解 特征方程 $\alpha^2 + 3\alpha + 2 = 0$,得
$$\alpha_1 = -1, \quad \alpha_2 = -2$$

齐次解：
$$y_n[n] = c_1(-1)^n + c_2(-2)^n, \quad n \geq 0$$

特解：$y_p[n] = c \cdot 2^n$，将其代入差分方程，得 $c = \frac{1}{3}$。所以
$$y[n] = y_n[n] + y_p[n] = c_1(-1)^n + c_2(-2)^n + c \cdot 2^n, \quad n \geq 0$$

由初始条件得
$$\begin{cases} y[0] = c_1 + c_2 + \frac{1}{3} = 0 \\ y[1] = -c_1 - 2c_2 + \frac{2}{3}(-1) = 2 \end{cases}$$

得
$$c_1 = \frac{2}{3}, \quad c_2 = -1$$

所以
$$y[n] = \frac{2}{3}(-1)^n - (-2)^n + \frac{1}{3} \cdot 2^n, \quad n \geq 0$$

14. 用递推法计算下列离散时间系统的单位脉冲响应 $h[n]$，$n = 0, 1, 2, 3$。

(1) $y[n+1] + y[n] = 2x[n]$；

(2) $y[n+2] + \frac{1}{2}y[n+1] + \frac{1}{4}y[n] = x[n+1] - x[n]$。

解 (1)
$$h[n+1] + h[n] = 2\delta[n]$$
$$h[n+1] = -h[n] + 2\delta[n]$$
$$h[0] = -h[-1] + 2\delta[-1] = 0 + 0 = 0$$
$$h[1] = -h[0] + 2\delta[0] = 0 + 2 = 2$$
$$h[2] = -h[1] + 2\delta[1] = -2 + 0 = -2$$
$$h[3] = -h[2] + 2\delta[2] = 2$$

(2)
$$h[n+2] + \frac{1}{2}h[n+1] + \frac{1}{4}h[n] = \delta[n+1] - \delta[n]$$
$$h[n+2] = -\frac{1}{2}h[n+1] - \frac{1}{4}h[n] + \delta[n+1] - \delta[n]$$
$$h[0] = -\frac{1}{2}h[-1] - \frac{1}{4}h[-2] + \delta[-1] - \delta[-2] = -\frac{1}{2} \times 0 - \frac{1}{4} \times 0 + 0 + 0 = 0$$
$$h[1] = -\frac{1}{2}h[0] - \frac{1}{4}h[-1] + \delta[0] - \delta[-1] = 0 - 0 + 1 - 0 = 1$$
$$h[2] = -\frac{1}{2}h[1] - \frac{1}{4}h[0] + \delta[1] - \delta[0] = -\frac{1}{2} \times 1 + 0 + 0 - 1 = -\frac{3}{2}$$
$$h[3] = -\frac{1}{2}h[2] - \frac{1}{4}h[1] + \delta[2] - \delta[1] = -\frac{1}{2} \times \left(-\frac{3}{2}\right) - \frac{1}{4} \times 1 = \frac{1}{2}$$

15. 求下列离散时间系统的单位脉冲响应 $h[n]$，$n \geq 0$，写出解析解。

(1) $y[n+1] + 1/2 y[n] = x[n+1]$；

(2) $y[n+1] - \frac{1}{2}y[n] = x[n+1] + \frac{1}{2}x[n]$。

解 (1) 由 $h[n+1] + \frac{1}{2}h[n] = \delta[n+1]$，有
$$h[n] + \frac{1}{2}h[n-1] = \delta[n]$$

$$h[n] = -\frac{1}{2}h[n-1] + \delta[n]$$

$$h[0] = -\frac{1}{2}h[-1] + \delta[0] = 0 + 1 = 1$$

$$h[1] = -\frac{1}{2}h[0] + \delta[1] = -\frac{1}{2} \times 1 = -\frac{1}{2}$$

$$h[2] = -\frac{1}{2}h[1] + \delta[2] = -\frac{1}{2} \times \left(-\frac{1}{2}\right) = \frac{1}{4}$$

$$h[3] = -\frac{1}{2}h[2] + \delta[3] = -\frac{1}{2} \times \frac{1}{4} = -\frac{1}{8}$$

$$\vdots$$

所以
$$h[n] = \left(-\frac{1}{2}\right)^n u[n]$$

(2) 由 $y[n+1] - \frac{1}{2}y[n] = x[n+1] + \frac{1}{2}x[n]$，有

$$h[n+1] - \frac{1}{2}h[n] = \delta[n+1] + \frac{1}{2}\delta[n]$$

$$h[n+1] = \frac{1}{2}h[n] + \delta[n+1] + \frac{1}{2}\delta[n]$$

$$h[0] = \frac{1}{2}h[-1] + \delta[0] + \frac{1}{2}\delta[-1] = 1$$

$$h[1] = \frac{1}{2}h[0] + \delta[1] + \frac{1}{2}\delta[0] = 1$$

$$h[2] = \frac{1}{2}h[1] + \delta[2] + \frac{1}{2}\delta[1] = \frac{1}{2}$$

$$h[3] = \frac{1}{2}h[2] + \delta[3] + \frac{1}{2}\delta[2] = \frac{1}{4}$$

$$\vdots$$

$$h[0] = 1$$

所以
$$h[n] = 2\left(\frac{1}{2}\right)^n, \quad n \geq 1$$

16. 已知离散时间系统的差分方程 $2y[n] - y[n-1] = 4x[n] + 2x[n-1]$，求系统的单位脉冲响应 $h[n]$。

解 由差分方程，有

$$2h[n] - h[n-1] = 4\delta[n] + 2\delta[n-1]$$

单位脉冲响应可转化为齐次微分方程的解。

特征方程 $2\alpha - 1 = 0$，得

$$\alpha = \frac{1}{2}$$

齐次解：
$$h_n[n] = c\left(\frac{1}{2}\right)^n, \quad n \geq 0$$

设 $4\delta[n]$ 和 $2\delta[n-1]$ 产生的响应分别为 $h_1[n]$ 和 $h_2[n]$，有

$$2h_1[n] - h_1[n-1] = 4\delta[n]$$

$$2h_2[n] - h_2[n-1] = 2\delta[n-1]$$

$$h_1[0] = \frac{1}{2}(h_1[-1] + 4\delta[0]) = \frac{1}{2}(0+4) = 2$$

有
$$c_1 \left(\frac{1}{2}\right)^0 = 2, \quad c_1 = 2$$

所以
$$h_1[n] = 2\left(\frac{1}{2}\right)^n u[n]$$

$$h_2[1] = \frac{1}{2}(h_2[0] + 2\delta[0]) = \frac{1}{2}(0+2) = 1$$

有
$$c_2 \left(\frac{1}{2}\right)^1 = 1, \quad c_2 = 2$$

所以
$$h_2[n] = 2\left(\frac{1}{2}\right)^n u[n-1]$$

$$h[n] = h_1[n] + h_2[n] = 2\left(\frac{1}{2}\right)^n u[n] + 2\left(\frac{1}{2}\right)^n u[n-1] = 2\delta[n] + 4\left(\frac{1}{2}\right)^n u[n-1]$$

17. 求下列差分方程的单位脉冲响应。

(1) $y[n+2] - 0.6y[n+1] - 0.16y[n] = x[n]$；

(2) $y[n+2] - y[n] = x[n+1] - x[n]$。

解 (1) $h[n+2] - 0.6h[n+1] - 0.16h[n] = \delta[n]$

特征方程 $\alpha^2 - 0.6\alpha - 0.16 = 0$，得

$$\alpha_1 = -0.2, \alpha_2 = 0.8$$
$$h[n] = c_1(-0.2)^n + c_2(0.8)^n, \quad n \geqslant 0$$
$$h[n+2] = 0.6h[n+1] + 0.16h[n] + \delta[n]$$
$$h[0] = 0.6h[-1] + 0.16h[-2] + \delta[-2] = 0$$
$$h[1] = 0.6h[0] + 0.16h[-1] + \delta[-1] = 0$$
$$h[2] = 0.6h[1] + 0.16h[0] + \delta[0] = 1$$

由
$$\begin{cases} h[1] = -0.2c_1 + 0.8c_2 = 0 \\ h[2] = 0.04c_1 + 0.64c_2 = 1 \end{cases}$$

得
$$c_1 = 5, \quad c_2 = \frac{5}{4}$$

所以
$$h[n] = 5(-0.2)^n + \frac{5}{4}(0.8)^n = [(-0.2)^{n-1} + (0.8)^{n-1}]u[n]$$

(2)
$$h[n+2] - h[n] = \delta[n+1] - \delta[n]$$
$$h[n+2] = h[n] + \delta[n+1] - \delta[n]$$
$$h[0] = h[-2] + \delta[1] - \delta[-2] = 0$$
$$h[1] = h[-1] + \delta[0] - \delta[-1] = 1$$
$$h[2] = h[0] + \delta[1] - \delta[0] = -1$$
$$h[3] = h[1] + \delta[2] - \delta[1] = 1$$
$$\vdots$$

所以
$$h[n] = (-1)^{n-1} u[n-1]$$

18. 已知两离散时间信号 $x[n]$ 及 $v[n]$，计算卷积和 $y[n] = x[n] * v[n]$。

(1) $x[n] = \delta[n] + \delta[n-1] + \delta[n-2]$，$v[n] = \delta[n] + \delta[n-1] + \delta[n-2] + \delta[n-3]$；

(2) $x[n]=2\delta[n]+\delta[n-1], v[n]=\delta[n]+\delta[n-1]+\delta[n-2]+\delta[n-3]$;
(3) $x[n]=2\delta[n]+\delta[n-1], v[n]=\delta[n-1]+2\delta[n-2]$;
(4) $x[n]=u[n], v[n]=u[n]$;
(5) $x[n]=\delta[n]-\delta[n-2], v[n]=\begin{cases} \cos(\pi n/3), & n\geqslant 0 \\ 0, & n<0 \end{cases}$。

解 (1)

```
        1  1  1
     1  1  1  1
    ─────────────
        1  1  1
           1  1  1
              1  1  1
                 1  1  1
                    1  1  1
    ─────────────────────────
     1  2  3  3  2  1
```

$$\begin{bmatrix} y[0] \\ y[1] \\ y[2] \\ y[3] \\ y[4] \\ y[5] \end{bmatrix} = \begin{bmatrix} 1 \\ 2 \\ 3 \\ 3 \\ 2 \\ 1 \end{bmatrix}$$

(2)

```
           2  1
        1  1  1  1
       ─────────────
           2  1
              2  1
                 2  1
                    2  1
       ─────────────────
           2  3  3  3  1
```

$$\begin{bmatrix} y[0] \\ y[1] \\ y[2] \\ y[3] \\ y[4] \end{bmatrix} = \begin{bmatrix} 2 \\ 3 \\ 3 \\ 3 \\ 1 \end{bmatrix}$$

(3)

```
           2  1
        1  2
       ─────────
           2  1
              4  2
       ─────────
           2  5  2
```

$$\begin{bmatrix} y[1] \\ y[2] \\ y[3] \end{bmatrix} = \begin{bmatrix} 2 \\ 5 \\ 2 \end{bmatrix}$$

(4) $y[n] = \sum_{i=-\infty}^{+\infty} u[i] \cdot u[n-i] = \sum_{i=0}^{n} 1 = (n+1)u[n]$

(5) $y[n] = x[n] * v[n] = (\delta[n] - \delta[n-2]) * v[n]$
$= \delta[n] * v[n] - \delta[n-2] * v[n] = v[n] - v[n-2]$
$= \cos(\pi n/3)u[n] - \cos[\pi(n-2)/3]u[n-2]$

19. 已知两离散时间信号 $x[n]$ 及 $v[n]$,计算卷积和 $y[n]=x[n]*v[n]$。

(1) $x[n]=u[n], v[n]=2^n u[n]$;
(2) $x[n]=(0.5)^n u[n], v[n]=2^n u[n]$。

解 (1) $y[n] = \sum_{i=-\infty}^{+\infty} 2^i u[i] \cdot u[n-i] = \sum_{i=0}^{n} 2^i = \frac{1-2^{n+1}}{1-2} = (2^{n+1}-1)u[n]$

(2) $y[n] = \sum_{i=-\infty}^{+\infty} 0.5^i u[i] \cdot 2^{n-i} u[n-i] = \sum_{i=0}^{n} 2^n \cdot 0.25^i$

$= 2^n \cdot \frac{1-0.25^{n+1}}{1-0.25} = \left[\frac{4}{3} \cdot 2^n - \frac{1}{3}(0.5)^n\right] u[n]$

20. 某电路如下图所示，电流源 $i_S(t)$ 为激励，试写出电感电流 $i_L(t)$ 和电阻 R_C 上电压 $u(t)$ 的微分方程。

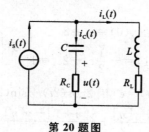

第 20 题图

解 由电路可得下列电路方程：

$$i_S(t) = i_C(t) + i_L(t) \tag{1}$$

$$i_C(t) = C \frac{du_C(t)}{dt} \tag{2}$$

$$u_C(t) + u(t) = L \frac{di_L(t)}{dt} + R_L i_L(t) \tag{3}$$

$$u(t) = R_C \cdot i_C(t) \tag{4}$$

由式(1)，有

$$i_S(t) = C \frac{d}{dt} u_C(t) + i_L(t) = C \frac{d}{dt}\left[L \frac{di_L(t)}{dt} + R_L i_L(t) - R_C(i_S(t) - i_L(t))\right] + i_L(t)$$

将上式整理，得

$$\frac{d^2 i_L(t)}{dt^2} + \frac{R_L + R_C}{L} \frac{di_L(t)}{dt} + \frac{1}{LC} i_L(t) = \frac{R_C}{L} \frac{di_S(t)}{dt} + \frac{1}{LC} i_S(t) \tag{5}$$

将 $i_L(t) = i_S(t) - i_C(t) = i_S(t) - \frac{u(t)}{R_C}$ 代入式(5)，得

$$\frac{d^2}{dt^2}\left(i_S(t) - \frac{u(t)}{R_C}\right) + \frac{R_L + R_C}{L} \frac{d}{dt}\left(i_S(t) - \frac{u(t)}{R_C}\right) + \frac{1}{LC}\left(i_S(t) - \frac{u(t)}{R_C}\right)$$

$$= \frac{R_C}{L} \frac{di_S(t)}{dt} + \frac{1}{LC} i_S(t)$$

整理，得

$$\frac{d^2 u(t)}{dt^2} + \frac{R_L + R_C}{L} \frac{du(t)}{dt} + \frac{1}{LC} u(t) = R_C \frac{d^2 i_S(t)}{dt^2} + \frac{R_C R_L}{L} \frac{di_S(t)}{dt}$$

21. 某系统的微分方程如下：

$$\frac{d^2 y(t)}{dt^2} + \frac{dy(t)}{dt} + 4.25 y(t) = 0, \quad y(0) = 2, \quad y'(0) = 1$$

(1) 证明系统的解为 $y(t) = e^{-0.5t}[\sin(2t) + 2\cos(2t)]$；

(2) 用欧拉近似，由微分方程导出差分方程。T 为任意步长，$x(t)$ 为任意激励。

解 （1）
$$\frac{d^2y(t)}{dt} + \frac{dy(t)}{dt} + 4.25y(t) = 0$$

特征方程 $\alpha^2 + \alpha + 4.25 = 0$，得
$$\alpha_{1,2} = \frac{-1 \pm \sqrt{1 - 4 \times 4.25}}{2} = -\frac{1}{2} \pm j2$$

所以
$$y(t) = e^{-\frac{1}{2}t}[c_1 \cos(2t) + c_2 \sin(2t)]$$

$$y'(t) = -\frac{1}{2}e^{-\frac{1}{2}t}[c_1 \cos(2t) + c_2 \sin(2t)] + e^{-\frac{1}{2}t}[-2c_1 \sin(2t) + 2c_2 \cos(2t)]$$

由初始条件，有
$$\begin{cases} y(0) = c_1 = 2 \\ y'(1) = -\frac{1}{2}c_1 + 2c_2 = 1 \end{cases} \Rightarrow \begin{cases} c_1 = 2 \\ c_2 = 1 \end{cases}$$

所以
$$y(t) = e^{-\frac{1}{2}t}[2\cos(2t) + \sin(2t)]$$

（2）
$$\frac{y[n+2] - 2y[n+1] + y[n]}{T^2} + \frac{y[n+1] - y[n]}{T} + 4.25y[n] = x[n]$$

$$y[n+2] + y[n+1](T-2) + (1 - T + 4.25T^2)y[n] = T^2 x[n]$$

22. 系统的微分方程和初始条件如下：
$$\frac{d^2y(t)}{dt^2} + 2\frac{dy(t)}{dt} + y(t) = 0, \quad y(0) = 2, \quad y'(0) = -1$$

（1）求微分方程的解；
（2）用欧拉近似，由微分方程导出差分方程。T 为任意步长，$x(t)$ 为任意激励。

解 特征方程 $\alpha^2 + 2\alpha + 1 = 0$，得
$$\alpha_1 = \alpha_2 = -1$$
$$y(t) = (c_1 + c_2 t)e^{-t}$$
$$y'(t) = c_2 e^{-t} - (c_1 + c_2 t)e^{-t}$$

由初始条件
$$\begin{cases} y(0) = c_1 = 2 \\ y'(0) = c_2 - c_1 = -1 \end{cases} \Rightarrow \begin{cases} c_1 = 2 \\ c_2 = 1 \end{cases}$$

所以
$$y(t) = (2 + t)e^{-t}$$

（2）
$$\frac{y[n+2] - 2y[n+1] + y[n]}{T^2} + 2\frac{y[n+1] - y[n]}{T} + y[n] = x[n]$$

$$y[n+2] + (2T - 2)y[n+1] + (T^2 - 2T + 1)y[n] = x[n]$$

3

傅里叶级数与傅里叶变换

内容提要：

3.1 周期信号的傅里叶级数

1. 三角傅里叶级数

周期信号 $x(t)$ 的三角形式的傅里叶级数(trigonometric Fourier series)：

$$x(t) = a_0 + \sum_{k=1}^{\infty}[a_k\cos(k\omega_0 t) + b_k\sin(k\omega_0 t)], \quad -\infty < t < +\infty$$

式中：$\omega_0 = \dfrac{2\pi}{T}$ 为基波角频率(fundamental angular frequency)，T 为基本周期(fundamental period)；$a_0 = \dfrac{1}{T}\int_{-T/2}^{T/2}x(t)\mathrm{d}t$，为信号的直流分量，即一个周期里的平均值；$a_k = \dfrac{2}{T}\int_{-T/2}^{T/2}x(t)\cos(k\omega_0 t)\mathrm{d}t, k=1,2,\cdots$，为信号的余弦分量幅度；$b_k = \dfrac{2}{T}\int_{-T/2}^{T/2}x(t)\cdot\sin(k\omega_0 t)\mathrm{d}t, k=1,2,\cdots$，为信号的正弦分量幅度。

上述积分区间可以为任意一个周期的积分区间。

上式可表示成如下三角级数形式：

$$x(t) = a_0 + \sum_{k=1}^{\infty}A_k\cos(k\omega_0 t + \varphi_k)$$

式中：$A_k = \sqrt{a_k^2 + b_k^2}$；$\varphi_k = \begin{cases}\arctan\left(\dfrac{-b_k}{a_k}\right), & k=1,2,\cdots,\text{当 } a_k\geqslant 0 \\ \pi + \arctan\left(\dfrac{-b_k}{a_k}\right), & k=1,2,\cdots,\text{当 } a_k<0\end{cases}$；$a_k = A_k\cos\varphi_k$；$b_k = -A_k\sin\varphi_k$。

2. 复指数傅里叶级数

$$x(t) = a_0 + \sum_{k=-\infty}^{\infty}c_k\mathrm{e}^{\mathrm{j}k\omega_0 t}, \quad k=\pm 1, \pm 2, \cdots$$

或

$$x(t) = \sum_{k=-\infty}^{\infty}c_k\mathrm{e}^{\mathrm{j}k\omega_0 t}, \quad k=\pm 1, \pm 2, \cdots$$

$$c_k = \frac{1}{T}\int_{-T/2}^{T/2} x(t)\mathrm{e}^{-jk\omega_0 t}\mathrm{d}t, \quad k=0,\pm 1,\pm 2,\cdots$$

式中：a_0 为直流分量（$k=0$ 分量），$a_0 = c_0$。

复系数 c_k 与三角傅里叶级数系数之间的关系：

$$c_k = \frac{a_k - jb_k}{2} = \frac{A_k}{2}\mathrm{e}^{j\varphi_k}, \quad c_{-k} = \frac{a_k + jb_k}{2} = \frac{A_k}{2}\mathrm{e}^{-j\varphi_k}$$

$$c_k = |c_k|\mathrm{e}^{j\angle c_k}, \quad c_{-k} = |c_{-k}|\mathrm{e}^{j\angle c_{-k}}$$

$$|c_k| = |c_{-k}| = \frac{1}{2}\sqrt{a_k^2 + b_k^2} = \frac{A_k}{2}$$

$$\angle c_k = -\angle c_{-k} = \varphi_k$$

所以

$$x(t) = a_0 + \sum_{k=1}^{\infty} A_k\cos(k\omega_0 t + \varphi_k) = a_0 + \sum_{k=1}^{\infty} 2|c_k|\cos(k\omega_0 t + \varphi_k)$$

傅里叶级数的不同形式之间可以互相转换。利用信号的奇偶性可以简化计算。

3. 周期信号的频谱及特点

1) 单边频谱

$$x(t) = a_0 + \sum_{k=1}^{\infty} A_k\cos(k\omega_0 t + \varphi_k), \quad k\omega_0 > 0$$

A_k 与 $k\omega_0$ 之间的关系称为单边幅度频谱；φ_k 与 $k\omega_0$ 之间的关系称为单边相位频谱。

2) 双边频谱

$$x(t) = \sum_{k=-\infty}^{\infty} c_k\mathrm{e}^{jk\omega_0 t}, \quad -\infty < k\omega_0 < \infty$$

$|c_k|$ 与 $k\omega_0$ 之间的关系称为双边幅度频谱；φ_k 与 $k\omega_0$ 之间的关系称为双边相位频谱。

周期信号频谱特点：

（1）离散性，频谱由频率离散的谱线组成；

（2）谐波性，各次谐波分量的频率都是基波频率的整数倍；

（3）收敛性，谱线幅度随谐波频率的增大而衰减。

4. 吉布斯现象

周期矩形脉冲信号的傅里叶级数取有限项（N 项）：

$$x_N(t) = \frac{\tau}{T}E + \sum_{k=1}^{N}\frac{E}{\pi k}\left[2\sin\left(\frac{k\omega_0\tau}{2}\right)\right]\cos(k\omega_0 t), \quad -\infty < t < +\infty$$

吉布斯现象（Gibbs phenomenon）：在信号的不连续点 t_i 存在 $\pm 9\%$ 的超调。

5. 帕斯瓦尔定理

对于周期信号，有

$$P = \frac{1}{T}\int_0^T x^2(t)\mathrm{d}t = \sum_{k=-\infty}^{\infty}|c_k|^2 = c_0^2 + 2\sum_{k=1}^{\infty}|c_k|^2$$

式中：c_k 为复指数级数的复系数；P 为信号的平均功率。

上式表明，信号在时域里的能量等于频域里的能量，称为帕斯瓦尔定理（Parseval's

theorem)。它体现了能量守恒(energy conservation)。

3.2 傅里叶变换

1. 傅里叶变换

定义：
$$X(\omega) = \lim_{T \to \infty} Tc_k = \int_{-\infty}^{\infty} x(t) e^{-j\omega t} dt$$

表示为 $\mathscr{F}[x(t)] = X(\omega)$，或 $x(t) \to X(\omega)$。

傅里叶变换存在的条件（收敛条件）为信号绝对可积，即 $\int_{-\infty}^{\infty} |x(t)| dt < \infty$。

2. 傅里叶反变换

$$x(t) = \frac{1}{2\pi} \int_{-\infty}^{\infty} X(\omega) e^{j\omega t} d\omega$$

3. 傅里叶变换的表示形式

(1) 直角坐标形式(rectangular form)：
$$X(\omega) = R(\omega) + jI(\omega)$$

(2) 极坐标形式(polar form)：
$$X(\omega) = |X(\omega)| e^{j\angle X(\omega)}$$

式中：$|X(\omega)| = \sqrt{R^2(\omega) + I^2(\omega)}$，$\angle X(\omega) = \begin{cases} \arctan \dfrac{I(\omega)}{R(\omega)}, & R(\omega) \geq 0 \\ \pi + \arctan \dfrac{I(\omega)}{R(\omega)}, & R(\omega) < 0 \end{cases}$，$|X(\omega)|$-$\omega$ 为幅度谱，$\angle X(\omega)$-ω 为相位谱。

4. 典型信号的傅里叶变换

$x(t) = E e^{-\alpha t} u(t), \alpha > 0$	$X(\omega) = \dfrac{E}{\alpha + j\omega}$
$x(t) = u(t)$	$X(\omega) = \pi \delta(\omega) + \dfrac{1}{j\omega}$
$x(t) = \begin{cases} E e^{-\alpha t}, & t > 0 \\ E e^{\alpha t}, & t < 0 \end{cases} \alpha > 0$	$X(\omega) = \dfrac{E}{\alpha - j\omega} + \dfrac{E}{\alpha + j\omega} = \dfrac{2\alpha E}{\alpha^2 + \omega^2}$
$x(t) = E$	$X(\omega) = 2\pi E \delta(\omega)$
$x(t) = \begin{cases} E e^{-\alpha t}, & t > 0 \\ -E e^{\alpha t}, & t < 0 \end{cases} \alpha > 0$	$X(\omega) = -\dfrac{E}{\alpha - j\omega} + \dfrac{E}{\alpha + j\omega} = -j \dfrac{2\omega E}{\alpha^2 + \omega^2}$
$x(t) = \operatorname{sgn}(t) = \begin{cases} 1, & t > 0 \\ -1, & t < 0 \end{cases}$	$X(\omega) = \lim_{\alpha \to 0} \left(-j \dfrac{2\omega}{\alpha^2 + \omega^2} \right) = -j \dfrac{2}{\omega} = \dfrac{2}{j\omega}$
$x(t) = \delta(t)$	$X(\omega) = 1$
$x(t) = E p_\tau(t)$	$X(\omega) = E\tau \operatorname{Sa}\left(\dfrac{\omega\tau}{2}\right) = E\tau \operatorname{sinc}\left(\dfrac{\omega\tau}{2\pi}\right)$

5. 傅里叶变换的基本性质

傅里叶变换的性质如下表所示。

傅里叶变换的性质

序号	性质	时域↔频域
1	线性	$\mathscr{F}[ax(t)+bv(t)]=aX(\omega)+bV(\omega)$
2	折叠性	$\mathscr{F}[x(-t)]=X(-\omega)$
3	对称性	若 $\mathscr{F}[x(t)]=X(\omega)$,则 $\mathscr{F}[X(t)]=2\pi x(-\omega)$
4	尺度特性	$\mathscr{F}[x(at)]=\dfrac{1}{\lvert a\rvert}X\left(\dfrac{\omega}{a}\right),\mathscr{F}[x(at-b)]=\dfrac{1}{\lvert a\rvert}e^{-j\frac{b}{a}\omega}X\left(\dfrac{\omega}{a}\right)$
5	时移性	$\mathscr{F}[x(t\pm t_0)]=X(\omega)e^{\pm j\omega t_0}$
6	频移性	$\mathscr{F}[x(t)e^{\pm j\omega_0 t}]=X(\omega\mp\omega_0)$
7	时域微分性	$\mathscr{F}\left[\dfrac{dx(t)}{dt}\right]=j\omega X(\omega),\mathscr{F}\left[\dfrac{d^n x(t)}{dt^n}\right]=(j\omega)^n X(\omega)$
8	时域积分性	$\mathscr{F}\left[\int_{-\infty}^{t}x(x)dx\right]=\pi X(0)\delta(\omega)+\dfrac{X(\omega)}{j\omega}$
9	频域微分性	$\mathscr{F}[tx(t)]=j\dfrac{dX(\omega)}{d\omega},\mathscr{F}[t^n x(t)]=j^n\dfrac{d^n X(\omega)}{d\omega^n}$
10	频域积分性	$\pi x(0)\delta(t)+\dfrac{x(t)}{(-jt)}\leftrightarrow\int_{-\infty}^{\omega}X(\lambda)d\lambda$
11	时域卷积定理	$\mathscr{F}[x(t)*v(t)]=X(\omega)V(\omega)$
12	频域卷积定理	$\mathscr{F}[x(t)v(t)]=\dfrac{1}{2\pi}X(\omega)*V(\omega)$
13	帕斯瓦尔定理	$\int_{-\infty}^{\infty}x(t)v(t)dt=\dfrac{1}{2\pi}\int_{-\infty}^{\infty}X^*(\omega)V(\omega)d\omega$ $\int_{-\infty}^{\infty}x^2(t)dt=\dfrac{1}{2\pi}\int_{-\infty}^{\infty}\lvert X(\omega)\rvert^2 d\omega$
14	调制特性	$y(t)=x(t)\cos(\omega_0 t)\leftrightarrow Y(\omega)=\dfrac{1}{2}[X(\omega+\omega_0)+X(\omega-\omega_0)]$ $y(t)=x(t)\sin(\omega_0 t)\leftrightarrow Y(\omega)=\dfrac{j}{2}[X(\omega+\omega_0)-X(\omega-\omega_0)]$

6. 广义傅里叶变换

有些信号不满足绝对可积条件 $\left(\int_{-\infty}^{+\infty}\lvert x(t)\rvert dt<\infty\right)$,如直流信号、单位阶跃信号、周期信号等,当引入冲激频谱后,这些信号存在广义的傅里叶变换(generalized Fourier transform),如下表所示。

信号的广义傅里叶变换

$1 \leftrightarrow 2\pi\delta(\omega)$
$e^{j\omega_0 t} \leftrightarrow 2\pi\delta(\omega-\omega_0)$
$u(t) \leftrightarrow \pi\delta(\omega) + \dfrac{1}{j\omega}$
$\cos(\omega_0 t) \leftrightarrow \pi[\delta(\omega+\omega_0)+\delta(\omega-\omega_0)]$
$\sin(\omega_0 t) \leftrightarrow j\pi[\delta(\omega+\omega_0)-\delta(\omega-\omega_0)]$

7. 周期信号的傅里叶变换

$$x(t) = \sum_{k=-\infty}^{\infty} c_k e^{jk\omega_0 t}, \quad -\infty < t < +\infty$$

$$X(\omega) = \sum_{k=-\infty}^{\infty} 2\pi c_k \delta(\omega - k\omega_0), \quad k = 0, \pm 1, \pm 2, \cdots$$

3.3 抽样信号的傅里叶变换与抽样定理

1. 信号的抽样

$$x_s(t) = x(t) \cdot p(t)$$

抽样脉冲可以是矩形脉冲,也可以是冲激抽样。

1) 矩形脉冲抽样

$$p(t) = \sum_{k=-\infty}^{\infty} p_\tau(t - kT_s)$$

式中:T_s 为抽样间隔;$\omega_s = \dfrac{2\pi}{T_s}$ 为抽样角频率;τ 为脉冲宽度,脉冲的高度为 1。

抽样信号 $x_s(t)$ 的频谱为

$$X_s(\omega) = \frac{1}{2\pi}X(\omega) * P(\omega) = \sum_{k=-\infty}^{\infty} \frac{\tau}{T_s} \text{Sa}\left(\frac{k\omega_s \tau}{2}\right) X(\omega - k\omega_s)$$

显然,抽样信号的频谱 $X_s(\omega)$ 包含了被抽样信号 $x(t)$ 的频谱 $X(\omega)(k=0)$。

若设计一低通滤波器,则抽样信号经滤波后可恢复原信号。

2) 冲激抽样

$$p(t) = \sum_{k=-\infty}^{\infty} \delta(t - kT_s)$$

抽样信号的频谱:

$$X_s(\omega) = \sum_{k=-\infty}^{\infty} \frac{1}{T_s} X(\omega - k\omega_s)$$

这里,T 为抽样间隔,$\omega_s = \dfrac{2\pi}{T}$ 为抽样角频率。

(1) $X_s(\omega)$ 频谱为周期函数,周期为 ω_s;

(2) $X_s(\omega)$ 频谱包含有原信号的频谱 $X(\omega)$($k=0$),幅度是原信号频谱幅度的 $1/T_s$。

因此,只要抽样频率足够高(ω_s 足够大),则频谱没有混叠。用一增益为 T_s 的低通滤波器可恢复原信号。

2. 频谱混叠

奈克斯特抽样频率(Nyquist sampling frequency):$\omega_s = 2\omega_m$。

当抽样频率 $\omega_s < 2\omega_m$ 时,频谱出现混叠,这时无论如何不能恢复原信号。

信号的频谱产生混叠的可能原因:① 抽样频率太低;② 信号的频带太宽。

3. 抽样定理

当抽样频率 ω_s 为信号最高频率的两倍及以上时,可从抽样信号无失真地恢复原信号,这就是抽样定理(sampling theorem)。

4. 连续时间信号的重构

抽样信号可以由一低通滤波器恢复原信号。

$$x(t) = \frac{BT_s}{\pi} \sum_{n=-\infty}^{\infty} x(nT_s) \text{sinc}\left[\frac{B}{\pi}(t - nT_s)\right]$$

上式表明,连续时间信号 $x(t)$ 由无穷多个离散时间信号 $x(nT_s)$ 插值而成,故该滤波器称为插值滤波器(interpolation filter)。

5. 信号的调制与解调

1) 模拟调制

调制:
$$s(t) = Ax(t)\cos(\omega_0 t)$$
$$S(\omega) = \frac{A}{2}[X(\omega + \omega_0) + X(\omega - \omega_0)]$$

信号通过调幅,使 $x(t)$ 的频谱移位。

解调:
$$y(t) = As(t)\cos(\omega_0 t)$$
$$Y(\omega) = \frac{A}{4}[X(\omega + 2\omega_0) + 2X(\omega) + X(\omega - 2\omega_0)]$$

在信号 $y(t)$ 后接一理想低通滤波器,即可恢复原信号。

另外一种调幅形式:
$$s(t) = A[1 + kx(t)]\cos(\omega_0 t)$$

其中,k 为一正常数,称幅值灵敏度,一般取 $1 + kx(t) > 0$。这种调幅方式使得 $s(t)$ 由双极信号变成单极信号,$s(t)$ 的包络能够反映信号 $x(t)$。

2) 角度调制(angle modulation)
$$s(t) = A\cos[\theta(t)]$$

式中:$\theta(t)$ 是信号 $x(t)$ 的函数。

角度调制有相位调制(phase modulation,PM)和频率调制(frequency modulation,FM)。

相位调制(PM):
$$\theta(t) = \omega_0 t + k_p x(t)$$

式中:k_p 为调制器的相位灵敏度。则调相信号为
$$s(t) = A\cos[\omega_0 t + k_p x(t)]$$

频率调制(FM):
$$\theta(t) = \omega_0 t + 2\pi k_f \int_0^t x(\tau)\mathrm{d}\tau$$

式中：k_f 为调制器的频率灵敏度。则调频信号为

$$s(t) = A\cos\left[\omega_0 t + 2\pi k_f \int_0^t x(\tau)\mathrm{d}\tau\right]$$

3）脉冲幅度调制（pulse-amplitude modulation）

信号 $x(t)$ 与周期矩形脉冲信号 $p(t)$ 相乘，使 $p(t)$ 的幅度受到调制，实际上就是矩形脉冲抽样，故 PAM 信号的频谱即为矩形脉冲抽样信号的频谱。

解题指导：

（1）熟悉三角傅里叶级数的两种形式，a_k、b_k、A_k 及 a_0 的计算，会利用信号的奇偶性简化计算，注意单边频谱。

（2）熟悉指数傅里叶级数、复系数 c_k 的计算，注意别遗漏 c_0 的计算，熟悉 c_k 与 a_k、b_k、A_k 之间的关系，三角傅里叶级数与指数傅里叶级数之间的转换，注意双边频谱。

（3）熟悉傅里叶变换与反变换，常用信号的傅里叶变换，傅里叶变换的性质，信号的频谱。

（4）熟悉信号的抽样，频谱混叠，抽样定理。

典型例题：

例 1 已知信号 $x(t)=1+\sin(\omega t)+2\cos(\omega t)+\cos\left(2\omega t+\dfrac{\pi}{4}\right)$，试确定信号的双边频谱和单边频谱。

解 （1）双边频谱

余弦形式：

$$x(t)=1+\sqrt{5}\cos(\omega t-0.15\pi)+\cos\left(2\omega t+\dfrac{\pi}{4}\right)$$

三角形式傅里叶级数系数：

$A_0=1$，$A_1=\sqrt{5}=2.236$，$A_2=1$，$\varphi_0=0$，$\varphi_1=-0.15\pi$，$\varphi_2=0.25\pi$

（2）单边频谱

指数形式：

$$x(t)=1+\sin(\omega t)+2\cos(\omega t)+\cos\left(2\omega t+\dfrac{\pi}{4}\right)$$

$$x(t)=1+\dfrac{1}{2\mathrm{j}}(\mathrm{e}^{\mathrm{j}\omega t}-\mathrm{e}^{-\mathrm{j}\omega t})+\dfrac{2}{2}(\mathrm{e}^{\mathrm{j}\omega t}+\mathrm{e}^{-\mathrm{j}\omega t})+\dfrac{1}{2}\left[\mathrm{e}^{\mathrm{j}\left(2\omega t+\frac{\pi}{4}\right)}+\mathrm{e}^{-\left(\mathrm{j}2\omega t+\frac{\pi}{4}\right)}\right]$$

$$=1+\left(1+\dfrac{1}{2\mathrm{j}}\right)\mathrm{e}^{\mathrm{j}\omega t}+\left(1-\dfrac{1}{2\mathrm{j}}\right)\mathrm{e}^{-\mathrm{j}\omega t}+\dfrac{1}{2}\mathrm{e}^{\mathrm{j}\frac{\pi}{4}}\mathrm{e}^{\mathrm{j}2\omega t}+\dfrac{1}{2}\mathrm{e}^{-\mathrm{j}\frac{\pi}{4}}\mathrm{e}^{-\mathrm{j}2\omega t}=\sum_{k=-2}^{2}c_k\mathrm{e}^{\mathrm{j}k\omega t}$$

$c_0=1$，$c_1=\left(1+\dfrac{1}{2\mathrm{j}}\right)=1.12\mathrm{e}^{-\mathrm{j}0.15\pi}$，$c_{-1}=\left(1-\dfrac{1}{2\mathrm{j}}\right)=1.12\mathrm{e}^{\mathrm{j}0.15\pi}$，

$$c_2=\dfrac{1}{2}\mathrm{e}^{\mathrm{j}\frac{\pi}{4}}, \quad c_{-2}=\dfrac{1}{2}\mathrm{e}^{-\mathrm{j}\frac{\pi}{4}}$$

例 2 周期信号如下图所示，试求：（1）两种形式的三角傅里叶级数；（2）复指数傅里叶级数。

解 （1）$T=2$，$\omega_0=\dfrac{2\pi}{T}=\dfrac{2\pi}{2}=\pi$，$a_0=\dfrac{1}{T}\int_0^T x(t)\mathrm{d}t=\dfrac{1}{2}\int_0^1 1\mathrm{d}t=\dfrac{1}{2}$，或 a_0 为一

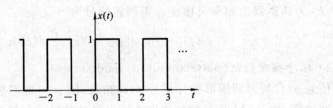

个周期的平均值，等于一个周期的面积除以周期，所以 $a_0 = \frac{1}{2}$。

$$a_k = \frac{2}{T}\int_0^T x(t)\cos(k\omega_0)t\,dt = \frac{2}{2}\int_0^1 \cos(k\omega_0)t\,dt = \int_0^1 \cos(k\pi t)\,dt = \frac{1}{k\pi}\sin(k\pi) = 0$$

$$b_k = \frac{2}{T}\int_0^T x(t)\sin(k\omega t)\,dt = \frac{2}{2}\int_0^1 \sin(k\omega t)\,dt = \frac{1-\cos(k\pi)}{k\pi} = \frac{2}{k\pi} \quad (k \text{ 为奇数})$$

$$x(t) = \frac{1}{2} + \sum_{k=1}^{\infty} \frac{2}{k\pi}\sin(k\pi t) = \frac{1}{2} + \frac{2}{\pi}\left[\sin(\pi t) + \frac{1}{3}\sin(3\pi t) + \frac{1}{5}\sin(5\pi t) + \cdots\right]$$

或

$$x(t) = \frac{1}{2} + \sum_{k=1}^{\infty} \frac{2}{k\pi}\sin(k\pi t) = \frac{1}{2} + \sum_{k=1}^{\infty} \frac{2}{k\pi}\cos\left(k\pi t - \frac{\pi}{2}\right)$$

或按以下方法确定：

$$A_k = \sqrt{a_k^2 + b_k^2} = \frac{2}{k\pi} \quad (k \text{ 为奇数})$$

$$\varphi_k = \arctan\left(\frac{-b_k}{a_k}\right) = -\frac{\pi}{2}$$

$$x(t) = a_0 + \sum_{k=1}^{\infty} A_k \cos(k\omega_0 t + \varphi_k) = \frac{1}{2} + \sum_{k=1}^{\infty} \frac{2}{k\pi}\cos\left(k\pi t - \frac{\pi}{2}\right)$$

(2) $\quad c_k = \frac{1}{2}(a_k - jb_k) = -\frac{1}{2}jb_k = -\frac{1}{k\pi}$

$$c_k = \frac{1}{T}\int_0^T x(t)e^{-jk\omega_0 t}\,dt = \frac{1}{2}\int_0^1 e^{-jk\pi t}\,dt = \frac{1}{-2jk\pi}(e^{-jk\pi} - 1)$$

$$= \frac{1}{-2jk\pi}[\cos(k\pi) - j\sin(k\pi - 1)] = \frac{j}{2k\pi}[(-1)^k - 1]$$

$$c_k = \begin{cases} \dfrac{-1}{k\pi}j, & k \text{ 为奇数} \\ 0, & k \text{ 为偶数} \end{cases}$$

$$c_0 = a_0 = \frac{1}{2}$$

$$x(t) = a_0 + \sum_{k=-\infty}^{\infty} c_k e^{jk\omega_0 t} = \frac{1}{2} - \sum_{k=\pm 1, \pm 3, \cdots} \frac{1}{k\pi} e^{jk\pi t}$$

例 3 求信号 $x(t) = 2 + p_2(t+1) - p_2(t-1) + \sin t \cdot u(t)$ 的频谱。

解 $2 \leftrightarrow 2 \times 2\pi\delta(\omega) = 4\pi\delta(\omega)$

$p_2(t) \leftrightarrow 2\text{Sa}(\omega), \quad p_2(t+1) \leftrightarrow 2\text{Sa}(\omega)e^{j\omega}, \quad p_2(t-1) \leftrightarrow 2\text{Sa}(\omega)e^{-j\omega}$

设 $\quad f(t) = \sin(\omega_0 t)u(t) = f_1(t)f_2(t)$

$f_1(t) = \sin(\omega_0 t), \quad F_1(\omega) = j\pi[\delta(\omega+\omega_0) - \delta(\omega-\omega_0)]$

$f_2(t) = u(t), \quad F_2(\omega) = \pi\delta(\omega) + \dfrac{1}{j\omega}$

$$F(\omega)=\frac{1}{2\pi}F_1(\omega)*F_2(\omega)=j\frac{\pi}{2}[\delta(\omega+\omega_o)-\delta(\omega-\omega_o)]+\frac{j}{2}\left[\frac{1}{j(\omega+\omega_0)}-\frac{1}{j(\omega-\omega_0)}\right]$$

$$F(\omega)=j\frac{\pi}{2}[\delta(\omega+\omega_o)+\delta(\omega-\omega_o)]-\frac{\omega_0}{\omega^2-\omega_0^2}$$

故

$$X(\omega)=4\pi\delta(\omega)+2\mathrm{Sa}(\omega)\mathrm{e}^{j\omega}-2\mathrm{Sa}(\omega)\mathrm{e}^{-j\omega}+j\frac{\pi}{2}[\delta(\omega+\omega_o)+\delta(\omega-\omega_o)]-\frac{\omega_0}{\omega^2-\omega_0^2}$$

习题解答：

1. 画出下列信号的单边幅度谱和相位谱。

(1) $x(t)=2\cos t+3\cos\left(2t-\frac{\pi}{3}\right)+\sin\left(5t-\frac{\pi}{6}\right)$；

(2) $x(t)=1+2\cos(\pi t)+4\sin(3\pi t)$。

解 (1) $x(t)=2\cos t+3\cos\left(2t-\frac{\pi}{3}\right)+\sin\left(5t-\frac{\pi}{6}\right)$

$$=2\cos t+3\cos\left(2t-\frac{\pi}{3}\right)+\sin\left[5t-\left(\frac{\pi}{2}-\frac{\pi}{3}\right)\right]$$

$$=2\cos t+3\cos\left(2t-\frac{\pi}{3}\right)-\cos\left(5t+\frac{\pi}{3}\right)$$

$$=2\cos t+3\cos\left(2t-\frac{\pi}{3}\right)+\cos\left(5t+\pi+\frac{\pi}{3}\right)$$

$$=2\cos t+3\cos\left(2t-\frac{\pi}{3}\right)+\cos\left(5t+\frac{4}{3}\pi\right)$$

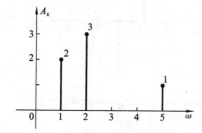
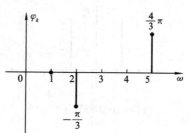

(2) $x(t)=1+2\cos(\pi t)+4\sin(3\pi t)=1+2\cos(\pi t)+4\sin\left(3\pi t+\frac{\pi}{2}-\frac{\pi}{2}\right)$

$$=1+2\cos(\pi t)+4\cos\left(3\pi t-\frac{\pi}{2}\right)$$

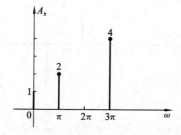
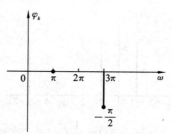

2. 求下列信号的复指数傅里叶级数，并画出幅度谱和相位谱。

(1) $x(t)=\cos(5t-\pi/4)$；

(2) $x(t) = \sin t + \cos t$；

(3) $x(t) = \cos(2t)\sin(3t)$；

(4) $x(t) = \cos^2(5t)$。

解 (1) $x(t) = \cos\left(5t - \dfrac{\pi}{4}\right) = \dfrac{1}{2}\left[e^{j\left(5t - \frac{\pi}{4}\right)} + e^{-j\left(5t - \frac{\pi}{4}\right)}\right]$，$\omega_0 = 5$

$$c_{-1} = \dfrac{1}{2}e^{j\frac{\pi}{4}}, \quad c_1 = \dfrac{1}{2}e^{-j\frac{\pi}{4}}$$

对于其他 k，$c_k = 0$。

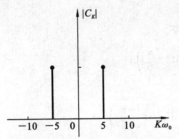
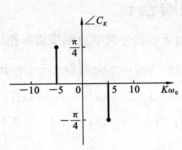

(2) $x(t) = \sin t + \cos t = \dfrac{1}{2j}(e^{jt} - e^{-jt}) + \dfrac{1}{2}(e^{jt} + e^{-jt}) = \dfrac{1}{2}(1+j)e^{-jt} + \dfrac{1}{2}(1-j)e^{jt}$

$$c_{-1} = \dfrac{1}{2}(1+j), \quad c_1 = \dfrac{1}{2}(1-j)$$

对于其他 k，$c_k = 0$。

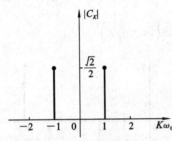
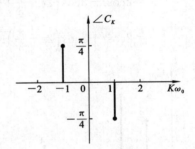

(3) $\quad x(t) = \cos(2t)\sin(3t) = \dfrac{1}{2}(e^{j2t} + e^{-j2t}) \cdot \dfrac{1}{2j}(e^{j3t} - e^{-j3t})$

$$= \dfrac{1}{j4}(-e^{-5jt} - e^{-jt} + e^{jt} + e^{j5t})$$

$$c_{-5} = -\dfrac{1}{j4}, \quad c_{-1} = \dfrac{-1}{j4}, \quad c_1 = \dfrac{1}{j4}, \quad c_5 = \dfrac{1}{j4}$$

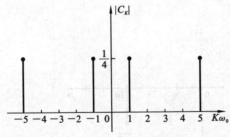
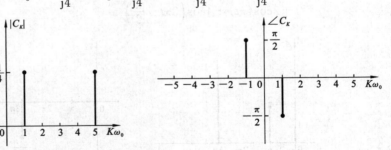

(4) $x(t) = \cos^2(5t) = \dfrac{1}{4}(e^{j5t} + e^{-j5t})^2 = \dfrac{1}{4}(e^{-j10t} + 2 + e^{j10t})$，$\omega_0 = 10$

$$c_0 = \dfrac{1}{2}, \quad c_{-1} = c_1 = \dfrac{1}{4}$$

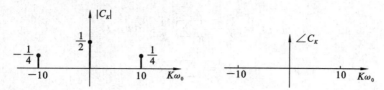

对于其他 k, $c_k = 0$。

3. 求下列信号的复指数傅里叶级数

$$x(t) = \frac{\sin(2t) + \sin(3t)}{2\sin t}$$

解 $x(t) = \dfrac{\sin(2t)+\sin(3t)}{2\sin t} = \dfrac{\frac{1}{2j}(e^{j2t}-e^{-j2t})+\frac{1}{2j}(e^{j3t}-e^{-j3t})}{2\cdot\frac{1}{2j}(e^{jt}-e^{-jt})}$

$$= \frac{1}{2}(-e^{-j2t}+e^{-jt}+1+e^{jt}+e^{j2t})$$

4. 周期信号的傅里叶复指数形式为

$$x(t) = \sum_{k=-\infty}^{\infty} c_k^x e^{jk\omega_0 t}, \quad \omega_0 = \frac{2\pi}{T}, \quad -\infty < t < \infty$$

式中: c_k^x 为其复系数。求下列信号的复指数傅里叶级数：

(1) $v(t) = x(t-1)$；

(2) $v(t) = \dfrac{\mathrm{d}x(t)}{\mathrm{d}t}$

解 (1) $\quad v(t) = \sum_{k=-\infty}^{\infty} c_k^v e^{jk\omega_0 t}, \quad -\infty < t < \infty$

$$v(t) = x(t-1), \quad V(\omega) = X(\omega) \cdot e^{-j\omega}$$

所以, $\quad c_k^v = c_k^x e^{-jk\omega_0}$

(2) $\quad v(t) = \sum_{k=-\infty}^{\infty} c_k^v e^{jk\omega_0 t}, \quad -\infty < t < \infty$

$$v(t) = \frac{\mathrm{d}x(t)}{\mathrm{d}t}, \quad V(\omega) = j\omega X(\omega)$$

所以, $c_k^v = jk\omega_0 c_k^x$。

5. 求下图所示信号的傅里叶级数：(1) 三角傅里叶级数；(2) 复指数傅里叶级数。

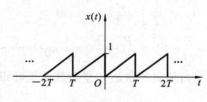

第 5 题图

解 (1) $\quad a_0 = \dfrac{1}{T}\int_0^T x(t)\mathrm{d}t = \dfrac{1}{T}\int_0^T \dfrac{1}{T}t\,\mathrm{d}t = \dfrac{1}{2}$

$$a_k = \frac{2}{T}\int_0^T x(t)\cos(k\omega_0 t)\mathrm{d}t = 0$$

$b_k = \dfrac{2}{T}\int_0^T x(t)\sin(k\omega_0 t)\mathrm{d}t = -\dfrac{2}{Tk\omega_0}\left[\dfrac{1}{T}t\cos(k\omega_0 t)\Big|_0^T - \int_0^T \dfrac{1}{T}\sin(k\omega_0 t)\mathrm{d}t\right] = \dfrac{-1}{k\pi}$

$$x(t) = \frac{1}{2} - \frac{1}{\pi}\sum_{k=1}^{\infty}\frac{1}{k}\sin(k\omega_0 t)$$

(2) $$x(t) = \sum_{k=-\infty}^{\infty} c_k e^{jk\omega_0 t}$$

$$c_k = \frac{1}{T}\int_0^T \frac{1}{T}t\, e^{-jk\omega_0 t} = -\frac{1}{jTk\omega_0}\left[\frac{1}{T}t\, e^{-jk\omega_0 t}\Big|_0^T - \int_0^T \frac{1}{T}e^{-jk\omega_0 t}\,dt\right] = \frac{j}{2k\pi}$$

$$c_0 = \frac{1}{2}$$

所以 $$x(t) = \frac{1}{2} + \sum_{\substack{k=-\infty \\ k\ne 0}}^{\infty} \frac{j}{2k\pi} e^{jk\omega_0 t}, \quad -\infty < t < \infty$$

或 $$c_k = \frac{a_k - jb_k}{2} = \frac{j}{2k\pi}$$

6. 求下图所示信号的傅里叶级数：(1) 三角傅里叶级数；(2) 复指数傅里叶级数。

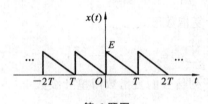

第 6 题图

解 (1) $$a_k = \frac{2}{T}\int_0^T x(t)\cos(k\omega_0 t)\,dt = 0$$

$$b_k = \frac{2}{T}\int_0^T x(t)\sin(k\omega_0 t)\,dt = \frac{E}{k\pi}$$

$$x(t) = \frac{E}{2} + \sum_{k=1}^{\infty}\frac{E}{k\pi}\sin(k\omega_0 t), \quad -\infty < t < \infty$$

$$c_k = \frac{a_k - jb_k}{2} = \frac{-jE}{2\pi k}$$

(2) $$x(t) = \sum_{k=-\infty}^{\infty} c_k e^{jk\omega_0 t}, \quad -\infty < t < \infty$$

$$c_k = \frac{1}{T}\int_0^T E\left(1 - \frac{t}{T}\right)e^{-jk\omega_0 t}\,dt = -j\frac{E}{2\pi k}, \quad k = \pm 1, \pm 2, \cdots$$

$$c_0 = \frac{1}{T}\int_0^T E\left(1 - \frac{t}{T}\right)dt = \frac{E}{2}$$

$$x(t) = \frac{E}{2} - \sum_{k=-\infty}^{\infty}\frac{jE}{2\pi k}e^{jk\omega_0 t} = \frac{E}{2} + \frac{E}{\pi}\left[\sin(\omega_0 t) + \frac{1}{2}\sin(2\omega_0 t) + \cdots\right]$$

7. 求下图所示信号的三角傅里叶级数与复指数傅里叶级数。

解 (1) $$T = 4, \omega_0 = \frac{\pi}{2}$$

$$b_k = 0$$

$$a_k = \frac{4}{4}\int_0^2 x(t)\cos\left(\frac{\pi k}{2}t\right)dt = \int_0^2\left(1 - \frac{t}{2}\right)\cos\left(\frac{\pi k}{2}t\right)dt = \frac{-2}{\pi^2 k^2}[\cos(\pi k) - 1]$$

$$a_k = \begin{cases} 0, & k = 2,4,6,\cdots \\ \dfrac{4}{\pi^2 k^2}, & k = 1,3,5,\cdots \end{cases}$$

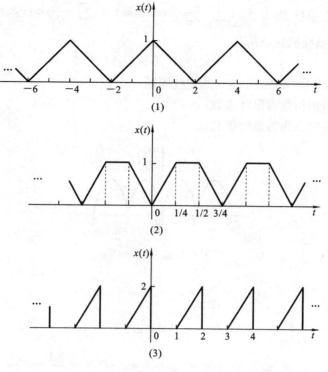

第 7 题图

$$a_0 = \frac{1}{4}\left(\frac{1}{2}\times 2\times 1+\frac{1}{2}\times 2\times 1\right)=\frac{1}{2}(\text{三角形的面积除以底边长})$$

$$x(t) = \frac{1}{2} + \sum_{k=1,3,5,\cdots}^{\infty} \frac{4}{\pi^2 k^2}\cos\left(\frac{\pi k}{2}t\right)$$

(2)
$$T=\frac{3}{4}, \omega_0 = \frac{8\pi}{3}$$

$$a_0 = \frac{4}{3}\left[\frac{1}{2}\left(\frac{1}{4}\right)+\frac{1}{4}+\frac{1}{2}\left(\frac{1}{4}\right)\right]=\frac{2}{3}(\text{梯形面积除以底边长})$$

$$b_k = 0$$

$$a_k = \frac{16}{3}\int_0^{\frac{3}{8}} x(t)\cos\left(\frac{8\pi k}{3}t\right)dt = \frac{3}{\pi^2 k^2}\left[\cos\left(\frac{2\pi k}{3}\right)-1\right], \quad k=1,3,\cdots$$

$$x(t) = \frac{2}{3} + \sum_{k=1}^{\infty} \frac{3}{\pi^2 k^2}\left[\cos\left(\frac{2\pi k}{3}\right)-1\right]\cos\left(\frac{8\pi k}{3}t\right), \quad -\infty < t < \infty$$

(3)
$$T=2, \omega_0 = \pi$$

$$a_0 = \frac{1}{2}\int_0^2 x(t)dt = \frac{1}{2}\int_0^2 (2t-2)dt = \frac{1}{2}$$

$$a_k = \int_1^2 (2t-2)\cos(\pi k t)dt = -\frac{2}{\pi^2 k^2}[-1+\cos(\pi k)]$$

$$a_k = \begin{cases} 0, & k=2,4,6,\cdots \\ \dfrac{4}{\pi^2 k^2}, & k=1,3,5,\cdots \end{cases}$$

$$b_k = \int_1^2 (2t-2)\sin(\pi k t)dt = \frac{-2}{\pi k}$$

所以 $$x(t) = \frac{1}{2} + \sum_{k=1,3,5,\ldots}^{\infty} \frac{4}{\pi^2 k^2}\cos(\pi k t) + \sum_{k=1}^{\infty} \frac{-2}{\pi k}\sin(\pi k t)$$

8. 已知全波整流正弦信号
$$x(t) = |A\sin(\pi t)|$$
(1) 画出 $x(t)$ 的草图，并确定其基波周期；
(2) 求信号的指数傅里叶级数；
(3) 求信号的三角傅里叶级数。

解 (1)

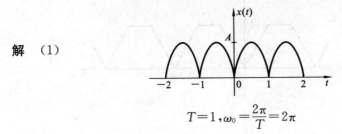

$$T=1, \omega_0 = \frac{2\pi}{T} = 2\pi$$

(2) $$x(t) = \sum_{k=-\infty}^{\infty} c_k e^{jk\omega_0 t}, \quad -\infty < t < \infty$$

$$c_k = \frac{1}{T}\int_0^T x(t)e^{-jk\omega_0 t}dt = \int_0^1 A\sin(\pi t)e^{-jk\cdot 2\pi t}dt = -\frac{2A}{\pi}\cdot\frac{1}{4k^2-1}$$

$$c_0 = \frac{1}{T}\int_0^T x(t)dt = \frac{1}{T}\int_0^T A\sin(\pi t)dt = \frac{2A}{\pi t} = \frac{2A}{\pi}$$

所以 $$x(t) = \frac{2A}{\pi} - \sum_{k=-\infty}^{\infty} \frac{2A}{\pi}\cdot\frac{1}{4k^2-1}e^{jk2\pi t}, \quad -\infty < t < \infty$$

(3) $$x(t) = a_0 + \sum_{k=1}^{\infty}[a_k\cos(k\omega_0 t) + b_k\sin(k\omega_0 t)]$$

$x(t)$ 为偶函数，$b_k = 0$

$$c_k = \frac{a_k - jb_k}{2} = \frac{a_k}{2}$$

$$a_k = 2c_k = -\frac{4A}{\pi}\cdot\frac{1}{4k^2-1}$$

所以 $$x(t) = \frac{2A}{\pi} - \sum_{k=1}^{\infty}\frac{4A}{\pi}\cdot\frac{1}{4k^2-1}\cos(k2\pi t), \quad -\infty < t < \infty$$

9. 求下列信号的傅里叶变换。

(1) $x(t) = -p_1\left(t-\frac{1}{2}\right) + p_1\left(t-\frac{3}{2}\right)$；

(2) $x(t) = \cos t \cdot p_1(t)$；

(3) $x(t) = e^{-t}[u(t) - u(t-1)]$；

(4) $x(t) = \begin{cases} t-1, & -1 \leqslant t < 0 \\ 1, & 0 \leqslant t < 1 \\ 2, & \text{其他} \end{cases}$

解 (1) $X(\omega) = -\text{Sa}\left(\frac{\omega}{2}\right)e^{-j\frac{\omega}{2}} + \text{Sa}\left(\frac{\omega}{2}\right)e^{-j\frac{3\omega}{2}} = -\text{sinc}\left(\frac{\omega}{2\pi}\right)e^{-j\frac{\omega}{2}} + \text{sinc}\left(\frac{\omega}{2\pi}\right)e^{-j\frac{3\omega}{2}}$

(2) 因为 $p_1(t) \leftrightarrow \text{Sa}\left(\frac{\omega}{2}\right) = \text{sinc}\left(\frac{\omega}{2\pi}\right)$

所以 $$X(\omega)=\frac{1}{2}\left[\operatorname{sinc}\left(\frac{\omega+1}{2\pi}\right)+\operatorname{sinc}\left(\frac{\omega-1}{2\pi}\right)\right]$$

(3) 因为 $e^{-t}u(t)\leftrightarrow\dfrac{1}{1+j\omega}$，$e^{-t}u(t-1)=e^{-(t-1)}u(t-1)e^{-1}\leftrightarrow\dfrac{1}{1+j\omega}e^{-j\omega}\cdot e^{-1}$

所以 $$X(\omega)=\frac{1}{1+j\omega}[1-e^{-(1+j\omega)}]$$

(4)
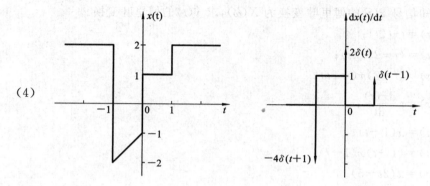

由 $x(t)$，得
$$\frac{\mathrm{d}x(t)}{\mathrm{d}t}=p_1\left(t+\frac{1}{2}\right)+2\delta(t)+\delta(t-1)-4\delta(t+1)$$
$$\mathscr{F}\left[\frac{\mathrm{d}x(t)}{\mathrm{d}t}\right]=\operatorname{Sa}\left(\frac{\omega}{2}\right)\cdot e^{j\frac{\omega}{2}}+2+e^{-j\omega}-4e^{j\omega}$$

由 $$\frac{\mathrm{d}x(t)}{\mathrm{d}t}\leftrightarrow j\omega\cdot X(\omega)$$

所以 $$X(\omega)=\frac{1}{j\omega}\left[\operatorname{sinc}\left(\frac{\omega}{2\pi}\right)e^{j\frac{\omega}{2}}+2+e^{-j\omega}-4e^{j\omega}\right]$$

10. 一连续时间信号的傅里叶变换为
$$X(\omega)=\frac{1}{j\omega+b}$$
式中:b 为常数。试确定下列信号的傅里叶变换 $V(\omega)$。

(1) $v(t)=x(5t-4)$；

(2) $v(t)=t^2 x(t)$。

解 (1) $v(t)=x(5t-4)\leftrightarrow\dfrac{1}{5}e^{-j\frac{4}{5}\omega}X\left(\dfrac{\omega}{5}\right)=\dfrac{1}{5}e^{-j\frac{4}{5}\omega}\cdot\dfrac{1}{j\frac{\omega}{5}+b}=\dfrac{1}{j\omega+5b}e^{-j\frac{4}{5}\omega}$

(2) $$v(t)=t^2 x(t)\leftrightarrow j^2\frac{\mathrm{d}^2 X(\omega)}{\mathrm{d}\omega^2}=\frac{2}{(j\omega+b)^3}$$

11. 利用傅里叶变换的性质求下列信号的傅里叶变换。

(1) $x(t)=e^{-t}\cos(4t)\cdot u(t)$；

(2) $x(t)=te^{-t}u(t)$；

(3) $x(t)=\cos(4t)\cdot u(t)$；

(4) $x(t)=e^{-|t|},-\infty<t<\infty$。

解 (1) $x(t)=e^{-t}\cos(4t)\cdot u(t)\leftrightarrow\dfrac{1}{2}\left[\dfrac{1}{j(\omega+4)+1}+\dfrac{1}{j(\omega-4)+1}\right]=\dfrac{j\omega+1}{-\omega^2+17+j2\omega}$

(2) $x(t)=te^{-t}u(t)\leftrightarrow j\dfrac{\mathrm{d}}{\mathrm{d}\omega}\left(\dfrac{1}{j\omega+1}\right)=\dfrac{1}{(j\omega+1)^2}$

(3) $x(t) = \cos(4t) \cdot u(t) \leftrightarrow \dfrac{1}{2}\left[\pi\delta(\omega+4) + \dfrac{1}{j(\omega+4)} + \pi\delta(\omega-4) + \dfrac{1}{j(\omega-4)}\right]$

$= \dfrac{1}{2}\left[\pi\delta(\omega+4) - \dfrac{j2\omega}{\omega^2-16} + \pi\delta(\omega-4)\right]$

(4) $x(t) = e^{-|t|} = e^{-t}u(t) + e^{t}u(-t) \leftrightarrow \dfrac{1}{j\omega+1} + \dfrac{1}{-j\omega+1} = \dfrac{2}{\omega^2+1}$

12. 已知信号 $x(t)$ 的傅里叶变换为 $X(\omega)$，求 $y(t)$ 的傅里叶变换。

(1) $y(t) = tx(2t)$；

(2) $y(t) = (t-2)x(t)$；

(3) $y(t) = (t-2)x(-2t)$；

(4) $y(t) = t\dfrac{dx(t)}{dt}$；

(5) $y(t) = x(1-t)$；

(6) $y(t) = (1-t)x(1-t)$；

(7) $y(t) = x(2t-5)$。

解 $\qquad\qquad\qquad x(t) \leftrightarrow X(\omega)$

(1) $\qquad\qquad\qquad y(t) = tx(2t)$

$$x(2t) \leftrightarrow \dfrac{1}{2}X\left(\dfrac{\omega}{2}\right)$$

$$tx(2t) \leftrightarrow j\dfrac{d}{d\omega}\left[\dfrac{1}{2}X\left(\dfrac{\omega}{2}\right)\right] = \dfrac{j}{2} \cdot \dfrac{dX\left(\dfrac{\omega}{2}\right)}{d\omega}$$

(2) $\qquad y(t) = (t-2)x(t) = tx(t) - 2x(t) \leftrightarrow j\dfrac{dX(\omega)}{d\omega} - 2X(\omega)$

(3) $\qquad y(t) = (t-2)x(-2t) = tx(-2t) - 2x(-2t) \leftrightarrow j\dfrac{d}{d\omega}\left[\dfrac{1}{2}X\left(-\dfrac{\omega}{2}\right)\right]$

$$-2 \cdot \dfrac{1}{2}X\left(\dfrac{-\omega}{2}\right) = \dfrac{j}{2} \cdot \dfrac{dX\left(\dfrac{-\omega}{2}\right)}{d\omega} - X\left(\dfrac{-\omega}{2}\right)$$

其中， $\qquad\qquad\qquad x(-2t) \leftrightarrow \dfrac{1}{2}X\left(\dfrac{-\omega}{2}\right)$

(4) $y(t) = t\dfrac{dx(t)}{dt} \leftrightarrow j\dfrac{d}{d\omega}\left[\mathscr{F}\left[\dfrac{dx(t)}{dt}\right]\right] = j\dfrac{d}{d\omega}[j\omega X(\omega)] = -\left[\omega\dfrac{dX(\omega)}{d\omega} + X(\omega)\right]$

(5) $\qquad\qquad y(t) = x(1-t) = x(-t+1) \leftrightarrow X(-\omega)e^{-j\omega}$

(6) $y(t) = (1-t)x(1-t) = x(1-t) - tx(1-t) \leftrightarrow X(-\omega)e^{-j\omega} - j\dfrac{d}{d\omega}[X(-\omega)e^{-j\omega}]$

$$= -j\dfrac{X(-\omega)}{d\omega}e^{-j\omega}$$

(7) $\qquad\qquad\qquad y(t) = x(2t-5) \leftrightarrow \dfrac{1}{2}X\left(\dfrac{\omega}{2}\right)e^{-j\frac{5}{2}\omega}$

13. 求傅里叶反变换。

(1) $X(\omega) = \cos(4\omega)$，$-\infty < \omega < \infty$；

(2) $X(\omega) = \sin^2(3\omega)$，$-\infty < \omega < \infty$；

(3) $X(\omega) = p_4(\omega)\cos\left(\dfrac{\pi\omega}{2}\right)$，$-\infty < \omega < \infty$；

(4) $X(\omega) = \dfrac{\sin(\omega/2)}{j\omega+2} e^{-j\omega 2}$，$-\infty < \omega < \infty$。

解 (1) $\qquad X(\omega) = \cos(4\omega) = \dfrac{1}{2}(e^{j4\omega} + e^{-j4\omega})$

$$x(t) = \dfrac{1}{2}[\delta(t+4) + \delta(t-4)]$$

(2) $\quad X(\omega) = \sin^2(3\omega) = \dfrac{1}{(j2)^2}(e^{j3\omega} - e^{-j3\omega})^2 = -\dfrac{1}{4}(e^{j6\omega} - 2 + e^{-j6\omega})$

$$x(t) = -\dfrac{1}{4}[\delta(t+6) - 2\delta(t) + \delta(t-6)]$$

(3) $\qquad X(\omega) = \dfrac{1}{2} p_4(\omega) \left[e^{\frac{j\pi\omega}{2}} + e^{-\frac{j\pi\omega}{2}} \right]$

$$x(t) = \dfrac{1}{\pi}\left[\operatorname{sinc}\left(\dfrac{2t+\pi}{\pi}\right) + \operatorname{sinc}\left(\dfrac{2t-\pi}{\pi}\right) \right]$$

(4) $\qquad X(\omega) = \dfrac{\sin\left(\dfrac{\omega}{2}\right)}{j\omega+2} \cdot e^{-j\omega 2} = \dfrac{\dfrac{1}{2j}(e^{j\frac{\omega}{2}} - e^{-j\frac{\omega}{2}})}{j\omega+2} \cdot e^{-j\omega 2}$

$$x(t) = \dfrac{1}{j2}\left[e^{-2\left(t-\frac{3}{2}\right)} u\left(t-\dfrac{3}{2}\right) - e^{-2\left(t-\frac{5}{2}\right)} u\left(t-\dfrac{5}{2}\right) \right]$$

14. $x(t)$ 和 $v(t)$ 的傅里叶变换如下：
$$X(\omega) = \begin{cases} 2, & |\omega| = \pi \\ 0, & 其他 \end{cases}, V(\omega) = X(\omega-\omega_0) + X(\omega+\omega_0)$$

(1) 求 $x(t)$；

(2) 求 $v(t)$。

解 (1) $x(t) = \dfrac{2}{\pi} \operatorname{sinc}\left(\dfrac{2t}{\pi}\right)$

(2) $v(t) = 2x(t)\cos(\omega_0 t) = \dfrac{4}{\pi} \operatorname{sinc}\left(\dfrac{2t}{\pi}\right) \cdot \cos(\omega_0 t)$

15. 求下列信号的广义傅里叶变换。

(1) $x(t) = 1/t, -\infty < t < \infty$；

(2) $x(t) = 1 + 2e^{-j2\pi t} + 2e^{j2\pi t}, -\infty < t < \infty$；

(3) $x(t) = 3\cos t + 2\sin(2t), -\infty < t < \infty$；

(4) $x(t) = 2u(t) + 3\cos(\pi t - \pi/4), -\infty < t < \infty$。

解 (1) $\qquad u(t) \leftrightarrow \pi\delta(\omega) + \dfrac{1}{j\omega}$

$$1 \leftrightarrow 2\pi\delta(\omega)$$

所以 $\qquad -\dfrac{1}{2} + u(t) \leftrightarrow \dfrac{1}{j\omega}$

由对偶性
$$\dfrac{1}{jt} \leftrightarrow 2\pi\left[-\dfrac{1}{2} + u(-\omega) \right]$$

$$\dfrac{1}{t} \leftrightarrow 2\pi j\left[-\dfrac{1}{2} + u(-\omega) \right] = \begin{cases} \pi j, & \omega < 0 \\ -\pi j, & \omega > 0 \end{cases}$$

(2) $\quad x(t) = 1 + 2e^{-j2\pi t} + 2e^{j2\pi t} \leftrightarrow 2\pi\delta(\omega) + 4\pi\delta(\omega-2\pi) + 4\pi\delta(\omega+2\pi)$

(3) $x(t)=3\cos t+2\sin(2t)=3\times\frac{1}{2}(e^{jt}+e^{-jt})+2\times\frac{1}{2j}(e^{j2t}-e^{-j2t})$

$\leftrightarrow 3\times\frac{1}{2}[2\pi\delta(\omega+1)+2\pi\delta(\omega-1)]+2\times\frac{1}{2j}[2\pi\delta(\omega+2)-2\pi\delta(\omega-2)]$

$=3\pi[\delta(\omega+1)+\delta(\omega-1)]-2\pi j[\delta(\omega+2)-\delta(\omega-2)]$

(4) $x(t)=2u(t)+3\cos\left(\pi t-\frac{\pi}{4}\right)\leftrightarrow 2\left[\pi\delta(\omega)+\frac{1}{j\omega}\right]$

$+3\pi[e^{j\frac{\pi}{4}}\delta(\omega+\pi)+e^{-j\frac{\pi}{4}}\delta(\omega-\pi)]$

16. 信号 $x(t)$ 的傅里叶变换为

$$X(\omega)=\frac{1}{j}\left[\operatorname{sinc}\left(\frac{2\omega}{\pi}-\frac{1}{2}\right)-\operatorname{sinc}\left(\frac{2\omega}{\pi}+\frac{1}{2}\right)\right]$$

(1) 求 $x(t)$；

(2) 令 $x_p(t)$ 表示周期信号

$$x_p(t)=\sum_{k=-\infty}^{\infty}x(t-16k)$$

求 $x_p(t)$ 的傅里叶变换 $X_p(\omega)$。

解 (1) $\quad\frac{1}{2}p_4(t)\leftrightarrow\frac{1}{2}\times 4\operatorname{sinc}\left(\frac{2\omega}{\pi}\right)=2\operatorname{sinc}\left(\frac{\omega}{\pi}\right)$

由调制特性

$$x(t)=\frac{1}{2}p_4(t)\cdot\sin\left(\frac{\pi t}{4}\right)$$

(2) $\quad X_p(\omega)=\sum_{k=-\infty}^{\infty}2\pi c_k\delta(\omega-k\omega_0)$

$$\omega_0=\frac{2\pi}{T}=\frac{2\pi}{16}=\frac{\pi}{8}$$

$$c_k=\frac{1}{16}X\left(k\cdot\frac{\pi}{8}\right)=\frac{1}{j16}\left[\operatorname{sinc}\left(\frac{k}{4}-\frac{1}{2}\right)-\operatorname{sinc}\left(\frac{k}{4}+\frac{1}{2}\right)\right]$$

17. 已知信号 $x(t)=2+\cos(100\pi t)+\cos(300\pi t)+\cos(500\pi t)$，试确定信号的最高频率及信号的夸奎斯特抽样频率。

解 $\omega_m=500\pi[\text{rad/s}]$

$$B=2\omega_m=1000\pi[\text{rad/s}]$$

18. 求下列幅度调制信号的傅里叶变换，并画出幅度谱：

(1) $x(t)=e^{-10t}u(t)\cos(100t)$；

(2) $x(t)=p_2(t)\cos(10t)$。

解 (1) $\quad x_1(t)=e^{-10t}u(t)\leftrightarrow X_1(\omega)=\frac{1}{j\omega+10}$

$$X(\omega)=\frac{1}{2}\left[\frac{1}{j(\omega+100)+10}+\frac{1}{-j(\omega-100)+10}\right]$$

(2) $\quad x_1(t)=P_2(t)\leftrightarrow 2\operatorname{sinc}\left(\frac{\omega}{\pi}\right)$

$$X(\omega)=\frac{1}{2}\left[2\operatorname{sinc}\left(\frac{\omega+10}{\pi}\right)+2\operatorname{sinc}\left(\frac{\omega-10}{\pi}\right)\right]=\operatorname{sinc}\left(\frac{\omega+10}{\pi}\right)+\operatorname{sinc}\left(\frac{\omega-10}{\pi}\right)$$

4

连续时间系统的频域分析

内容提要：

1. 系统的频率响应函数

系统的频率响应函数（frequency response function）：

$$H(\omega) = \int_{-\infty}^{\infty} h(t) e^{-j\omega t} dt$$

$$H(\omega) = \frac{Y(\omega)}{X(\omega)}$$

$|H(\omega)|$-ω 称为系统的幅频特性（幅频响应）；

$\angle H(\omega)$-ω 称为系统的相频特性（相频响应）。

幅频特性和相频特性体现了系统对不同频率信号幅度和相位的影响。

对于线性时不变系统，任意输入的零状态响应：

$$y(t) = x(t) * h(t)$$

有

$$Y(\omega) = H(\omega) X(\omega)$$
$$|Y(\omega)| = |H(\omega)| |X(\omega)|$$
$$\angle Y(\omega) = \angle H(\omega) + \angle X(\omega)$$

求 $Y(\omega)$ 的反变换即可求得输出。

2. 系统的响应

1) 正弦输入信号的响应

输入信号：

$$x(t) = A\cos(\omega_0 t + \theta), \quad -\infty < t < \infty$$

输出信号：

$$y(t) = A|H(\omega_0)|\cos(\omega_0 t + \theta + \angle H(\omega_0)), \quad -\infty < t < \infty$$

说明正弦信号（或余弦信号）通过系统后仍为同频率的正弦信号，但信号的幅度放大（或缩小）了 $|H(\omega_0)|$ 倍，相位产生了 $\angle H(\omega_0)$ 的相移。

2) 周期输入信号的响应

将周期信号 $x(t)$ 展开成三角级数：

$$x(t) = a_0 + \sum_{k=1}^{\infty} A_k^x \cos(k\omega_0 t + \theta_k^x), \quad -\infty < t < \infty$$

系统的输出：

$$y(t) = a_0 H(0) + \sum_{k=1}^{\infty} A_k^x |H(k\omega_0)| \cos(k\omega_0 t + \theta_k^x + \angle H(k\omega_0))$$

$$= a_0 H(0) + \sum_{k=1}^{\infty} A_k^y \cos(k\omega_0 t + \theta_k^y), \quad -\infty < t < \infty$$

式中：$H(k\omega_0) = H(\omega)|_{\omega=k\omega_0}$；$A_k^y = A_k^x |H(k\omega_0)|$；$\theta_k^y = \theta_k^x + \angle H(k\omega_0)$。

将周期信号 $x(t)$ 展开成复指数级数：

$$x(t) = \sum_{k=-\infty}^{\infty} c_k^x e^{jk\omega_0 t}, \quad -\infty < t < \infty$$

则信号通过系统时的输出为

$$y(t) = \sum_{k=-\infty}^{\infty} c_k^y e^{jk\omega_0 t} = \sum_{k=-\infty}^{\infty} c_k^x H(k\omega_0) e^{jk\omega_0 t}, \quad -\infty < t < +\infty$$

式中：$c_k^y = c_k^x H(k\omega_0)$，有

$$|c_k^y| = |c_k^x||H(k\omega_0)| = |H(k\omega_0)| \cdot \frac{1}{2} A_k^x$$

$$\angle c_k^y = \theta_k^x + \angle H(k\omega_0)$$

其中，$|c_k^y|$-$k\omega_0$ 为输出信号的幅度谱，$\angle H(k\omega_0)$-$k\omega_0$ 为输出信号的相位谱。

3) 非周期输入信号的响应

设输入 $x(t)$ 为非周期信号，由

$$Y(\omega) = H(\omega) X(\omega)$$

则输出信号为

$$y(t) = \frac{1}{2\pi} \int_{-\infty}^{\infty} H(\omega) X(\omega) e^{j\omega t} d\omega$$

3. 理想滤波器

1) 理想滤波器

理想滤波器从带通到带阻或从带阻到带通突变，没有过渡带。理想低通滤波器（low pass filter）、高通滤波器（high pass filter）、带通滤波器（band pass filter）和带阻滤波器（band stop filter）如下图所示。理想滤波器是物理上不可实现的。

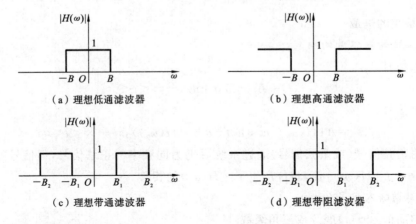

（a）理想低通滤波器　　（b）理想高通滤波器

（c）理想带通滤波器　　（d）理想带阻滤波器

2) 无失真传输及条件

无失真传输是指信号在传输过程中不产生任何失真(distortion)。

若信号为 $x(t)$，经过传输之后的信号为

$$y(t) = Ax(t - t_d)$$

式中：A 为常数；t_d 为信号的延迟时间。

无失真传输系统的频率响应函数：

$$H(\omega) = \frac{Y(\omega)}{X(\omega)} = A e^{-j\omega t_d}$$

有 $|H(\omega)| = A, \angle H(\omega) = -\omega t_d$。

线性相位滤波器(linear-phase filter)：

$$\angle H(\omega) = -\omega t_d$$

式中：t_d 为固定正数。

理想线性相位滤波器(ideal linear-phase filter)：

$$|H(\omega)| = \begin{cases} 常数, & \omega \text{ 在带通内} \\ 0, & \omega \text{ 在带阻内} \end{cases}$$

为了避免相位失真，滤波器必须具有线性相位。

3) 理想线性相位低通滤波器

理想线性相位低通滤波器：

$$H(\omega) = \begin{cases} e^{-j\omega t_d}, & -B \leqslant \omega \leqslant B \\ 0, & \omega < -B, \quad \omega > B \end{cases}$$

或表示为：

$$H(\omega) = P_{2B}(\omega) e^{-j\omega t_d}, \quad -\infty < \omega < +\infty$$

或用下图所示的幅频特性和相频特性表示。

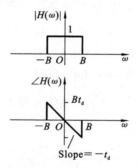

理想线性相位低通滤波器的冲激响应：

$$h(t) = \frac{B}{\pi} \text{sinc}\left[\frac{B}{\pi}(t - t_d)\right]$$

当 $t < 0$ 时，$h(t) \neq 0$，表明理想线性相位低通滤波器为非因果系统，是物理上不可实现的。

理想线性相位带通滤波器：

$$H(\omega) = \begin{cases} e^{-j\omega t_d}, & B_1 \leqslant |\omega| \leqslant B_2 \\ 0, & \text{其他} \end{cases}$$

因果滤波器从带宽到带阻或从带阻到带通是渐变的，滤波器的冲激响应在 $t < 0$ 时

等于 0。因果滤波器是物理上可实现的。在电路和电子技术里所学的滤波器均为因果滤波器。

解题指导：

(1) 频率响应函数等于输出的傅里叶变换比输入的傅里叶变换，即 $H(\omega)=\dfrac{Y(\omega)}{X(\omega)}$，据此可求出 $H(\omega)$。也可由单位冲激响应通过傅里叶反变换求出，即 $H(\omega)=\int_{-\infty}^{\infty}h(t)\mathrm{e}^{-\mathrm{j}\omega t}\mathrm{d}t$。

(2) 对于 LTI 系统，正弦输入信号的响应为同频正弦信号，频率响应函数影响输出信号的幅度和相位，据此很容易求出正弦输入响应。

(3) 对于 LTI 系统，周期输入信号的响应为同频率分量的周期信号，频率响应函数影响各频率分量的幅度和相位。

(4) 系统有幅频特性和相频特性，正弦信号经过系统后幅值和相位发生变化。

(5) 理想滤波器从带通到带阻或从带阻到带通无过渡带（突变）。实际滤波器均有过渡带。

(6) 线性相位滤波器为信号无失真传输条件。

典型例题：

例 设系统的频率响应函数为 $H(\omega)=2\mathrm{e}^{-\mathrm{j}\frac{\pi}{4}\omega}$，若
$$x(t)=2\cos(10t+90°)+5\cos(20t+120°),\quad -\infty<t<\infty$$

(1) 求信号通过系统的响应 $y(t)$；

(2) 说明系统是否为线性相位系统。

解 (1) 输入信号有两个不同的频率成分：
$$H(10)=2\mathrm{e}^{-\mathrm{j}\frac{\pi}{4}\times 10}=2\mathrm{e}^{-\mathrm{j}\frac{\pi}{2}},\quad H(20)=2\mathrm{e}^{-\mathrm{j}\frac{\pi}{4}\times 20}=2\mathrm{e}^{-\mathrm{j}\pi}$$
$$y(t)=2\times 2\cos(10t+90°-90°)+2\times 5\cos(20t+120°-180°)$$
$$=4\cos(10t)+10\cos(20t-60°)$$

(2) $H(\omega)=2\mathrm{e}^{-\mathrm{j}\frac{\pi}{4}\omega}$，$\angle H(\omega)=-\dfrac{\pi}{4}\omega$，系统为线性相位滤波器。

习题解答：

1. 一线性时不变连续时间系统具有如下频率响应函数：
$$H(\omega)=\begin{cases}1,&2\leqslant|\omega|\leqslant 7\\0,&\text{其他}\end{cases}$$

计算信号 $x(t)$ 经过系统的输出响应 $y(t)$。

(1) $x(t)=2+3\cos(3t)-5\sin(6t-30°)+4\cos(13t-20°),-\infty<t<\infty$；

(2) $x(t)=1+\sum\limits_{k=1}^{\infty}\dfrac{1}{k}\cos(2kt),-\infty<t<\infty$。

解 系统的频率响应如下图所示。

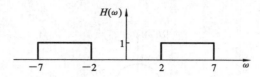

(1) $x(t)=2+3\cos(3t)-5\sin(6t-30°)+4\cos(13t-20°)$, $-\infty<t<\infty$

仅角频率为 3、6 的信号成分能通过系统,故

$$y(t)=3\cos(3t)-5\cos(6t-30°)$$

(2) $\quad x(t)=1+\cos(2t)+\dfrac{1}{2}\cos(4t)+\dfrac{1}{3}\cos(6t)+\dfrac{1}{4}\cos(8t)+\cdots$

仅角频率为 2、4、6 的信号成分能通过系统,故

$$y(t)=\cos(2t)+\dfrac{1}{2}\cos(4t)+\dfrac{1}{3}\cos(6t)$$

2. 一线性时不变连续时间系统具有如下频率响应函数:

$$H(\omega)=\dfrac{1}{j\omega+1}$$

计算信号 $x(t)$ 经过系统的输出响应 $y(t)$。

(1) $x(t)=\cos t, -\infty<t<\infty$;

(2) $x(t)=\cos(t+45°), -\infty<t<\infty$。

解 $\qquad\qquad H(\omega)=\dfrac{1}{j\omega+1}$

幅频特性: $\qquad |H(\omega)|=\dfrac{1}{\sqrt{\omega^2+1}}$

相频特性: $\qquad \angle H(\omega)=-\arctan\omega$

(1) $\qquad y(t)=|H(1)|\cos(t+\angle H(1))=\dfrac{1}{\sqrt{2}}\cos(t-45°)$

(2) $y(t)=|H(1)|\cos(t+45°+\angle H(1))=\dfrac{1}{\sqrt{2}}\cos(t+45°-45°)=\dfrac{1}{\sqrt{2}}\cos t$

3. 一线性时不变连续时间系统具有如下频率响应函数:

$$H(\omega)=\dfrac{10}{j\omega+10}$$

计算信号 $x(t)$ 经过系统的输出响应 $y(t)$。

(1) $x(t)=2+\cos(50t+\pi/2)$;

(2) 画出 $|H(\omega)|$-ω,并求出滤波器的带宽。

解 $\qquad\qquad H(\omega)=\dfrac{10}{j\omega+10}$

幅频特性: $\qquad |H(\omega)|=\dfrac{10}{\sqrt{\omega^2+10}}$

相频特性: $\qquad \angle H(\omega)=-\arctan\left(\dfrac{\omega}{10}\right)$

(1) $\qquad x(t)=2+\cos\left(50t+\dfrac{\pi}{2}\right)$

$$y(t)=2+|H(50)|\cos\left(50t+\dfrac{\pi}{2}+\angle H(50)\right)=2+0.784\cos(50t+0.197)$$

(2) $\omega_B = 10$ rad/s

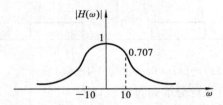

4. 一线性时不变连续时间系统具有如下频率响应函数：
$$H(\omega) = \frac{j\omega}{j\omega + 2}$$
输入信号 $x(t)$ 为下图所示的周期信号。

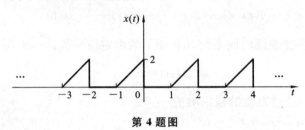

第 4 题图

(1) 画出系统的幅频响应和相频响应；

(2) 计算输出的复指数级数 $y(t)$，并画出 $k=0,\pm 1,\pm 2,\pm 3,\pm 4,\pm 5$ 时 $x(t)$ 和 $y(t)$ 的幅度谱和相位谱。

解 (1) $H(\omega) = \dfrac{j\omega}{j\omega + 2}$

幅频响应： $|H(\omega)| = \dfrac{\omega}{\sqrt{\omega^2 + 2^2}}$

相频响应： $\angle H(\omega) = \arctan\omega - \arctan\left(\dfrac{\omega}{2}\right)$

图略。

(2) $x(t) = c_0 + \sum\limits_{k=-\infty}^{\infty} c_k e^{jk\omega_0 t}$, $T = 2$, $\omega_0 = \dfrac{2\pi}{T} = \pi$

$c_0 = \dfrac{1}{T}\int_{-T/2}^{T/2} x(t)dt = \dfrac{1}{T}\int_0^T x(t)dt = \dfrac{1}{2}\int_1^2 2(t-1)dt = \dfrac{1}{2}$

$c_k = \dfrac{1}{T}\int_0^T x(t)e^{-jk\omega_0 t}dt = \dfrac{1}{2}\int_1^2 2(t-1)e^{-jk\pi t}dt = \begin{cases} \dfrac{1}{2}, & k = 0 \\ \dfrac{j}{k\pi}, & k = \pm 2, \pm 4, \pm 6, \cdots \\ \dfrac{1}{k\pi}\left(\dfrac{2}{k\pi} + j\right), & k = \pm 1, \pm 3, \pm 5, \cdots \end{cases}$

$x(t) = \dfrac{1}{2} + \sum\limits_{\substack{k=-\infty \\ k\text{为偶数}}}^{\infty} \dfrac{j}{k\pi}e^{jk\pi t} + \sum\limits_{\substack{k=-\infty \\ k\text{为奇数}}}^{\infty} \dfrac{1}{k\pi}\left(\dfrac{2}{k\pi} + j\right)e^{jk\pi t}$

$y(t) = \sum\limits_{k=-\infty}^{\infty} c_k^y e^{jk\omega_0 t} = \sum\limits_{k=-\infty}^{\infty} H(k\omega_0)c_k^x e^{jk\omega_0 t}$, $c_k^y = H(k\omega_0)c_k^x$, $c_k^x = c_k$

$H(k\omega_0) = \dfrac{jk\omega_0}{jk\omega_0 + 2} = \dfrac{k\omega_0}{\sqrt{(k\omega_0)^2 + 2^2}} e^{j\left[\arctan(k\omega_0) - \arctan\left(\frac{k\omega_0}{2}\right)\right]}$

$$H(0)=0, \quad H(k\pi)=\frac{jk\pi}{jk\pi+2}$$

$x(t)$的频谱： $\quad c_k^x \sim k$

$y(t)$的频谱： $\quad c_k^y \sim k, c_k^y = c_k^x H(k\omega_0)$

对应不同的 k，可画出 $x(t)$ 和 $y(t)$ 的幅度谱和相位谱。

图略。

5. 周期为 T 的周期信号 $x(t)$ 具有常数分量 $c_0^x=2$，信号作用于具有如下频率响应函数的线性时不变系统：

$$H(\omega)=\begin{cases} 10e^{-j5\omega}, & -\frac{\pi}{T}<\omega<\frac{\pi}{T} \\ 0, & \text{其他} \end{cases}$$

证明：输出 $y(t)$ 可表示为 $y(t)=ax(t-b)+c$，计算常数 a、b、c。

证 $c_0^y = H(0)c_0^x = 0$（因为 $H(0)=0$）

$c_k^y = H(k\omega_0)c_k^x = 10e^{-j5k\omega_0} \cdot c_k^x, \quad k=\pm 1, \pm 2\cdots$

$$y(t) = \sum_{k=-\infty}^{\infty} c_k^y e^{jk\omega_0 t} = \sum_{k=-\infty}^{\infty} c_k^x H(k\omega_0) e^{jk\omega_0 t}$$

$$= \sum_{\substack{k=-\infty \\ k\neq 0}}^{\infty} c_k^x \cdot 10 e^{jk\omega_0(t-5)} - c_0^x \cdot 10$$

$$= 10x(t-5) - 2\times 10 = ax(t-b)+c$$

其中，$a=10, b=5, c=-20$。

6. 考虑下图所示的全波整流电路，输入电压 $v(t)=156\cos(120\pi t), -\infty<t<\infty$，整流器的输出电压 $x(t)=|v(t)|$，选择 R、C 使电路满足下列两要求：

(1) $y(t)$ 的 DC 分量等于 $90\%\ x(t)$ 的 DC 分量；

(2) $y(t)$ 的最大谐波峰值是 $y(t)$ 直流分量的 $1/30$。

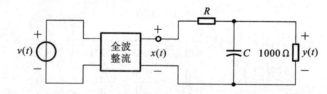

第 6 题图

解 $T_1 = \frac{2\pi}{\omega} = \frac{2\pi}{120\pi} = \frac{1}{60}, \quad T = \frac{T_1}{2} = \frac{1}{120}, \quad \omega_0 = \frac{2\pi}{T} = 240\pi$

T_1、ω 分别为 $v(t)$ 的周期和基波频率，T、ω_0 分别为 $x(t)$ 的周期和基波频率。

$x(t)$ 为偶函数，所以

$$c_k^x = \frac{2}{T}\int_0^{\frac{T}{2}} x(t)\cos(240k\pi t)dt$$

$$c_0^x = \frac{3}{2\pi}$$

$$c_k^x = \frac{3\cos\pi}{\pi(1-4k^2)}, \quad k=\pm 1, \pm 2, \ldots$$

设负载电阻为 R'，则系统的频率响应函数为

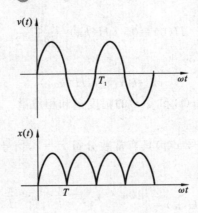

$$H(\omega) = \frac{R' \cdot \frac{1}{j\omega C} \Big/ \left(R' + \frac{1}{j\omega C}\right)}{R + R' \cdot \frac{1}{j\omega C} \Big/ \left(R' + \frac{1}{j\omega C}\right)} = \frac{R'}{(R+R') + j\omega RR'} = \frac{1000}{(R+1000) + j1000RC\omega}$$

$$H(k\omega_0) = \frac{1000}{(R+1000) + j1000RCk\omega_0}$$

(1) $c_0^y = 0.9 c_0^x$,即

$$c_0^y = H(0) c_0^x = \frac{1000}{R+1000} \cdot c_0^x$$

$$\frac{1000}{R+1000} = 0.9$$

所以 $R = 111.1\ \Omega$。

(2) 最大谐波为 1 次谐波,有

$$2|c_1^y| = \frac{1}{30} c_0^y$$

由 $c_k^y = H(k\omega_0) c_k^x$,有

$$c_1^y = H(\omega_0) c_1^x$$

$$|c_1^y| = |H(\omega_0)| |c_1^x| = \frac{1}{\sqrt{(2.666\pi \times 10^4)^2 C^2 + 1.111^2}} \times \frac{3/2}{3\pi}$$

而

$$|c_1^y| = \frac{1}{60} c_0^y = \frac{0.9}{60} \times \frac{3/2}{3\pi}$$

解得

$$C = 364.95\ \mu F$$

7. 信号

$$x(t) = 1.5 + \sum_{k=1}^{\infty}\left[\frac{1}{k\pi}\sin(k\pi t) + \frac{2}{k\pi}\cos(k\pi t)\right],\quad -\infty < t < \infty$$

作用于频率响应函数为 $H(\omega)$ 的线性时不变系统,输入产生的输出 $y(t)$ 如下图所示,求 $H(k\pi), k = 1,2,3,\cdots$。

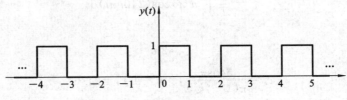

第 7 题图

解
$$c_k^x = \frac{a_k^x - jb_k^x}{2} = \frac{1}{2k\pi}(2-j), \quad k = \pm 1, \pm 2, \cdots$$

$$c_k^y = \frac{1}{2}\int_0^1 e^{-jk\pi t} dt = \begin{cases} \frac{1}{2}, & k=0 \\ 0, & k \text{ 为偶数} \\ \frac{1}{jk\pi}, & k \text{ 为奇数} \end{cases}$$

$$H(k\pi) = \frac{c_k^y}{c_k^x} = \begin{cases} 0, & k \text{ 为偶数} \\ \frac{2(1-j2)}{5}, & k \text{ 为奇数} \end{cases}$$

8. 一线性时不变系统具有如下频率响应函数 $H(\omega)$，假设输入
$$x(t) = 1 + 4\cos(2\pi t) + 8\sin(3\pi t - 90°)$$
产生的响应为
$$y(t) = 2 - 2\sin(2\pi t)$$
求 $H(0)$、$H(2\pi)$、$H(3\pi)$。

解 $x(t) = 1 + 4\cos(2\pi t) + 8\sin(3\pi t - 90°) = 1 + 4\cos(2\pi t) - 8\cos(3\pi t)$
$$= 1 + 2(e^{j2\pi t} + e^{-j2\pi t}) - 4(e^{j3\pi t} + e^{-j3\pi t})$$
$y(t) = 2 - 2\sin(2\pi t) = 2 - 2\cos(90° - 2\pi t) = 2 - 2\cos(2\pi t - 90°)$
$$= 2 - [e^{j(2\pi t - 90°)} + e^{-j(2\pi t - 90°)}]$$

$c_0^x = 1, \quad c_2^x = 2, \quad c_3^x = -4$

$c_0^y = 2, \quad c_2^y = -e^{j(-90°)} = e^{j\frac{\pi}{2}}, \quad c_3^y = 0$

$$H(k\pi) = \frac{c_k^y}{c_k^x}$$

$$H(0) = \frac{c_0^y}{c_0^x} = \frac{2}{1} = 2$$

$$H(2\pi) = \frac{c_2^y}{c_2^x} = \frac{1}{2}j = \frac{1}{2}e^{j\frac{\pi}{2}}$$

$$H(3\pi) = \frac{c_3^y}{c_3^x} = \frac{0}{-4} = 0$$

9. 已知理想低通滤波器的频率响应函数为
$$H(\omega) = \begin{cases} 1, & |\omega| < \omega_c \\ 0, & |\omega| > \omega_c \end{cases}, \text{输入信号为 } x(t) = \frac{\sin(at)}{\pi t}。$$

(1) 求 $a < \omega_c$ 时滤波器的输出 $y(t)$；
(2) 求 $a > \omega_c$ 时滤波器的输出 $y(t)$；
(3) 哪种情况下输出有失真？

解 （1） $x(t) = \frac{\sin(at)}{\pi t} \leftrightarrow X(\omega) = P_{2\pi}(\omega) = \begin{cases} 1, & |\omega| < a \\ 0, & |\omega| > a \end{cases}$

当 $a < \omega_c$ 时，有
$$Y(\omega) = X(\omega)H(\omega) = X(\omega)$$
所以
$$y(t) = x(t) = \frac{\sin(at)}{\pi t}$$

（2）当 $a > \omega_c$ 时，有

$$Y(\omega) = X(\omega)H(\omega) = H(\omega)$$

所以
$$y(t) = h(t) = \frac{\sin(\omega_c t)}{\pi t}$$

(3) 当 $a < \omega_c$ 时，$y(t) = x(t)$，信号通过滤波器无任何失真。

当 $a > \omega_c$ 时，$y(t) = h(t)$，信号通过滤波器产生了失真。

10. 信号经冲激抽样 $x_s(t) = x(t)p(t)$，再由理想低通滤波器滤波，滤波器的频率响应函数为

$$H(\omega) = \begin{cases} T, & -0.5\omega_s \leqslant \omega \leqslant 0.5\omega_s \\ 0, & 其他 \end{cases}$$

令输入 $x(t) = 2 + \cos(50\pi t)$，抽样时间间隔 $T = 0.01$ s。

(1) 画出 $|X_s(\omega)|$，并判断是否发生混叠；

(2) 求输出 $y(t)$；

(3) 确定 $x[n]$。

解 (1) $x(t) = 2 + \cos(50\pi t) \leftrightarrow X(\omega) = 4\pi\delta(\omega) + \pi[\delta(\omega + 50\pi) + \delta(\omega - 50\pi)]$

$$T = 0.01 \text{ s}, \quad \omega_s = \frac{2\pi}{T} = 200\pi \text{ rad/s}$$

$$x_s(t) = x(t)p(t) \leftrightarrow X_s(\omega) = \frac{1}{T}\sum_{k=-\infty}^{\infty} X(\omega - k\omega_s)$$

$$p(t) = \sum_{k=-\infty}^{\infty} \delta(t - kT)$$

因为 $\omega_s = 200\pi > 2\omega_m = 2 \times 50\pi = 100\pi$，故无频谱混叠。

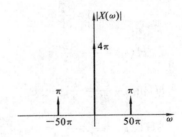

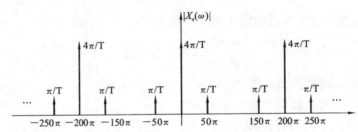

(2) $$Y(\omega) = H(\omega)X(\omega)$$

信号 $x(t) = 2 + \cos(50\pi t)$ 的所有频率成分均在滤波器的通带内，故有

$$Y(\omega) = T \times \frac{1}{T} X(\omega) = X(\omega)$$

$$y(t) = 2 + \cos(50\pi t)$$

(3) $$x[n] = x(t)|_{t=nT} = 2 + \cos(50\pi \cdot nT) = 2 + \cos\left(\frac{\pi}{2}n\right)$$

11. 一理想的线性相位低通滤波器具有如下频率响应函数：
$$H(\omega) = \begin{cases} e^{-j\omega}, & -2 < \omega < 2 \\ 0, & \text{其他} \end{cases}$$

计算滤波器在下列输入时的输出响应 $y(t)$。

(1) $x(t) = 5\text{sinc}(3t/2\pi), -\infty < t < \infty$；

(2) $x(t) = 5\text{sinc}(t/2\pi)\cos(2t), -\infty < t < \infty$；

(3) $x(t) = \sum_{k=1}^{\infty}\left[\frac{1}{k}\cos\left(\frac{k\pi}{2}t + 30°\right)\right], -\infty < t < \infty$。

解 (1) $\quad X(\omega) = \frac{10\pi}{3}P_3(\omega) \leftrightarrow x(t) = 5\text{sinc}\left(\frac{3t}{2\pi}\right)$

$$Y(\omega) = H(\omega)X(\omega) = \frac{10\pi}{3}P_3(\omega) \cdot e^{-j\omega}$$

$$y(t) = x(t-1) = 5\text{sinc}\left[\frac{3}{2\pi}(t-1)\right], \quad -\infty < t < \infty$$

(2) 因为 $\quad 5\text{sinc}\left(\frac{t}{2\pi}\right) \leftrightarrow 10\pi P_1(\omega)$

$$x(t) = 5\text{sinc}\left(\frac{t}{2\pi}\right)\cos(2t) \leftrightarrow X(\omega) = 5\pi[P_1(\omega+2) + P_1(\omega-2)]$$

$$Y(\omega) = H(\omega)X(\omega) = 5\pi[P_{1/2}(\omega+1.75) + P_{1/2}(\omega-1.75)]e^{-j\omega}$$

又因为 $\quad \frac{1}{2}\text{sinc}\left(\frac{t}{4\pi}\right) \leftrightarrow 2\pi P_{1/2}(\omega)$

$$\frac{5}{2}\text{sinc}\left(\frac{t}{4\pi}\right) \leftrightarrow 10\pi P_{1/2}(\omega)$$

所以 $\quad y(t) = \frac{5}{2}\text{sinc}\left(\frac{t-1}{4\pi}\right)\cos[1.75(t-1)], \quad -\infty < t < \infty$

(3) $\quad X(\omega) = 2\pi(1-|\omega|)P_2(\omega)$

$$Y(\omega) = 2\pi(1-|\omega|)P_2(\omega) \cdot e^{-j\omega}$$

$$y(t) = \text{sinc}^2\left(\frac{t-1}{2\pi}\right), \quad -\infty < t < \infty$$

12. 一低通滤波器具有频率响应函数：
$$H(\omega) = \begin{cases} 1 + \cos(2\pi\omega), & -0.5 < \omega < 0.5 \\ 0, & \text{其他} \end{cases}$$

(1) 求滤波器的冲激响应；

(2) 求当输入为 $x(t) = \text{sinc}(t/2\pi)(-\infty < t < \infty)$ 的响应 $y(t)$。

解 (1) $\quad H(\omega) = [1 + \cos(2\pi\omega)]P_1(\omega)$

$$\frac{1}{2\pi}\text{sinc}\left(\frac{t}{2\pi}\right) \leftrightarrow P_1(\omega)$$

$$\frac{1}{8\pi^2}\left[\text{sinc}\left(\frac{t+2\pi}{2\pi}\right) + \text{sinc}\left(\frac{t-2\pi}{2\pi}\right)\right] \leftrightarrow \cos(2\pi\omega)P_1(\omega)$$

所以 $\quad h(t) = \frac{1}{2\pi}\text{sinc}\left(\frac{t}{2\pi}\right) + \frac{1}{8\pi^2}\left[\text{sinc}\left(\frac{t+2\pi}{2\pi}\right) + \text{sinc}\left(\frac{t-2\pi}{2\pi}\right)\right]$

(2) $\quad X(t) = \text{sinc}\left(\frac{t}{2\pi}\right) \leftrightarrow X(\omega) = 2\pi P_1(\omega)$

$$Y(\omega) = H(\omega)X(\omega) = 2\pi H(\omega)$$

$$y(t) = 2\pi h(t) = \text{sinc}\left(\frac{t}{2\pi}\right) + \frac{1}{4\pi}\left[\text{sinc}\left(\frac{t+2\pi}{2\pi}\right) + \text{sinc}\left(\frac{t-2\pi}{2\pi}\right)\right]$$

13. 输入 $x(t) = \text{sinc}(t/\pi)\cos(2t)$，$-\infty < t < \infty$ 作用于频率响应函数为

$$H(\omega) = \begin{cases} 1, & -a < \omega < a \\ 0, & \text{其他} \end{cases}$$

的理想低通滤波器，试确定可能的最小 a，使得输出 $y(t)$ 等于 $x(t)$。

解
$$\text{sinc}\left(\frac{t}{\pi}\right) \leftrightarrow \pi P_2(\omega)$$

$$\text{sinc}\left(\frac{t}{\pi}\right) \cdot \cos(2t) \leftrightarrow \frac{\pi}{2}[P_2(\omega+2) + P_2(\omega-2)]$$

欲使 $Y(\omega) = X(\omega)$，有 $\qquad a = 3$

14. 一周期信号 $x(t)$，其周期 $T=2$，傅里叶复系数

$$c_k = \begin{cases} 0, & k=0 \\ 0, & k \text{ 为偶数} \\ 1, & k \text{ 为奇数} \end{cases}$$

该信号作用于频率响应函数如下图所示的线性时不变系统，试确定系统的输出 $y(t)$。

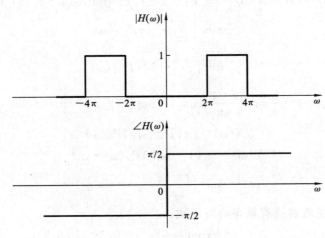

第 14 题图

解
$$x(t) = \sum_{k=\pm1,\pm3,\cdots}^{\infty} e^{jk\omega_0 t} = \sum_{k=1,3,\cdots}^{\infty}(e^{jk\omega_0 t} + e^{-jk\omega_0 t}) = \sum_{k=1,3,\cdots}^{\infty} 2\cos(k\pi t)$$

$$\omega_0 = \frac{2\pi}{T} = \pi$$

$\omega = 3\pi$ 在滤波器的通带内，所以

$$y(t) = 2|H(3\pi)|\cos(3\pi t + \angle H(3\pi)) = 2\cos\left(3\pi t + \frac{\pi}{2}\right) = -2\sin(3\pi t)$$

15. 一线性时不变系统具有频率响应函数：
$$H(\omega) = 5\cos(2\omega), \quad -\infty < \omega < \infty$$

(1) 计算系统的单位冲激响应 $h(t)$；

(2) 导出任意输入 $x(t)$ 的输出表达式 $y(t)$。

解 （1） $H(\omega)=5\cos(2\omega)\leftrightarrow h(t)=\dfrac{5}{2}[\delta(t-2)+\delta(t+2)]$

（2） $y(t)=x(t)*h(t)=\dfrac{5}{2}[x(t-2)+x(t+2)]$

16. 希尔伯特变换器是一具有单位冲激响应为 $h(t)=1/t(-\infty<t<\infty)$ 的线性时不变系统。试确定输入 $x(t)=A\cos(\omega_0 t)(-\infty<t<\infty)$ 通过该系统的响应。

解 因为 $u(t)\leftrightarrow\pi\delta(\omega)+\dfrac{1}{j\omega},\quad 1\leftrightarrow 2\pi\delta(\omega)$

所以 $u(t)-\dfrac{1}{2}\leftrightarrow\dfrac{1}{j\omega}$

由对偶性，有 $\dfrac{1}{jt}\leftrightarrow 2\pi\left[u(-\omega)-\dfrac{1}{2}\right]$

所以 $\dfrac{1}{t}\leftrightarrow j2\pi\left[u(-\omega)-\dfrac{1}{2}\right]=\begin{cases}j\pi,&-\infty<\omega<0\\-j\pi,&0<\omega<\infty\end{cases}$

$y(t)=A|H(\omega_0 t)|\cos(\omega_0 t+\angle H(\omega_0))=A\pi\cos(\omega_0 t-90°),\quad -\infty<t<\infty,\quad \omega_0>0$

17. 一线性时不变系统具有如下频率响应函数：

$$H(\omega)=j\omega e^{-j\omega}$$

输入 $x(t)=\cos(\pi t/2)p_2(t)$ 作用于线性时不变系统。

（1）求输入和输出信号的频谱 $X(\omega)$、$Y(\omega)$。

（2）求输出 $y(t)$。

解 （1） $p_2(t)\leftrightarrow 2\mathrm{sinc}\left(\dfrac{\omega}{\pi}\right)$

$x(t)=\cos\left(\dfrac{\pi t}{2}\right)\cdot p_2(t)\leftrightarrow \mathrm{sinc}\left(\dfrac{\omega+\pi/2}{\pi}\right)+\mathrm{sinc}\left(\dfrac{\omega-\pi/2}{\pi}\right)=X(\omega)$

$Y(\omega)=H(\omega)X(\omega)=j\omega e^{-j\omega}X(\omega)=j\omega e^{-j\omega}\left[\mathrm{sinc}\left(\dfrac{\omega+\pi/2}{\pi}\right)+\mathrm{sinc}\left(\dfrac{\omega-\pi/2}{\pi}\right)\right]$

（2） $Y(\omega)=j\omega[e^{-j\omega}X(\omega)]\leftrightarrow y(t)=\dfrac{d}{dt}x(t-1)$

$x(t-1)=\cos\left[\dfrac{\pi(t-1)}{2}\right]p_2(t-1)$

$y(t)=-\dfrac{\pi}{2}\sin\left[\dfrac{\pi(t-1)}{2}\right]p_2(t-1)=\dfrac{\pi}{2}\cos\left(\dfrac{\pi}{2}t\right)p_2(t-1)$

18. 信号 $x(t)$ 的傅里叶变换为 $X(\omega)$，如下图所示。

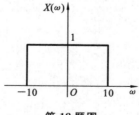

第 18 题图

令 $x_s(t)=x(t)p(t)$ 为冲激抽样信号，$p(t)=\sum\limits_{k=-\infty}^{\infty}\delta(t-kT)$。试画出下列情况下 $|X_s(\omega)|$。

(1) $T=\pi/15$；(2) $T=2\pi/15$。

解
$$X_s(\omega) = \frac{1}{T}\sum_{k=-\infty}^{\infty} X(\omega - k\omega_s)$$

(1) $T=\dfrac{\pi}{15}$，$\omega_s=\dfrac{2\pi}{T}=30$

$$X_s(\omega) = \frac{15}{\pi}\sum_{k=-\infty}^{\infty} X(\omega - k\times 30)$$

$\omega_s=30>2\omega_m=2\times 10$，频谱无混叠，如下图(b)所示。

(2) $T=\dfrac{2\pi}{15}$，$\omega_s=\dfrac{2\pi}{T}=15$

$$X_s(\omega) = \frac{15}{2\pi}\sum_{k=-\infty}^{\infty} X(\omega - k\times 15)$$

$\omega_s=15<2\omega_m=2\times 10=20$，频谱有混叠，如下图(c)所示。

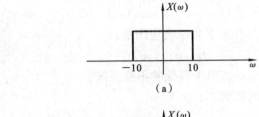

(a)

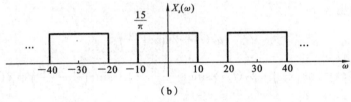

(b)

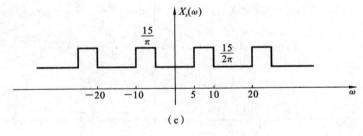

(c)

5 离散时间信号的傅里叶分析

内容提要：

5.1 离散时间傅里叶变换

1. 离散时间傅里叶变换

离散时间傅里叶变换(discrete time Fourier transform,DTFT)：

$$X(\Omega) = \sum_{n=-\infty}^{\infty} x[n] e^{-j\Omega n}$$

$X(\Omega)$为复数。

直角坐标形式(rectangular form)：

$$X(\Omega) = R(\Omega) + jI(\Omega) = \sum_{n=-\infty}^{\infty} x[n]\cos(n\Omega) - j\sum_{n=-\infty}^{\infty} x[n]\sin(n\Omega)$$

极坐标形式(polar form)：

$$X(\Omega) = |X(\Omega)| e^{j\angle X(\Omega)}$$

式中：
$$|X(\Omega)| = \sqrt{R^2(\Omega) + I^2(\Omega)}$$

$$\angle X(\Omega) = \begin{cases} \arctan \dfrac{I(\Omega)}{R(\Omega)}, & R(\Omega) \geqslant 0 \\ \pi + \arctan \dfrac{I(\Omega)}{R(\Omega)}, & R(\Omega) < 0 \end{cases}$$

$|X(\Omega)|$-Ω：离散时间信号的幅度谱(amplitude spectrum)；
$\angle X(\Omega)$-Ω：离散时间信号的相位谱(phase spectrum)。

$X(\Omega)$以2π为周期，$|X(\Omega)| \sim \Omega$偶对称、$\angle X(\Omega) \sim \Omega$奇对称,故通常考虑频率的取值范围为$0 \leqslant \Omega \leqslant \pi$,$\pi$为最高可能的频率。

信号$x[n]$存在DTFT的充分条件：$\sum_{n=-\infty}^{\infty} |x[n]| < \infty$。

2. DTFT 的性质

(1) 周期性(periodicity)：$X(\Omega) = X(\Omega + 2\pi)$,周期为$2\pi$。
(2) 奇偶性(odevity)。

若 $x[n]$ 是偶函数，则
$$X(\Omega) = x[0] + 2\sum_{n=1}^{\infty} x[n]\cos(n\Omega)$$

若 $x[n]$ 是奇函数，则
$$X(\Omega) = x[0] - 2\mathrm{j}\sum_{n=1}^{\infty} x[n]\sin(n\Omega)$$

$$X(-\Omega) = \sum_{n=-\infty}^{\infty} x[n]\mathrm{e}^{\mathrm{j}\Omega n} = X^*(\Omega) = R(\Omega) - \mathrm{j}I(\Omega)$$

(3) 线性(linearity)：若 $x[n] \leftrightarrow X(\Omega), v[n] \leftrightarrow V(\Omega)$，则
$$ax[n] + bv[n] \leftrightarrow aX(\Omega) + bV(\Omega)$$

(4) 时移性(time shifting)：$x[n-q] \leftrightarrow X(\Omega)\mathrm{e}^{-\mathrm{j}q\Omega}$。

(5) 反褶性(time reversal)：$x[-n] \leftrightarrow X(-\Omega) = X^*(\Omega)$。

(6) 频域微分性(differential in the frequency domain)：$nx[n] \leftrightarrow \mathrm{j}\dfrac{\mathrm{d}X(\Omega)}{\mathrm{d}\Omega}$。

(7) 调制特性(modulation)：
$$x[n]\mathrm{e}^{\mathrm{j}n\Omega_0} \leftrightarrow X(\Omega - \Omega_0)$$
$$x[n]\sin(\Omega_0 n) \leftrightarrow \frac{\mathrm{j}}{2}[X(\Omega + \Omega_0) - X(\Omega - \Omega_0)]$$
$$x[n]\cos(\Omega_0 n) \leftrightarrow \frac{1}{2}[X(\Omega + \Omega_0) + X(\Omega - \Omega_0)]$$

(8) 卷积定理(convolution theorem)：$x[n] * v[n] \leftrightarrow X(\Omega)V(\Omega)$。

(9) 求和(summation)：$\sum_{i=0}^{n} x[i] \leftrightarrow \dfrac{1}{1-\mathrm{e}^{-\mathrm{j}\Omega}}X(\Omega) + \sum_{n=-\infty}^{\infty} \pi X(2\pi n)\delta(\Omega - 2\pi n)$。

(10) 信号相乘(multiplication in the time domain)：$x[n]v[n] \leftrightarrow \dfrac{1}{2\pi}\int_{-\pi}^{\pi} X(\Omega - \lambda)V(\lambda)\mathrm{d}\lambda$。

(11) 帕斯瓦尔定理(Parseval's theorem)：$\sum_{n=-\infty}^{\infty} x[n]v[n] = \dfrac{1}{2\pi}\int_{-\pi}^{\pi} X^*(\Omega)V(\Omega)\mathrm{d}\Omega$。

若 $x[n] = v[n]$，则 $\sum_{n=-\infty}^{\infty} x^2[n] = \dfrac{1}{2\pi}\int_{-\pi}^{\pi} |X(\Omega)|^2 \mathrm{d}\Omega$，即时域能量等于频域能量。

(12) DTFT 与 CTFT 的关系：若 $x[n] \leftrightarrow X(\Omega)$，且 $\gamma(t) \leftrightarrow X(\omega)p_{2\pi}(\omega)$，则有
$$x[n] = \gamma(t)|_{t=nT} = \gamma[n]$$

3. DTFT 的反变换

IDTFT(inverse discrete time Fourier transform)：$x[n] = \dfrac{1}{2\pi}\int_{-\pi}^{\pi} X(\Omega)\mathrm{e}^{\mathrm{j}n\Omega}\mathrm{d}\Omega$。

4. 广义 DTFT

有些信号不满足绝对可和条件 $\left(\sum_{n=-\infty}^{\infty} |x[n]| < \infty\right)$，如直流信号、正弦信号等。但引入冲激频谱后，其存在广义离散时间傅里叶变换(generalized discrete time Fourier transform)。

典型离散时间信号傅里叶变换如下表所示。

典型离散时间信号傅里叶变换对

信号 $x[n]$	DTFT
1	$\sum_{k=-\infty}^{\infty} 2\pi\delta(\Omega - 2\pi k)$
$\delta[n]$	1
$\delta[n-q]$	$e^{-jq\Omega}$
$a^n u[n], |a|<1$	$\dfrac{1}{1-ae^{-j\Omega}}$

5.2 离散傅里叶变换

离散傅里叶变换(discrete Fourier transform,DFT)由离散时间信号 $x[n]$ 计算信号的离散频谱 $X[k]$。

1. 离散傅里叶级数 DFS

设有连续时间周期信号 $x_p(t)$：

$$x_p(t) = \sum_{k=-\infty}^{\infty} X_k e^{jk\omega_0 t}, \quad -\infty < t < \infty$$

对其抽样可推得：

$$\sum_{n=0}^{N-1} x_p(n) e^{-j\frac{2\pi}{N}nk} = N X_k = X_p(k)$$

$$x_p(n) = \frac{1}{N} \sum_{k=0}^{N-1} X_P(k) e^{j\frac{2\pi}{N}nk}$$

式中：$N=T/T_s$ 为一个周期的抽样点数，T 为信号的周期，T_s 为抽样间隔。

$X_p(k)$ 为离散傅里叶级数(discrete Fourier series,DFS)，它与傅里叶级数复系数 X_k(即 c_k)相差一个因子 N，因此可以用 DFS 计算周期信号的复系数 X_k。

上式表明,信号 $x_p(n)$ 由 N 个不同的频率成分组成。$X_p(k)$ 和 $e^{j\frac{2\pi}{N}nk}$ 均以 N 为周期。

2. 离散傅里叶变换

1) DFT 的定义

正变换(DFT)：

$$X(k) = \sum_{n=0}^{N-1} x[n] e^{-j\frac{2\pi}{N}nk}, \quad k=0,1,\cdots,N-1$$

反变换(IDFT)：

$$x(n) = \frac{1}{N} \sum_{k=0}^{N-1} X(k) e^{j\frac{2\pi}{N}nk}, \quad n=0,1,\cdots,N-1$$

$x[n]$ 为 N 点离散时间信号，$X(k)$ 为离散频谱，n 和 k 均为整数。

令 $W = e^{-j\frac{2\pi}{N}}$，变换的矩阵形式：

$$X(k) = \sum_{n=0}^{N-1} x[n] W^{nk}, \quad k=0,1,\cdots,N-1$$

$$x[n] = \frac{1}{N}\sum_{k=0}^{N-1}X(k)W^{-nk}, \quad n=0,1,\cdots,N-1$$

2) DFT 的幅度谱和相位谱

$X(k)$ 的直角坐标形式(rectangular form):

$$X(k) = \sum_{n=0}^{N-1}x[n]e^{-j\frac{2\pi}{N}nk} = R_k + jI_k$$

式中:
$$R_k = \sum_{n=0}^{N-1}x[n]\cos\left(\frac{2\pi}{N}nk\right) = x[0] + \sum_{n=1}^{N-1}x[n]\cos\left(\frac{2\pi}{N}nk\right)$$

$$I_k = -\sum_{n=0}^{N-1}x[n]\sin\left(\frac{2\pi}{N}nk\right)$$

极坐标形式(polar form):

$$X(k) = \sum_{n=0}^{N-1}x[n]e^{-j\frac{2\pi}{N}nk} = |X(k)|e^{j\angle X(k)}$$

$$|X(k)| = \sqrt{R_k^2 + I_k^2}, \quad \angle X(k) = \begin{cases} \arctan\dfrac{I_k}{R_k}, & R_k \geqslant 0 \\ \pi + \arctan\dfrac{I_k}{R_k}, & R_k < 0 \end{cases}$$

$|X(k)|$ 与 k 的关系称为幅度谱(amplitude spectrum);$\angle X(k)$ 与 k 的关系称为相位谱(phase spectrum)。

$$X(N-k) = X^*(k), \quad k=0,1,\cdots,N-1$$
$$X(k) = X^*(N-k), \quad k=0,1,\cdots,N-1$$
$$|X(k)| = |X^*(N-k)| = |X(N-k)|$$
$$\angle X(k) = \angle X^*(N-k) = -\angle X(N-k)$$

$X(k)$ 的幅度和相位对于 $N/2$ 点分别呈半周偶对称和半周奇对称特性。

3) 由 $X(k)$ 计算 $x[n]$ 的正弦表示

N 为奇数:
$$x[n] = \frac{1}{N}X(0) + \frac{2}{N}\sum_{k=1}^{(N-1)/2}\left(R_k\cos\frac{2\pi kn}{N} - I_k\sin\frac{2\pi kn}{N}\right), \quad n=0,1,2,\cdots,N-1$$

N 为偶数:
$$x[n] = \frac{1}{N}X(0) + \frac{2}{N}\sum_{k=1}^{(N-1)/2}\left(R_k\cos\frac{2\pi kn}{N} - I_k\sin\frac{2\pi kn}{N}\right) + \frac{1}{N}R_{N/2}\cos(\pi n)$$

其中,$X(k) = R_k + jI_k$,$X_0 = \sum_{n=0}^{N-1}x[n]$;$\dfrac{1}{N}X(0)$ 为信号的平均值;$\dfrac{2\pi}{N}$ 为信号的一次谐波频率;$\dfrac{(N-1)\pi}{N}$ 为信号可能的最高频率。

若 $R_{N/2} \neq 0$,则信号 $x[n]$ 的最高频率分量为 π。

3. DFT 与 DTFT 的关系

$$X(\Omega)\bigg|_{\Omega=\frac{2\pi k}{N}} = X\left(\frac{2\pi k}{N}\right) = \sum_{n=0}^{N-1}x[n]e^{-j\frac{2\pi}{N}nk}$$

$$X(k) = X(\Omega)\bigg|_{\Omega=\frac{2\pi k}{N}}$$

表明离散傅里叶变换可由离散时间傅里叶变换通过频率抽样获得。

4. 截断信号的 DFT

通常来说,将离散时间信号截断会导致原信号频谱的改变,造成频谱泄漏。若对周期信号进行整周期截断,则无频谱泄漏,因此需要对信号进行整周期(或周期的整数倍)截断。

余弦信号 $\quad x[n]=\cos(\Omega_0 n), \quad -\infty<n<\infty$

将其截断成

$$x_N[n]=\cos(\Omega_0 n)p\left[n-\frac{N-1}{2}\right]$$

其中,$p\left[n-\frac{N-1}{2}\right]$ 为 $n=0\sim N-1$ 取值为 1 的矩形脉冲信号。

假设 $\Omega_0=\frac{2\pi r}{N}$,$r$ 为整数,且 $0<r\leqslant N-1$,

$$X_N(k)=\begin{cases}\dfrac{N}{2}, & k=r \\ \dfrac{N}{2}, & k=N-r \\ 0, & 0\leqslant k\leqslant N-1 \text{ 范围其他 } k\end{cases}$$

$k=r$ 对应 $\Omega_0=\dfrac{2\pi r}{N}$ 频率点。$\dfrac{2\pi}{N}$ 为基波频率,$\dfrac{2\pi k}{N}$ 为 k 次谐波频率。

5. DFT 的性质

1) 线性

若 $x_1[n]\leftrightarrow X_1(k), x_2[n]\leftrightarrow X_2(k)$,则

$$ax_1[n]+bx_2[n]\leftrightarrow aX_1(k)+bX_2(k)$$

若 $x_1[n]$ 和 $x_2[n]$ 的长度 N_1 和 N_2 不等时,选择 $N=\max[N_1,N_2]$ 为变换长度,将短者进行补零达到 N 点。

2) 圆周移位信号及其 DFT

(1) 由平移表示圆移:

$$\widetilde{x}[n]=x_p[n]=x((n))_N=\sum_{i=-\infty}^{\infty}x[n+iN]$$

$\widetilde{x}[n\pm q]=x((n\pm q))_N$,"+"为左移,"−"为右移。

取主值序列:

$$x_q[n]=\widetilde{x}[n-q]G_N[n]=((n\pm q))_N G_N[n]$$

其中,$G_N(n)$ 是在 $n=0\sim N-1$ 区间取值为 1,其他时间点取值为 0 的矩形脉冲信号。$n=0\sim N-1$ 的取值区间称为主值区间。

(2) 直接圆周移位(circular time shift):

$$x[n\pm q,\mathrm{mod}N]$$

式中:N 为序列的点数;q 为圆移位数;"−"表示逆时针移位;"+"表示顺时针移位。

若 $\mathrm{DFT}[x[n]]=X(k)$,则

$$\mathrm{DFT}[x[n-q,\mathrm{mod}N]]=W^{qk}X(k), \quad W=\mathrm{e}^{-j\frac{2\pi}{N}}$$

3) 圆周反褶序列的 DFT

圆周反褶(circular reversal):若 $\mathrm{DFT}[x(n)]=X(k)$,则

$$\text{DFT}[x[-n,\text{mod}N]] = \begin{cases} X(0), & k=0 \\ X(N-k), & 0<k\leq N-1 \end{cases}$$

4) 圆周频移特性

若 $\text{DFT}[x(n)] = X(k)$,则

$$\text{DFT}[x[n]e^{j\frac{2\pi}{N}qn}] = X[k-q,\text{mod}N]$$

或

$$\text{IDFT}[X[k-q,\text{mod}N]] = x[n]e^{j\frac{2\pi}{N}qn}$$

6. 圆周卷积

1) 时域圆周卷积(循环卷积,circular convolution)

$$x[n] \circledast v[n] = \sum_{i=0}^{N-1} x[i]v[n-i,\text{mod}N]$$

或

$$x[n] \circledast v[n] = \sum_{i=0}^{N-1} x[i]v((n-i))_N G_N[i]$$

$x[n]$ 和 $v[n]$ 长度应相等,若不等,则将短序列补零,使二者相等。

圆周卷积具有交换律:

$$x[n] \circledast v[n] = \sum_{i=0}^{N-1} x[i]v[n-i,\text{mod}N] = \sum_{i=0}^{N-1} v[i]x[n-i,\text{mod}N]$$

圆周卷积的计算步骤如下:

(1) 变量置换:$x[n] \to x[i]$, $v[n] \to v[i]$;
(2) 圆周反褶:$v[i] \to v[-i,\text{mod}N]$ 或 $v[-i] \to v((-i))_N G_N[i]$;
(3) 圆周移位:$v[-i,\text{mod}N] \to v[n-i,\text{mod}N]$ 或 $v[-i] \to v((n-i))_N G_N[i]$;
(4) 相乘:$x[i]v[n-i,\text{mod}N]$ 或 $x[i]v((n-i))_N G_N[i]$;
(5) 求和:$\sum_{i=0}^{N-1} x[i]v[n-i,\text{mod}N]$ 或 $\sum_{i=0}^{N-1} x[i]v((n-i))_N G_N[i]$。

矩阵法计算圆周卷积:将 $x[n]$ 构成 $N \times N$ 矩阵,将 $v[n]$ 构成列矩阵,做矩阵乘法即得圆周卷积。

以 4 点圆周卷积为例,用矩阵法计算圆周卷积:

$$\begin{bmatrix} y[0] \\ y[1] \\ y[2] \\ y[3] \end{bmatrix} = \begin{bmatrix} x[0] & x[3] & x[2] & x[1] \\ x[1] & x[0] & x[3] & x[2] \\ x[2] & x[1] & x[0] & x[3] \\ x[3] & x[2] & x[1] & x[0] \end{bmatrix} \begin{bmatrix} v[0] \\ v[1] \\ v[2] \\ v[3] \end{bmatrix}$$

也可将 $v[n]$ 构成 $N \times N$ 矩阵,将 $x[n]$ 构成列矩阵,计算结果相同。

2) 线卷积与圆卷积的关系

(1) 线卷积。

设 $x_1[n]$ 的长度为 $N_1(0 \leq n \leq N_1-1)$,$x_2[n]$ 的长度为 $N_2(0 \leq n \leq N_2-1)$,则线卷积(linear convolution):

$$y_l[n] = \sum_{i=-\infty}^{\infty} x_1[i]x_2[n-i] = \sum_{i=0}^{N_1-1} x_1[i]x_2[n-i]$$

卷积所得序列的长度 $L = N_1 + N_2 - 1$。

一般来说,圆卷积不等于线卷积,但是当两序列的长度足够长,且满足 $L \geq N_1 + N_2 - 1$ 时,线卷积等于圆卷积。

(2) 用圆卷积计算线性卷积。

当序列长度 $L \geq N_1 + N_2 - 1$ 时，圆卷积等于线卷积，因此可以用圆卷积计算线卷积。

7. 时域圆周卷积定理

若 $\text{DFT}[x(n)] = X(k)$，$\text{DFT}[v(n)] = V(k)$，则

$$\text{DFT}[x(n) \circledast v(n)] = \text{DFT}\left[\sum_{i=0}^{N-1} x[i]v((n-i))_N G_N[i]\right] = X(k)V(k)$$

8. 频域圆周卷积定理

若 $\text{DFT}[x[n]] = X(k)$，$\text{DFT}[v[n]] = V(k)$，则

$$\text{DFT}[x(n)v(n)] = \frac{1}{N} X(k) \circledast V(k)$$

其中，$X[k] \circledast V[k] = \sum_{i=0}^{N-1} X(i)V[k-i, \text{mod} N]$。

9. 帕斯瓦尔定理 (Parseval's theorem)

若 $\text{DFT}[x[n]] = X(k)$，$\text{DFT}[v[n]] = V(k)$，则

$$\sum_{n=0}^{N-1} x[n]v[n] = \frac{1}{N}\sum_{i=0}^{N-1} X(i)V^*(i)$$

若 $x[n] = v[n]$，则有

$$\sum_{n=0}^{N-1} |x(n)|^2 = \frac{1}{N}\sum_{k=0}^{N-1} |X(k)|^2$$

它表明信号的时域能量等于频域能量，即能量守恒。

10. DFT 计算误差

1) 频谱混叠

抽样频率 f_s 必须是信号最高频率 f_m 的 2 倍及以上，即 $f_s \geq 2f_m$（或者抽样间隔 $T = 1/f_s \leq 1/2f_m$）才能避免谱混叠。

2) 频谱泄漏

对信号 $x[n]$ 截断（即将信号加时间窗）可能造成频谱泄漏。对周期信号按整数倍周期取样（截断），可避免频谱泄漏。

3) 栅栏效应

DFT 只能求出基波及整数倍频率处的频谱，在两个谱线之间的频谱不能求出。通过补零，加大截断信号时间宽度，可使频率间隔 $f_1 = 1/T$ 变小来提高分辨率，减少栅栏效应。

5.3 快速傅里叶变换

1. FFT 算法

$$X(k) = \sum_{n=0}^{N-1} x[n]W_N^{nk}, \quad k = 0, 1, \cdots, N-1$$

$$x[n] = \frac{1}{N}\sum_{k=0}^{N-1} X(k)W_N^{-nk}, \quad n = 0, 1, \cdots, N-1$$

式中:$W_N = e^{-j\frac{2\pi}{N}}$。利用 W_N^{nk} 具有对称性和周期性等特点,可得 DFT 的快速算法 FFT。

按时间抽取(DIT)的 FFT 算法——库利-图基算法:

离散数据点数 2^L(L 为整数),将序列分为奇序列和偶序列,分别求 DFT,重复该过程,直至利用最基本的元素计算 DFT。

DIT 的 FFT 算法的特点:

若输出 $X(k)$ 按正常顺序排列,则输入的离散时间序列要进行码位倒序处理。

2. FFT 算法的应用

1) 谐波分析

周期信号:$x(t) = \sum_{k=-\infty}^{\infty} c_k e^{jk\omega_0 t}$。

$x[n]$ 的 DFT:$X(k) = Nc_k$,据此可计算 c_k 及信号的幅度谱和相位谱。

2) 计算线卷积

设 $x[n]$ 的长度为 M,$h[n]$ 的长度为 N,则

$$y[n] = x[n] * h[n] = \sum_{i=0}^{L-1} x[i]h[n-i]$$

$y[n]$ 的长度为 $M+N-1$。

当两序列的长度满足 $L \geqslant M+N-1$ 时(补零至满足长度要求),圆卷积等于线卷积,此时可用 FFT 计算线卷积(利用卷积定理)。

3) 计算连续时间信号的傅里叶变换

设信号 $x(t)$ 满足条件:$t<0, x(t)=0$,则

$$X(\omega) = \int_0^{\infty} x(t) e^{-j\omega t} dt$$

将积分分为各小段区间积分之和,可得

$$X(k\Gamma) = \frac{1-e^{-jk\Gamma T}}{jk\Gamma} X(k), \quad k=0,1,\cdots,N-1$$

$$X(k\Gamma) \approx X(\omega)$$

式中:$\Gamma = 2\pi/(NT)$;$\omega = k\Gamma$;$k=0,1,\cdots,N-1$。

离散间隔越小,点数 N 越多,$X(\omega)$ 计算越精确。

解题指导:

(1) DTFT 是由 $x[n]$ 到 $X(\Omega)$(连续频谱),DFT 是由 $x[n]$ 到 $X(k)$(离散频谱),对 $X(\Omega)$ 进行频率抽样可得 $X(k)$。

(2) 由 DFT 计算周期信号的复系数 $c_k(X(k)=Nc_k)$,即对信号进行频谱分析。

(3) 对周期信号进行频谱分析需整周期(或整数倍周期)取样,否则有频谱泄漏。

(4) 在进行频谱分析时,加大数据量 N 可提高频率分辨率。

(5) 计算圆周卷积需两序列等长,若不等长,将短者补零。

典型例题:

例 已知 4 点序列 $x[0]=1, x[1]=0, x[2]=1, x[3]=0$。

(1) 求信号的 DTFT;

(2) 求信号的 DFT；

(3) 若 $v[0]=0, v[1]=1, v[2]=2, v[0]=3$，求圆周卷积 $y[n]=x[n]⊛v[n]$。

解 (1) $X(\Omega) = \sum_{n=0}^{N-1} x[n]e^{-j\Omega n} = x[0]+x[1]e^{-j\Omega}+x[2]e^{-j\Omega 2}+x[3]e^{-j\Omega 3}$
$= 1+e^{-j\Omega 2}$

(2) 由 $X(k) = \sum_{n=0}^{N-1} x[n]e^{-j\frac{2\pi}{4}nk}$，有

$X(k) = e^{-j\frac{2\pi}{4}k\times 0} + e^{-j\frac{2\pi}{4}k\times 2} = 1+e^{-j\pi k} = 1+\cos(\pi k), \quad k=0,1,2,3$

$X[0]=2, \quad X[1]=0, \quad X[2]=2, \quad X[3]=0$

或用矩阵法求解：

$$W = e^{-j\frac{2\pi}{N}} = e^{-j\frac{2\pi}{4}} = -j$$

$$\begin{bmatrix} X(0) \\ X(1) \\ X(2) \\ X(3) \end{bmatrix} = \begin{bmatrix} W^0 & W^0 & W^0 & W^0 \\ W^0 & W^1 & W^2 & W^3 \\ W^0 & W^2 & W^4 & W^6 \\ W^0 & W^3 & W^6 & W^9 \end{bmatrix} \begin{bmatrix} x[0] \\ x[1] \\ x[2] \\ x[3] \end{bmatrix} = \begin{bmatrix} 1 & 1 & 1 & 1 \\ 1 & -j & -1 & j \\ 1 & -1 & 1 & -1 \\ 1 & j & -1 & -j \end{bmatrix} \begin{bmatrix} 1 \\ 0 \\ 1 \\ 0 \end{bmatrix} = \begin{bmatrix} 2 \\ 0 \\ 2 \\ 0 \end{bmatrix}$$

或由频率抽样求解：

$X(\Omega) = \sum_{n=0}^{N-1} x[n]e^{-j\Omega n} = x[0]+x[1]e^{-j\Omega}+x[2]e^{-j\Omega 2}+x[3]e^{-j\Omega 3} = 1+e^{-j\Omega 2}$

$X(k) = X(\Omega)\Big|_{\Omega=\frac{2\pi k}{N}} = 1+e^{-j\Omega 2}\Big|_{\Omega=\frac{2\pi k}{4}} = 1+e^{-j\pi k}, \quad k=0,1,2,3$

所以， $X[0]=2, \quad X[1]=0, \quad X[2]=2, \quad X[3]=0$

(3) 由定义计算：

$$y[n] = x[n]⊛v[n] = \sum_{i=0}^{3} x[i]v[n-i,\mathrm{mod}4]$$

$y[0]=1\times 0+0\times 3+1\times 2+0\times 1=2$
$y[1]=1\times 1+0\times 0+1\times 3+0\times 2=4$
$y[2]=1\times 2+0\times 1+1\times 0+0\times 3=2$
$y[3]=1\times 3+0\times 2+1\times 1+0\times 0=4$

矩阵法：

$$\begin{bmatrix} y[0] \\ y[1] \\ y[2] \\ y[3] \end{bmatrix} = \begin{bmatrix} x[0] & x[3] & x[2] & x[1] \\ x[1] & x[0] & x[3] & x[2] \\ x[2] & x[1] & x[0] & x[3] \\ x[3] & x[2] & x[1] & x[0] \end{bmatrix} \begin{bmatrix} v[0] \\ v[1] \\ v[2] \\ v[3] \end{bmatrix} = \begin{bmatrix} 1 & 0 & 1 & 0 \\ 0 & 1 & 0 & 1 \\ 1 & 0 & 1 & 0 \\ 0 & 1 & 0 & 1 \end{bmatrix} \begin{bmatrix} 0 \\ 1 \\ 2 \\ 3 \end{bmatrix} = \begin{bmatrix} 2 \\ 4 \\ 2 \\ 4 \end{bmatrix}$$

或

$$\begin{bmatrix} y[0] \\ y[1] \\ y[2] \\ y[3] \end{bmatrix} = \begin{bmatrix} v[0] & v[3] & v[2] & v[1] \\ v[1] & v[0] & v[3] & v[2] \\ v[2] & v[1] & v[0] & v[3] \\ v[3] & v[2] & v[1] & v[0] \end{bmatrix} \begin{bmatrix} x[0] \\ x[1] \\ x[2] \\ x[3] \end{bmatrix} = \begin{bmatrix} 0 & 3 & 2 & 1 \\ 1 & 0 & 3 & 2 \\ 2 & 1 & 0 & 3 \\ 3 & 2 & 1 & 0 \end{bmatrix} \begin{bmatrix} 1 \\ 0 \\ 1 \\ 0 \end{bmatrix} = \begin{bmatrix} 2 \\ 4 \\ 2 \\ 4 \end{bmatrix}$$

用卷积定理计算：

$$X(k) = 1+e^{-j\pi k}, \quad k=0,1,2,3$$

$$X[0]=2, \quad X[1]=0, \quad X[2]=2, \quad X[3]=0$$

$$V(k) = \sum_{n=0}^{N-1} v[n]e^{-j\frac{2\pi}{4}nk} = v[0]+v[1]e^{-j\frac{\pi}{2}n}+v[2]e^{-j\pi k}+v[3]e^{-j\frac{3\pi}{2}k}$$

$$= e^{-j\frac{\pi}{2}k} + 2e^{-j\pi k} + 3e^{-j\frac{3\pi}{2}k}$$

$$V[0]=6, \quad V[1]=2-j4, \quad V[2]=-2, \quad V[3]=-2-j4$$

$$Y(k)=X(k)V(k)=(1+e^{-j\pi k})(e^{-j\frac{\pi}{2}k}+2e^{-j\pi k}+3e^{-j\frac{3\pi}{2}k}), \quad k=0,1,2,3$$

$$Y[0]=12, \quad Y[1]=0, \quad Y[2]=-4, \quad Y[3]=0$$

再求 $Y(k)$ 的 IDFT：

$$W^{-1} = e^{j\frac{2\pi}{N}} = e^{j\frac{2\pi}{4}} = j$$

$$\begin{bmatrix} y[0] \\ y[1] \\ y[2] \\ y[3] \end{bmatrix} = \frac{1}{4} \begin{bmatrix} W^0 & W^0 & W^0 & W^0 \\ W^0 & W^{-1} & W^{-2} & W^{-3} \\ W^0 & W^{-2} & W^{-4} & W^{-6} \\ W^0 & W^{-3} & W^{-6} & W^{-9} \end{bmatrix} \begin{bmatrix} Y(0) \\ Y(1) \\ Y(2) \\ Y(3) \end{bmatrix} = \frac{1}{4} \begin{bmatrix} 1 & 1 & 1 & 1 \\ 1 & j & -1 & -j \\ 1 & -1 & 1 & -1 \\ 1 & -j & -1 & j \end{bmatrix} \begin{bmatrix} 12 \\ 0 \\ -4 \\ 0 \end{bmatrix} = \begin{bmatrix} 2 \\ 4 \\ 2 \\ 4 \end{bmatrix}$$

习题解答：

1. 计算下列离散时间信号的 DTFT：

(1) $x[n]=2\delta[n]+2\delta[n-1]+2\delta[n-2]+2\delta[n-3]+2\delta[n-4]-2\delta[n-5]-2\delta[n-6]-2\delta[n-7]$；

(2) $x[n]=2\delta[n+2]+2\delta[n+1]+2\delta[n]+2\delta[n-1]+2\delta[n-2]+3\delta[n-3]+3\delta[n-4]+3\delta[n-5]$。

解 (1) $x[n]$ 波形如下图所示。

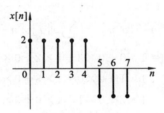

$$X(\Omega) = \sum_{n=-\infty}^{\infty} x[n]e^{-j\Omega n} = 2+2e^{-j\Omega}+2e^{-j2\Omega}+2e^{-j3\Omega}+2e^{-j4\Omega}-2e^{-j5\Omega}-2e^{-j6\Omega}-2e^{-j7\Omega}$$

或应用公式：

$$p[n] = \begin{cases} 1, & n=-q,-q+1,\cdots,-1,0,1,\cdots,q \\ 0, & \text{其他} \end{cases}$$

$$P(\Omega) = \frac{\sin\left[\left(q+\frac{1}{2}\right)\Omega\right]}{\sin(\Omega/2)}$$

$$X(\Omega) = 2\frac{\sin\left[\left(2+\frac{1}{2}\right)\Omega\right]}{\sin(\Omega/2)} \cdot e^{-j\Omega 2} - 2\frac{\sin\left[\left(1+\frac{1}{2}\right)\Omega\right]}{\sin(\Omega/2)} \cdot e^{-j\Omega 6}$$

$$= 2\left[\frac{\sin(5\Omega/2)}{\sin(\Omega/2)} \cdot e^{-j\Omega 2} - \frac{\sin(3\Omega/2)}{\sin(\Omega/2)} \cdot e^{-j\Omega 6}\right]$$

(2) $x[n]$ 波形如下图所示。

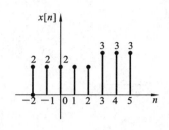

$$X(\Omega) = 2\frac{\sin\left[\left(2+\frac{1}{2}\right)\Omega\right]}{\sin(\Omega/2)} + 3\frac{\sin\left[\left(1+\frac{1}{2}\right)\Omega\right]}{\sin(\Omega/2)} \cdot e^{-j\Omega 4}$$

$$= 2\frac{\sin(5\Omega/2)}{\sin(\Omega/2)} + 3\frac{\sin(3\Omega/2)}{\sin(\Omega/2)} \cdot e^{-j\Omega 4}$$

2. 计算下列离散时间信号的 DTFT：

(1) $x[n] = (0.8)^n u[n]$；

(2) $x[n] = (0.5)^n \cos(4n) \cdot u[n]$；

(3) $x[n] = n(0.5)^n u[n]$；

(4) $x[n] = n(0.5)^n \cos(4n) \cdot u[n]$；

(5) $x[n] = 5(0.8)^n \cos(2n) \cdot u[n]$；

(6) $x[n] = (0.5)^{|n|}, -\infty < n < \infty$。

解 (1) $X(\Omega) = \sum\limits_{n=-\infty}^{\infty} x[n]e^{-j\Omega n} = \sum\limits_{n=-\infty}^{\infty} 0.8^n u[n] \cdot e^{-j\Omega n}$

$$= \sum\limits_{n=0}^{\infty}(0.8e^{-j\Omega})^n = \frac{1}{1-0.8e^{-j\Omega}} = \frac{e^{j\Omega}}{e^{j\Omega}-0.8}$$

(2) $\qquad (0.5)^n u[n] \leftrightarrow \dfrac{e^{j\Omega}}{e^{j\Omega}-0.5}$

所以 $\qquad (0.5)^n u[n]\cos(4n) \leftrightarrow \dfrac{1}{2}\left[\dfrac{e^{j(\Omega+4)}}{e^{j(\Omega+4)}-0.5} + \dfrac{e^{j(\Omega-4)}}{e^{j(\Omega-4)}-0.5}\right]$

(3) $\qquad X(\Omega) = j\dfrac{d}{d\Omega}\left(\dfrac{e^{j\Omega}}{e^{j\Omega}-0.5}\right) = \dfrac{0.5e^{j\Omega}}{(e^{j\Omega}-0.5)^2}$

(4) $\qquad X(\Omega) = \dfrac{1}{4}\left[\dfrac{e^{j(\Omega+4)}}{(e^{j(\Omega+4)}-0.5)^2} + \dfrac{e^{j(\Omega-4)}}{(e^{j(\Omega-4)}-0.5)^2}\right]$

(5) 由(2), $\qquad X(\Omega) = \dfrac{5}{2}\left[\dfrac{e^{j(\Omega+2)}}{e^{j(\Omega+2)}-0.8} + \dfrac{e^{j(\Omega-2)}}{e^{j(\Omega-2)}-0.8}\right]$

(6) $\qquad x[n] = (0.5)^{-n}u[-n] + (0.5)^n u[n] - \delta[n]$

$$X(\Omega) = \dfrac{e^{-j\Omega}}{e^{-j\Omega}-0.5} + \dfrac{e^{j\Omega}}{e^{j\Omega}-0.5} - 1 = \dfrac{0.75}{1.25-\cos\Omega}$$

3. 一离散时间信号 $x[n]$ 的 DTFT 为

$$X(\Omega) = \dfrac{1}{e^{j\Omega}+b}$$

式中：b 为常数。求下列离散时间信号的 DTFT $V(\Omega)$：

(1) $v[n] = x[n-5]$；

(2) $v[n] = x[-n]$；

(3) $v[n] = nx[n]$；

(4) $v[n]=x[n]-x[n-1]$；

(5) $v[n]=x[n]*x[n]$；

(6) $v[n]=x[n]\cos(3n)$。

解 (1) $V(\Omega)=X(\Omega)e^{-j5\Omega}=\dfrac{1}{e^{j\Omega}+b}e^{-j5\Omega}$

(2) $V(\Omega)=\dfrac{1}{e^{-j\Omega}+b}$

(3) $V(\Omega)=j\dfrac{d}{d\Omega}\left(\dfrac{1}{e^{j\Omega}+b}\right)=\dfrac{e^{j\Omega}}{(e^{j\Omega}+b)^2}$

(4) $V(\Omega)=\dfrac{1}{e^{j\Omega}+b}-\dfrac{1}{e^{j\Omega}+b}e^{-j\Omega}=\dfrac{1-e^{-j\Omega}}{e^{j\Omega}+b}$

(5) $V(\Omega)=X(\Omega)\cdot X(\Omega)=\dfrac{1}{(e^{j\Omega}+b)^2}$

(6) $V(\Omega)=\dfrac{1}{2}\left[\dfrac{1}{e^{j(\Omega+3)}+b}+\dfrac{1}{e^{j(\Omega-3)}+b}\right]$

4. 求下列 DTFT 所对应的离散时间信号 $x[n]$：

(1) $X(\Omega)=\sin\Omega$；

(2) $X(\Omega)=\cos\Omega$；

(3) $X(\Omega)=\cos^2\Omega$；

(4) $X(\Omega)=\sin\Omega\cdot\cos\Omega$。

解 (1)
$$X(\Omega)=\dfrac{1}{2j}(e^{j\Omega}-e^{-j\Omega})$$
$$x[n]=\dfrac{1}{2j}[\delta[n+1]-\delta[n-1]]$$

(2)
$$X(\Omega)=\dfrac{1}{2}(e^{j\Omega}+e^{-j\Omega})$$
$$x[n]=\dfrac{1}{2}[\delta[n+1]-\delta[n-1]]$$

(3)
$$X(\Omega)=\cos^2\Omega=\dfrac{1}{2^2}(e^{j\Omega}+e^{-j\Omega})^2=\dfrac{1}{4}(e^{j2\Omega}+2+e^{-j2\Omega})$$
$$x[n]=\dfrac{1}{4}[\delta[n+2]+2\delta[n]+\delta[n-2]]$$

(4) $X(\Omega)=\sin\Omega\cdot\cos\Omega=\dfrac{1}{2j}(e^{j\Omega}-e^{-j\Omega})\cdot\dfrac{1}{2}(e^{j\Omega}+e^{-j\Omega})=\dfrac{1}{4j}(e^{j2\Omega}-e^{-j2\Omega})$
$$x[n]=\dfrac{1}{j4}[\delta[n+2]-\delta[n-2]]$$

5. 离散时间信号 $x[n]$ 的自相关函数定义为
$$R_x[n]=\sum_{i=-\infty}^{\infty}x[i]x[n+i]$$

令 $P_x(\Omega)$ 为 $R_x[n]$ 的 DTFT，

(1) 用 $X(\Omega)$ 导出 $P_x(\Omega)$；

(2) 用 $R_x[n]$ 导出 $R_x[-n]$；

(3) 用 $x[n]$ 表示 $P_x(0)$。

解

(1) $$R_x[n]=x[n]*x[-n]$$
$$P_x(\Omega)\leftrightarrow R_x[n]$$
$$P_x(\Omega)=X(\Omega)X(\Omega)=|X(\Omega)|^2$$

(2) $$R_x[-n]=x[-n]*x[n]=R_x[n]$$

(3) $$P_x(0)=|X(0)|^2=\Big|\sum_{n=-\infty}^{\infty}x[n]\Big|^2$$

6. 求下列信号的 DFT：

(1) $x[0]=1, x[1]=0, x[2]=1, x[3]=0$；

(2) $x[0]=1, x[1]=0, x[2]=-1, x[3]=0$；

(3) $x[0]=1, x[1]=1, x[2]=-1, x[3]=-1$；

(4) $x[0]=-1, x[1]=1, x[2]=1, x[3]=1$。

解 $X(k)=\sum_{n=0}^{N-1}x[n]\mathrm{e}^{-\mathrm{j}\frac{2\pi}{4}nk}$

(1) $X(k)=\mathrm{e}^{-\mathrm{j}\frac{2\pi}{4}k\times 0}+\mathrm{e}^{-\mathrm{j}\frac{2\pi}{4}k\times 2}=1+\mathrm{e}^{-\mathrm{j}\pi k}=1+\cos(\pi k)$, $k=0,1,2,3$
$$X[0]=2,\quad X_1[1]=0,\quad X_2[2]=2,\quad X_3[3]=0$$

(2) $X(k)=1-\mathrm{e}^{-\mathrm{j}\frac{2\pi}{4}k\times 2}=1-\mathrm{e}^{-\mathrm{j}\pi k}$, $k=0,1,2,3$
$$X(0)=0,\quad X(1)=2,\quad X(2)=0,\quad X(3)=2$$

(3) $X(k)=1+\mathrm{e}^{-\mathrm{j}\frac{2\pi}{4}k\times 1}-\mathrm{e}^{-\mathrm{j}\frac{2\pi}{4}k\times 2}-\mathrm{e}^{-\mathrm{j}\frac{2\pi}{4}k\times 3}=1+\mathrm{e}^{-\frac{\mathrm{j}\pi k}{2}}-\mathrm{e}^{-\mathrm{j}\pi k}-\mathrm{e}^{-\frac{3\mathrm{j}\pi k}{2}}$, $k=0,1,2,3$
$$X(0)=0,\quad X(1)=2-\mathrm{j}2,\quad X(2)=0,\quad X(3)=2+\mathrm{j}2$$

(4) $X(k)=-1+\mathrm{e}^{-\mathrm{j}\frac{2\pi}{4}k\times 1}+\mathrm{e}^{-\mathrm{j}\frac{2\pi}{4}k\times 2}+\mathrm{e}^{-\mathrm{j}\frac{2\pi}{4}k\times 3}$
$$=-1+\mathrm{e}^{-\frac{\mathrm{j}\pi k}{2}}+\mathrm{e}^{-\mathrm{j}\pi k}+\mathrm{e}^{-\frac{3\mathrm{j}\pi k}{2}},\quad k=0,1,2,3$$
$$X(0)=2,\quad X(1)=-2,\quad X(2)=-2,\quad X(3)=-2$$

7. 将下列各信号表示为正弦形式。

(1) $x[0]=1, x[1]=0, x[2]=1, x[3]=0$；

(2) $x[0]=1, x[1]=0, x[2]=-1, x[3]=0$；

(3) $x[0]=1, x[1]=1, x[2]=-1, x[3]=-1$；

(4) $x[0]=-1, x[1]=1, x[2]=1, x[3]=1$。

解 (1) $x[n]=\frac{1}{4}X_0+\frac{2}{4}\Big[R_1\cos\Big(\frac{\pi kn}{2}\Big)-I_1\sin\Big(\frac{\pi kn}{2}\Big)\Big]+\frac{1}{4}R_2\cos(\pi n)$

$$X(k)=1+\mathrm{e}^{-\mathrm{j}\frac{2\pi}{4}k\times 2}=1+\mathrm{e}^{-\mathrm{j}\pi k},\quad k=0,1,2,3$$
$$X(0)=X_0=2,\quad R_0=2,\quad I_0=0$$
$$X(1)=X_1=0,\quad R_1=0,\quad I_1=0$$
$$X(2)=X_2=2,\quad R_2=2,\quad I_2=0$$

所以 $$x[n]=\frac{1}{2}+\frac{1}{2}\cos(\pi n)$$

(2) $$X(0)=X_0=0,\quad R_0=0,\quad I_0=0$$
$$X(1)=X_1=2,\quad R_1=2,\quad I_1=0$$
$$X(2)=X_2=0,\quad R_2=0,\quad I_2=0$$

所以 $$x[n]=\frac{1}{2}\times 2\cos\Big(\frac{\pi n}{2}\Big)=\cos\Big(\frac{\pi n}{2}\Big)$$

(3)
$$X(0)=X_0=0, \quad R_0=0, \quad I_0=0$$
$$X(1)=X_1=2-j2, \quad R_1=2, \quad I_1=-2$$
$$X(2)=X_2=0, \quad R_2=0, \quad I_2=0$$

所以
$$x[n]=\frac{1}{2}\left[2\cos\left(\frac{\pi n}{2}\right)-2\sin\left(\frac{\pi n}{2}\right)\right]=\cos\left(\frac{\pi n}{2}\right)-\sin\left(\frac{\pi n}{2}\right)$$

(4)
$$X(0)=X_0=2, \quad R_0=2, \quad I_0=0$$
$$X(1)=X_1=-2, \quad R_1=-2, \quad I_1=0$$
$$X(2)=X_2=-2, \quad R_2=-2, \quad I_2=0$$

所以
$$x[n]=\frac{1}{2}-\cos\left(\frac{\pi n}{2}\right)-\frac{1}{2}\cos(\pi n)$$

8. 计算下列信号的圆卷积 $y[n]=x[n]\circledast v[n]$。

(1) $x[0]=1, x[1]=0, x[2]=1, x[3]=0, v[0]=1, v[1]=0, v[2]=-1, v[3]=0$；

(2) $x[0]=1, x[1]=0, x[2]=1, x[3]=0, v[0]=-1, v[1]=1, v[2]=-1, v[3]=1$；

(3) $x[0]=-1, x[1]=0, x[2]=1, x[3]=2, v[0]=-1, v[1]=0, v[2]=1, v[3]=2$；

(4) $x[0]=1, x[1]=1, x[2]=-1, x[3]=-1, v[0]=-1, v[1]=0, v[2]=1, v[3]=2$。

解 (1)
$$\begin{bmatrix} y[0] \\ y[1] \\ y[2] \\ y[3] \end{bmatrix} = \begin{bmatrix} 1 & 0 & 1 & 0 \\ 0 & 1 & 0 & 1 \\ 1 & 0 & 1 & 0 \\ 0 & 1 & 0 & 1 \end{bmatrix} \begin{bmatrix} 1 \\ 0 \\ -1 \\ 0 \end{bmatrix} = \begin{bmatrix} 0 \\ 0 \\ 0 \\ 0 \end{bmatrix}.$$

(2)
$$\begin{bmatrix} y[0] \\ y[1] \\ y[2] \\ y[3] \end{bmatrix} = \begin{bmatrix} 1 & 0 & 1 & 0 \\ 0 & 1 & 0 & 1 \\ 1 & 0 & 1 & 0 \\ 0 & 1 & 0 & 1 \end{bmatrix} \begin{bmatrix} -1 \\ 1 \\ -1 \\ 1 \end{bmatrix} = \begin{bmatrix} -2 \\ 2 \\ -2 \\ 2 \end{bmatrix}.$$

(3)
$$\begin{bmatrix} y[0] \\ y[1] \\ y[2] \\ y[3] \end{bmatrix} = \begin{bmatrix} -1 & 2 & 1 & 0 \\ 0 & -1 & 2 & 1 \\ 1 & 0 & -1 & 2 \\ 2 & 1 & 0 & -1 \end{bmatrix} \begin{bmatrix} -1 \\ 0 \\ 1 \\ 2 \end{bmatrix} = \begin{bmatrix} 2 \\ 4 \\ 2 \\ -4 \end{bmatrix}.$$

(4)
$$\begin{bmatrix} y[0] \\ y[1] \\ y[2] \\ y[3] \end{bmatrix} = \begin{bmatrix} 1 & -1 & -1 & 1 \\ 1 & 1 & -1 & -1 \\ -1 & 1 & 1 & -1 \\ -1 & -1 & 1 & 1 \end{bmatrix} \begin{bmatrix} -1 \\ 0 \\ 1 \\ 2 \end{bmatrix} = \begin{bmatrix} 0 \\ -4 \\ 0 \\ -4 \end{bmatrix}.$$

9. 已知 $x[n]$、$v[n]$，求 $y[n]=x[n]\circledast v[n]$ 的 DFT。

(1) $x[0]=1, x[1]=0, x[2]=1, x[3]=0, v[0]=1, v[1]=0, v[2]=-1, v[3]=0$；

(2) $x[0]=1, x[1]=0, x[2]=1, x[3]=0, v[0]=-1, v[1]=1, v[2]=-1, v[3]=1$。

解 (1) $$Y(k)=X(k)V(k)$$
$$X(k)=\sum_{n=0}^{3}x[n]\mathrm{e}^{-\mathrm{j}\frac{2\pi}{4}nk}=\sum_{n=0}^{3}x[n]\mathrm{e}^{-\mathrm{j}\frac{\pi}{2}nk}=1+\mathrm{e}^{-\mathrm{j}\pi k}$$
$$V(k)=1-\mathrm{e}^{-\mathrm{j}\frac{2\pi}{4}k\times 2}=1-\mathrm{e}^{-\mathrm{j}\pi k}$$
$$Y(k)=X(k)V(k)=(1+\mathrm{e}^{-\mathrm{j}\pi k})(1-\mathrm{e}^{-\mathrm{j}\pi k})=1-\mathrm{e}^{-\mathrm{j}2\pi k}=1-1=0,\quad k=0,1,2,3$$

(2) $$X(k)=1+\mathrm{e}^{-\mathrm{j}\pi k}$$
$$V(k)=\sum_{n=0}^{3}v[n]\mathrm{e}^{-\mathrm{j}\frac{2\pi}{4}nk}=-1+\mathrm{e}^{-\mathrm{j}\frac{\pi k}{2}}-\mathrm{e}^{-\mathrm{j}\pi k}+\mathrm{e}^{-\mathrm{j}\frac{3\pi k}{2}}$$
$$Y(k)=X(k)V(k)=(1+\mathrm{e}^{-\mathrm{j}\pi k})(-1+\mathrm{e}^{-\mathrm{j}\frac{\pi k}{2}}-\mathrm{e}^{-\mathrm{j}\pi k}-\mathrm{e}^{-\mathrm{j}\frac{3\pi k}{2}})$$
$$Y[0]=0,\quad Y[1]=0,\quad Y[2]=-8,\quad Y[3]=0$$

10. 已知序列 $x[n]$，求 $x[n-2,\mathrm{mod}4]$ 的 DFT。
(1) $x[0]=1, x[1]=0, x[2]=1, x[3]=0$；
(2) $x[0]=1, x[1]=0, x[2]=-1, x[3]=0$；
(3) $x[0]=1, x[1]=1, x[2]=-1, x[3]=-1$；
(4) $x[0]=-1, x[1]=1, x[2]=1, x[3]=1$。

解 (1) $$X(k)=1+\mathrm{e}^{-\mathrm{j}\pi k},\quad W=\mathrm{e}^{-\mathrm{j}\frac{2\pi}{N}}=\mathrm{e}^{-\mathrm{j}\frac{2\pi}{4}}=\mathrm{e}^{-\mathrm{j}\frac{\pi}{2}}$$
$$Y(k)=\mathrm{DFT}[x[n-2,\mathrm{mod}4]]=W^{qk}X(k)=\mathrm{e}^{-\mathrm{j}\frac{\pi}{2}\times 2k}X(k)=\mathrm{e}^{-\mathrm{j}\pi k}(1+\mathrm{e}^{-\mathrm{j}\pi k})$$
$$=\mathrm{e}^{-\mathrm{j}\pi k}+\mathrm{e}^{-\mathrm{j}2\pi k}=\cos(\pi k)+\cos(2\pi k)=\cos(\pi k)+1$$
$$Y(0)=2,\quad Y(1)=0,\quad Y(2)=2,\quad Y(3)=0$$

(2) $$X(k)=1-\mathrm{e}^{-\mathrm{j}\pi k}$$
$$Y(k)=\mathrm{DFT}[x[n-2,\mathrm{mod}4]]=\mathrm{e}^{-\mathrm{j}\frac{\pi}{2}\times 2k}X(k)=\mathrm{e}^{-\mathrm{j}\pi k}(1-\mathrm{e}^{-\mathrm{j}\pi k})$$
$$=\mathrm{e}^{-\mathrm{j}\pi k}-\mathrm{e}^{-\mathrm{j}2\pi k}=\cos(\pi k)-\cos(2\pi k)=\cos(\pi k)-1$$
$$Y(0)=0,\quad Y(1)=-2,\quad Y(2)=0,\quad Y(3)=-2$$

(3) $$X(k)=1+\mathrm{e}^{-\mathrm{j}\frac{\pi k}{2}}-\mathrm{e}^{-\mathrm{j}\pi k}-\mathrm{e}^{-\mathrm{j}\frac{3\pi k}{2}}$$
$$Y(k)=\mathrm{e}^{-\mathrm{j}\frac{\pi}{2}\times 2k}X(k)=\mathrm{e}^{-\mathrm{j}\pi k}(1+\mathrm{e}^{-\mathrm{j}\frac{\pi k}{2}}-\mathrm{e}^{-\mathrm{j}\pi k}-\mathrm{e}^{-\mathrm{j}\frac{3\pi k}{2}})$$
$$Y(0)=0,\quad Y(1)=-2+\mathrm{j}2,\quad Y(2)=0,\quad Y(3)=-2-2\mathrm{j}$$

(4) $$X(k)=-1+\mathrm{e}^{-\mathrm{j}\frac{\pi k}{2}}+\mathrm{e}^{-\mathrm{j}\pi k}+\mathrm{e}^{-\mathrm{j}\frac{3\pi k}{2}}$$
$$Y(k)=\mathrm{e}^{-\mathrm{j}\frac{\pi}{2}\times 2k}X(k)=\mathrm{e}^{-\mathrm{j}\pi k}(-1+\mathrm{e}^{-\mathrm{j}\frac{\pi k}{2}}+\mathrm{e}^{-\mathrm{j}\pi k}+\mathrm{e}^{-\mathrm{j}\frac{3\pi k}{2}})$$
$$Y(0)=2,\quad Y(1)=2,\quad Y(2)=-2,\quad Y(3)=2$$

6 离散时间系统的傅里叶分析

内容提要：

6.1 离散时间系统的频率响应函数

对于线性时不变系统，任意输入的零状态响应为
$$y[n]=x[n]*h[n]$$
系统的频率响应函数(frequency response function)为
$$H(\Omega)=\sum_{n=-\infty}^{\infty}h[n]\mathrm{e}^{-j\Omega n}$$
或
$$H(\Omega)=\frac{Y(\Omega)}{X(\Omega)}$$
$$Y(\Omega)=H(\Omega)X(\Omega)$$
$$|Y(\Omega)|=|H(\Omega)||X(\Omega)|$$
$$\angle Y(\Omega)=\angle H(\Omega)+\angle X(\Omega)$$

$|H(\Omega)|$-Ω 为系统的幅频响应；$\angle H(\Omega)$-Ω 为系统的相频响应。

频率响应体现了系统对不同频率信号幅度和相位的影响。

6.2 系统对正弦输入信号的响应

设输入信号
$$x[n]=A\cos(\Omega_0 n+\theta),\quad n=0,\pm 1,\pm 2,\cdots$$
式中：$\Omega_0 \geqslant 0$。输出信号为
$$y[n]=A|H(\Omega_0)|\cos(\Omega_0 n+\theta+\angle H(\Omega_0)),\quad n=0,\pm 1,\pm 2,\cdots$$
表明正弦信号通过系统后仍为同频率的正弦信号，但信号的幅度放大（或缩小）了 $|H(\Omega_0)|$ 倍，相位产生了 $\angle H(\Omega_0)$ 的相移。

6.3 滑动平均滤波器

$$y[n]=\frac{1}{N}(x[n]+x[n-1]+x[n-2]+\cdots+x[n-N+1])$$

其频率响应函数：

$$H(\Omega)=\frac{Y(\Omega)}{X(\Omega)}=\frac{1}{N}[1+e^{-j\Omega}+e^{-j2\Omega}+\cdots+e^{-j(N-1)\Omega}]=\left[\frac{\sin(N\Omega/2)}{N\sin(\Omega/2)}\right]e^{-j(N-1)\Omega/2}$$

幅频特性：

$$|H(\Omega)|=\left|\frac{\sin(N\Omega/2)}{N\sin(\Omega/2)}\right|, \quad 0\leqslant\Omega<\frac{2\pi}{N}$$

相频特性：

$$\angle H(\Omega)=-\frac{N-1}{2}\Omega, \quad 0\leqslant\Omega<\frac{2\pi}{N}$$

滑动平均滤波器为线性相位滤波器。

当 $0\leqslant\Omega_0<\frac{2\pi}{N}$ 时，N 点的滑动平均滤波器的输出延时 $(N-1)/2$ 个时间单位。

6.4 理想低通数字滤波器

理想低通数字滤波器的频率响应函数为

$$H(\Omega)=\sum_{k=-\infty}^{\infty}P_{2B}(\Omega+2\pi k)$$

6.5 理想低通滤波器的单位脉冲响应

$$h[n]\leftrightarrow H(\Omega)$$

$$h[n]=\frac{B}{\pi}\mathrm{sinc}\left(\frac{B}{\pi}n\right)\leftrightarrow\sum_{k=-\infty}^{\infty}P_{2B}(\Omega+2\pi k)$$

当 $n<0$ 时，$h[n]\neq 0$，说明理想低通滤波器为非因果系统，是物理上不可实现的。

6.6 因果低通数字滤波器

因果滤波器是物理上或算法上可实现的滤波器，如滑动平均滤波器(MA)。

1. 2 点滑动平均滤波器(2-point moving average filter)

$$y[n]=\frac{1}{2}(x[n]+x[n-1])$$

频率响应函数为

$$H(\Omega)=\left[\frac{\sin(N\Omega/2)}{N\sin(\Omega/2)}\right]e^{-j(N-1)\Omega/2}=\frac{\sin(\Omega)}{2\sin(\Omega/2)}e^{-j\Omega/2}$$

幅频特性：

$$|H(\Omega)| = \left|\frac{\sin(\Omega)}{2\sin(\Omega/2)}\right|$$

相频特性：
$$\angle H(\Omega) = -\frac{N-1}{2}\Omega = -\frac{1}{2}\Omega$$

系统为线性相位低通滤波器，但从带通过渡到带阻不够陡峭。

2. 3点滑动平均滤波器（3-point moving average filter）
$$y[n] = \frac{1}{3}(x[n] + x[n-1] + x[n-2])$$

频率响应函数为
$$H(\Omega) = \left[\frac{\sin(N\Omega/2)}{N\sin(\Omega/2)}\right]e^{-j(N-1)\Omega/2} = \frac{\sin(3\Omega/2)}{3\sin(\Omega/2)}e^{-j(3-1)\Omega/2}$$

幅频特性在全频率范围（Ω 范围为 $0 \sim \pi$）并非单调下降，出现了旁瓣（sidelobe），降低了滤波器的滤波效果。相频特性并非在全频率范围按一条直线变化。

3. 3点加权滑动平均滤波器（weighted moving average, WMA）
$$y[n] = cx[n] + dx[n-1] + fx[n-2]$$

系数的确定基于下列原则：
(1) 在全频率范围幅频特性单调下降，无旁瓣，即在 $\Omega = \pi$ 处 $|H(\Omega)| = 0$；
(2) 从带通到带阻具有陡峭的幅频特性，即 $|H(\pi/2)|$ 尽可能小。

$$y[n] = 0.25x[n] + 0.5x[n-1] + 0.25x[n-2]$$

频率响应函数：
$$H(\Omega) = 0.5(\cos\Omega + 1)e^{-j\Omega}, \quad 0 \leqslant \Omega < \pi$$

该滤波器为线性相位滤波器，信号经过系统具有更大的延时。

将滤波器级联可获得更陡的幅频特性，但信号延时更大（一个时间单位）。

解题指导：

(1) 频率响应函数体现系统对不同频率信号幅度和相位的影响。

(2) 正弦输入响应为同频率的正弦信号，幅值乘以 $|H(\Omega)|$，相位加 $\angle H(\Omega)$，据此很容易确定系统的输出。

(3) 滑动平均滤波器为线性相位滤波器。

典型例题：

例 设系统的频率响应函数为
$$H(\Omega) = e^{-j2\Omega}$$

若激励 $x[n] = 2 + 2\sin\left(\frac{\pi}{2}n\right)$，求信号通过系统的响应 $y[n]$。

解 输入由直流分量和交变分量两部分组成，总响应为分别响应之叠加，即
$$x_1[n] + x_2[n] \to y_1[n] + y_2[n]$$

由系统的频率响应函数有
$$H(0) = 1, \quad H\left(\frac{\pi}{2}\right) = e^{-j2\times\frac{\pi}{2}} = e^{-j\pi}$$

$$y_1[n] = 2|H(0)|\cos(0 \cdot n + \angle H(0)) = 2$$
$$y_2[n] = 2\left|H\left(\frac{\pi}{2}\right)\right|\sin\left(\frac{\pi}{2}n + \angle H\left(\frac{\pi}{2}\right)\right) = 2\sin\left(\frac{\pi}{2}n - \pi\right)$$

故
$$y[n] = 2 + 2\sin\left(\frac{\pi}{2}n - \pi\right)$$

习题解答：

1. 一理想低通数字滤波器具有频率响应函数，其在一个周期里的表达式为

$$H(\Omega) = \begin{cases} 1, & 0 \leqslant |\Omega| \leqslant \frac{\pi}{4} \\ 0, & \frac{\pi}{4} < |\Omega| \leqslant \pi \end{cases}$$

(1) 确定滤波器的单位脉冲响应 $h[n]$；
(2) 计算下列输入 $x[n]$ 下的输出 $y[n]$：
(a) $x[n] = \cos(\pi n/8), n = 0, \pm 1, \pm 2, \cdots$；
(b) $x[n] = \cos(3\pi n/4) + \cos(\pi n/16), n = 0, \pm 1, \pm 2, \cdots$。

解
$$H(\Omega) = \sum_{n=-\infty}^{\infty} P_{\frac{\pi}{2}}(\Omega + 2\pi\Omega)$$

令 $B = \frac{\pi}{4}$，则

(1) $h[n] = \frac{B}{\pi}\operatorname{sinc}\left(\frac{Bn}{\pi}\right) = \frac{1}{4}\operatorname{sinc}\left(\frac{n}{4}\right), n = 0, \pm 1, \pm 2, \cdots$

(2) (a) $y[n] = x[n] = \cos\left(\frac{\pi n}{8}\right), n = 0, \pm 1, \pm 2, \cdots$

(b) $y[n] = \cos\left(\frac{\pi n}{16}\right), n = 0, \pm 1, \pm 2, \cdots$

2. 一理想线性相位高通滤波器具有频率响应函数 $H(\Omega)$，其在一个周期里的表达式为

$$H(\Omega) = \begin{cases} e^{-j3\Omega}, & \frac{\pi}{2} \leqslant |\Omega| \leqslant \pi \\ 0, & 0 \leqslant |\Omega| < \frac{\pi}{2} \end{cases}$$

(1) 求滤波器的单位脉冲响应 $h[n]$；
(2) 求系统在下列激励下的响应：
(a) $x[n] = \cos(\pi n/4), n = 0, \pm 1, \pm 2, \cdots$；
(b) $x[n] = \cos(3\pi n/4), n = 0, \pm 1, \pm 2, \cdots$；
(c) $x[n] = \operatorname{sinc}(n/2), n = 0, \pm 1, \pm 2, \cdots$。

解 (1) $-\pi \leqslant \Omega \leqslant \pi$

$$H(\Omega) = \left[P_{\frac{\pi}{2}}\left(\Omega + \frac{3\pi}{4}\right) + P_{\frac{\pi}{2}}\left(\Omega - \frac{3\pi}{4}\right)\right]e^{-j3\Omega}$$

$$h[n] = \frac{1}{2}\operatorname{sinc}\left(\frac{n-2}{4}\right)\cos\left[\frac{3\pi(n-3)}{4}\right], \quad n = 0, \pm 1, \pm 2, \cdots$$

(2) (a) $x[n] = \cos\left(\frac{\pi n}{4}\right), Y(\Omega) = 0, y[n] = 0$

(b) $y[n]=\cos\left[\dfrac{3\pi(n-3)}{4}\right]$

(c) $X(\Omega)=2P_\pi(\Omega)$

$Y(\Omega)=H(\Omega)X(\Omega)=0, y[n]=0$

3. 连续时间信号 $x(t)$ 经抽样得到 $x[n]$，再作用于频率响应函数为 $H(\Omega)$ 的线性时不变系统，试确定最小的抽样间隔 T，并确定 $H(\Omega)$，使得

$$y[n]=\begin{cases} x[n], & x(t)=A\cos(\omega_0 t), 100\leqslant\omega_0<1000 \\ 0, & x(t)=A\cos(\omega_0 t), 0\leqslant\omega_0\leqslant 100 \end{cases}$$

求 $H(\Omega)$ 的解析解。

解 $\omega_m=1000$ rad/s

$$\omega\geqslant 2\omega_m, \quad 即 \quad \dfrac{2\pi}{T}\geqslant 2\omega_m$$

$$T<\dfrac{\pi}{\omega_m}=\dfrac{\pi}{1000}=0.00314$$

$$H(\Omega)=\begin{cases} 0, & 0\leqslant|\Omega|<100T \\ 1, & 100T\leqslant|\Omega|<1000T \end{cases}$$

设 $T=\dfrac{\pi}{1000}$，则

$$H(\Omega)=\begin{cases} 0, & 0\leqslant|\Omega|<\pi/10 \\ 1, & \pi/10\leqslant|\Omega|<\pi \end{cases}$$

4. 某滑动平均滤波器(WMA)在 $\Omega=0$ 时的频率响应 $H(0)=1$。

(1) 设计一 4 点 WMA 数字滤波器，使得频率响应函数 $H(\Omega)$ 满足 $H(\pi/2)=0.2-j0.2, H(\pi)=0$。试给出滤波器的频率响应函数 $H(\Omega)$。

(2) 给出系统的差分方程 $y[n]$。

解 $y[n]=cx[n]+dx[n-1]+fx[n-2]+gx[n-3]$

$$H(\Omega)=c+de^{-j\Omega}+fe^{-j2\Omega}+ge^{-j3\Omega}$$

$$H(0)=c+d+f+g=1 \tag{1}$$

$$H(\pi)=c-d+f-g=0 \tag{2}$$

(1)+(2) 得

$$2c+2f=1 \tag{3}$$

(1)-(2) 得

$$2d+2g=1 \tag{4}$$

$$H\left(\dfrac{\pi}{2}\right)=c-jd-f+jg=0.2-j0.2$$

所以

$$c-f=0.2 \tag{5}$$

$$d-g=0.2 \tag{6}$$

由式(3)、式(5)解得：

$$c=0.35, f=0.15$$

由式(4)、式(6)解得：

$$d=0.35, g=0.15$$

故有：

(1) $H(\Omega)=0.35+0.35\mathrm{e}^{-\mathrm{j}\Omega}+0.15\mathrm{e}^{-\mathrm{j}\Omega}+0.15\mathrm{e}^{-3\mathrm{j}\Omega}$

(2) $y[n]=0.35x[n]+0.35x[n-1]+0.15x[n-2]+0.15x[n-3]$

5. 一离散时间系统的差分方程为
$$y[n]=x[n]+x[n-1]$$
(1) 求系统的频率响应函数 $H(\Omega)$；

(2) 求系统的单位脉冲响应 $h[n]$；

(3) 画出系统的幅频响应 $|H(\Omega)|$ 和相频响应 $\angle H(\Omega)$；

(4) 确定系统的 3 dB 带宽。

解 (1)
$$Y(\Omega)=X(\Omega)+X(\Omega)\mathrm{e}^{-\mathrm{j}\Omega}$$
$$H(\Omega)=\frac{Y(\Omega)}{X(\Omega)}=1+\mathrm{e}^{-\mathrm{j}\Omega}=2\mathrm{e}^{-\mathrm{j}\frac{\Omega}{2}}\cos\left(\frac{\Omega}{2}\right)$$

(2)
$$\delta[n]\rightarrow h[n]$$
$$h[n]=\delta[n]+\delta[n-1]$$

(3)
$$|H(\Omega)|=2\cos\left(\frac{\Omega}{2}\right),\quad |\Omega|\leqslant\pi$$
$$\angle H(\Omega)=-\frac{\Omega}{2},\quad |\Omega|\leqslant\pi$$

幅频响应 $|H(\Omega)|$-Ω 与相频响应 $\angle H(\Omega)$-Ω 如下图所示。

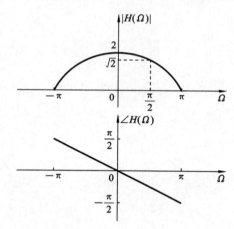

(4) 由 $|H(\Omega_{3\mathrm{dB}})|=\frac{1}{\sqrt{2}}|H(\Omega_{3\mathrm{dB}})|_{\max}$ 得
$$\cos\left(\frac{\Omega_{3\mathrm{dB}}}{2}\right)=\frac{1}{\sqrt{2}}$$

所以 $\Omega_{3\mathrm{dB}}=\frac{\pi}{2}$。

6. 设 $h_{\mathrm{LPF}}[n]$ 为离散时间低通滤波器的脉冲响应，频率响应为 $H_{\mathrm{LPF}}(\Omega)$。证明：
$$h[n]=(-1)^n h_{\mathrm{LPF}}[n]$$
的系统是一个高通滤波器，其频率响应函数为
$$H(\Omega)=H_{\mathrm{LPF}}(\Omega-\pi)$$

证 因为 $(-1)=\mathrm{e}^{\mathrm{j}\pi}$

所以 $h[n]=(-1)^n h_{\mathrm{LPF}}[n]=\mathrm{e}^{\mathrm{j}\pi n}h_{\mathrm{LPF}}[n]$

故有 $$H(\Omega)=H_{\text{LPF}}(\Omega-\pi)$$

这是高通滤波器的频率响应,如下图所示。

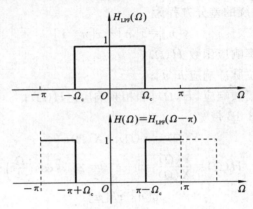

7 拉普拉斯变换和连续时间系统复频域分析

内容提要：

7.1 拉普拉斯变换

若信号 $x(t)$ 满足 $\left|\int_{-\infty}^{\infty} x(t)\mathrm{e}^{-st}\mathrm{d}t\right|<\infty$，则拉普拉斯变换存在。

1. 定义

$$X(s) = \int_{-\infty}^{\infty} x(t)\mathrm{e}^{-st}\mathrm{d}t, \quad s = \sigma + \mathrm{j}\omega$$

式中：$x(t)$ 为原函数；$X(s)$ 为象函数，记作 $x(t) \leftrightarrow X(s)$。

双边拉普拉斯变换：

$$X(s) = \mathscr{L}[x(t)] = \int_{-\infty}^{\infty} x(t)\mathrm{e}^{-st}\mathrm{d}t$$

$$x(t) = \mathscr{L}^{-1}[X(s)] = \frac{1}{2\pi\mathrm{j}}\int_{\sigma-\mathrm{j}\infty}^{\sigma+\mathrm{j}\infty} X(s)\mathrm{e}^{st}\mathrm{d}s$$

单边拉普拉斯变换：

$$X(s) = \int_{0_-}^{\infty} x(t)\mathrm{e}^{-st}\mathrm{d}t$$

$$x(t) = \left[\frac{1}{2\pi j}\int_{\sigma-\mathrm{j}\infty}^{\sigma+\mathrm{j}\infty} X(s)\mathrm{e}^{st}\mathrm{d}s\right]u(t)$$

信号复频域分析基本思想：将信号分解为无穷多个复指数信号的连续和。实际中多为因果信号与系统的分析，故单边拉普拉斯变换应用更为广泛。

2. 收敛域

拉普拉斯变换存在的所有 s 取值范围，称收敛域（region of convergence，ROC）。

3. 拉普拉斯变换与傅里叶变换之间关系

当拉普拉斯变换只在 $\mathrm{j}\omega$ 轴取值时就是傅里叶变换。

(1) 当 $\text{Re}(s)=\sigma_0>0$ 时,$X(s)$ 存在,但由于收敛域不包含 $j\omega$ 轴,故 $X(\omega)$ 不存在;

(2) 当 $\text{Re}(s)=\sigma_0<0$ 时,$X(s)$ 存在,且收敛域包含 $j\omega$ 轴,故 $X(\omega)$ 亦存在,有
$$X(j\omega)=X(s)\Big|_{s=j\omega}$$

(3) 当 $\sigma=0$ 时,收敛边界为虚轴,$x(t)$ 的傅里叶变换与拉普拉斯变换均存在,但二者之间的关系变得更复杂。

常把 $X(j\omega)$ 表示成 $X(\omega)$。

7.2 典型信号的拉普拉斯变换

(1) $\delta(t) \leftrightarrow 1$

(2) $u(t) \leftrightarrow \dfrac{1}{s}$

(3) $t^n u(t) \leftrightarrow \dfrac{n!}{s^{n+1}}$ (n 为正整数)

(4) $e^{-\alpha t} u(t) \leftrightarrow \dfrac{1}{s+\alpha}$

(5) $\cos(\omega_0 t) \cdot u(t) \leftrightarrow \dfrac{s}{s^2+\omega_0^2}$

(6) $\sin(\omega_0 t) \cdot u(t) \leftrightarrow \dfrac{\omega_0}{s^2+\omega_0^2}$

(7) $t e^{-\alpha t} \leftrightarrow \dfrac{1}{(s+\alpha)^2}$

(8) $t^n e^{-\alpha t} u(t) \leftrightarrow \dfrac{n!}{(s+\alpha)^{n+1}}$

(9) $e^{-\alpha t} \cos(\omega_0 t) \cdot u(t) \leftrightarrow \dfrac{s+\alpha}{(s+\alpha)^2+\omega_0^2}$

(10) $e^{-\alpha t} \sin(\omega_0 t) \cdot u(t) \leftrightarrow \dfrac{\omega_0}{(s+\alpha)^2+\omega_0^2}$

(11) $x(t)=\sum\limits_{n=0}^{\infty}\delta(t-nT) \leftrightarrow \dfrac{1}{1-e^{-sT}}$

7.3 拉普拉斯变换的基本性质

序 号	性 质	公 式
1	线性	$c_1 x_1(t)+c_2 x_2(t) \leftrightarrow c_1 X_1(s)+c_2 X_2(s)$
2	尺度特性	$x(at) \leftrightarrow \dfrac{1}{|a|}X\left(\dfrac{s}{a}\right)$,$a$ 为常数
3	时移性	$x(t-t_0)u(t-t_0) \leftrightarrow X(s)e^{-st_0}$
4	频移性	$x(t)e^{\pm s_0 t} \leftrightarrow X(s \mp s_0)$,$s_0$ 为任意实数或复数

续表

序号	性质	公式
5	时域微分性	$\dfrac{dx(t)}{dt} \leftrightarrow sX(s) - x(0^-)$ $\dfrac{d^n x(t)}{dt^n} \leftrightarrow s^n X(s) - \sum\limits_{m=0}^{n-1} s^{n-1-m} x^{(m)}(0^-)$
6	时域积分性	$\int_{-\infty}^{t} x(\lambda) d\lambda \leftrightarrow \dfrac{1}{s} X(s) + \dfrac{1}{s} x^{-1}(0^-)$ 其中,$x^{-1}(0^-) = \int_{-\infty}^{0^-} x(\lambda) d\lambda$
7	s 域微分性	$t^n x(t) \leftrightarrow (-1)^n \dfrac{d^n X(s)}{ds^n}$
8	s 域积分性	$\dfrac{1}{t} x(t) \leftrightarrow \int_s^{\infty} X(\lambda) d\lambda$
9	时域卷积定理	$x_1(t) * x_2(t) \leftrightarrow X_1(s) X_2(s)$
10	频域卷积定理	$x_1(t) x_2(t) \leftrightarrow \dfrac{1}{2\pi j} X_1(s) * X_1(s)$
11	初值定理	若初值存在,$x(0^+) = \lim\limits_{s \to \infty} sX(s)$
12	终值定理	若终值存在,$x(\infty) = \lim\limits_{s \to 0} sX(s)$

7.4 拉普拉斯反变换

(1) 查表法:时域信号与拉普拉斯变换之间有对应关系,查表对号入座;

(2) 利用常用信号拉普拉斯变换与基本性质;

(3) 部分分式法:要求 $X(s)$ 为有理真分式。若为假分式,可先利用多项式相除,得多项式加真分式形式。对于多项式部分,对应的逆变换为冲激函数 $\delta(t)$ 及其各阶导数之和。

① 单极点:所有极点均为单根,即 $p_1 \neq p_2 \neq \cdots \neq p_N$,则

$$X(s) = \frac{B(s)}{A(s)} = \frac{c_1}{s-p_1} + \frac{c_2}{s-p_2} + \cdots + \frac{c_i}{s-p_i} + \cdots + \frac{c_N}{s-p_N}$$

$$c_i = [(s-p_i) X(s)]\big|_{s=p_i}, \quad i=1,2,\cdots,N$$

$$x(t) = (c_1 e^{p_1 t} + c_2 e^{p_2 t} + \cdots + c_N e^{p_N t}) u(t)$$

(2) 重极点:$X(s)$ 具有 r 重极点,即

$$X(s) = \frac{B(s)}{A(s)} = \frac{c_1}{s-p_1} + \frac{c_2}{(s-p_1)^2} + \cdots + \frac{c_r}{(s-p_1)^r}$$

$$c_r = [(s-p_1)^r X(s)]\big|_{s=p_1}$$

$$c_{r-i} = \frac{1}{i!} \left[\frac{d^i}{ds^i} (s-p_1)^r X(s) \right]\bigg|_{s=p_1}, \quad i=1,2,\cdots,r-1$$

利用变换对 $\dfrac{t^{n-1}}{(n-1)!} e^{-\alpha t} \leftrightarrow \dfrac{1}{(s+\alpha)^n}$,即可求出时域信号 $x(t)$。

或
$$X(s) = \frac{c_{11}}{(s-p_i)^r} + \frac{c_{12}}{(s-p_i)^{r-1}} + \cdots + \frac{c_{1r}}{s-p_i}$$

$$c_{1i} = \frac{1}{(i-1)!} \frac{d^{i-1}[(s-p_i)^r X(s)]}{ds^{i-1}}\bigg|_{s=p_i}, \quad i=1,2,\cdots,r$$

$$x(t) = \sum_{i=1}^{r} \frac{c_{1i}}{(r-i)!} t^{r-i} e^{p_i t} u(t)$$

若存在单极点和重极点,则为上述两种情况之和。

③ 一对共轭极点,其余为单极点,则

$$X(s) = \frac{B(s)}{A(s)} = \frac{c_1}{s-p_1} + \frac{\bar{c}_1}{s-\bar{p}_1} + \frac{c_3}{s-p_3} + \cdots + \frac{c_N}{s-p_N}$$

式中: $p_1 = \sigma + j\omega$; $\bar{p}_1 = \sigma - j\omega$; 共轭亦用星号表示,即 $\bar{p}_1 = p_1^*$。

$$c_1 = [(s-p_1)X(s)]\big|_{s=p_1}, \quad c_i = [(s-p_i)X(s)]\big|_{s=p_i}, \quad i=3,4,\cdots,N$$

$$x(t) = (c_1 e^{p_1 t} + \bar{c}_1 e^{\bar{p}_1 t} + c_3 e^{p_3 t} + \cdots + c_N e^{p_N t}) u(t)$$

由于 $c_1 e^{p_1 t} + \bar{c}_1 e^{\bar{p}_1 t} = 2|c_1| e^{\sigma t} \cos(\omega t + \angle c_1)$,故

$$x(t) = [2|c_1| e^{\sigma t} \cos(\omega t + \angle c_1) + c_3 e^{p_3 t} + \cdots + c_N e^{p_N t}] u(t)$$

当 $X(s)$ 具有共轭极点时,可以采用配方法求反变换:

$$X(s) = \frac{b_1 s + b_0}{s^2 + a_1 s + a_0} = \frac{b_1 s + b_0}{\left(s + \frac{a_1}{2}\right)^2 + \omega^2} = \frac{b_1\left(s + \frac{a_1}{2}\right) + \left(b_0 - b_1 \cdot \frac{a_1}{2}\right)}{\left(s + \frac{a_1}{2}\right)^2 + \omega^2}$$

再利用

$$e^{-\alpha t} \cos(\omega_0 t) \cdot u(t) \leftrightarrow \frac{s+\alpha}{(s+\alpha)^2 + \omega_0^2}$$

$$e^{-\alpha t} \sin(\omega_0 t) \cdot u(t) \leftrightarrow \frac{\omega_0}{(s+\alpha)^2 + \omega_0^2}$$

求出反变换。

若 $X(s)$ 有一对共轭极点,其余为单极点,则 $X(s)$ 可展开为

$$X(s) = \frac{B(s)}{[(s-\sigma)^2 + \omega^2](s-p_3)(s-p_4)\cdots(s-p_N)}$$

$$= \frac{b_1 s + b_0}{\left(s + \frac{a_1}{2}\right)^2 + \omega^2} + \frac{c_3}{s-p_3} + \frac{c_4}{s-p_4} + \cdots + \frac{c_N}{s-p_N}$$

(4) 留数法。

通常 $X(s) = B(s)/A(s)$ 中分母多项式 s 的阶次高于分子多项式的阶次,此时可将拉普拉斯变换的积分运算化为求被积函数 $X(s)e^{st}$ 所有极点留数之和,即

$$x(t) = \frac{1}{2\pi j} \oint_C X(s) e^{st} ds = \sum_{i=1}^{n} \text{Res}[X(s) e^{st}]$$

C: 包含 $X(s)e^{st}$ 所有极点的闭合曲线。

若 p_i 为 $X(s)$ 的一阶极点,则

$$\text{Res}[X(s) e^{st}]_{s=p_i} = [(s-p_i) X(s) e^{st}]\big|_{s=p_i}$$

若 p_i 为 $X(s)$ 的 k 重极点,则

$$\operatorname{Res}[X(s)\mathrm{e}^{st}]_{s=p_i} = \frac{1}{(k-1)!}\left[\frac{\mathrm{d}^{k-1}}{\mathrm{d}s^{k-1}}(s-p_i)^k X(s)\mathrm{e}^{st}\right]\bigg|_{s=p_i}$$

(5) 含有指数的拉普拉斯变换对。

若 $X(s)$ 具有形式：

$$X(s) = \frac{B_0(s)}{A_0(s)} + \frac{B_1(s)}{A_1(s)}\mathrm{e}^{-h_1 s} + \cdots + \frac{B_q(s)}{A_q(s)}\mathrm{e}^{-h_q s}$$

其中，$\frac{B_i(s)}{A_i(s)}$ 为有理函数形式，$\mathrm{e}^{-h_i s}$ 为指数，则 $x(t)$ 可展开为分段连续函数形式。

若 $\frac{B_i(s)}{A_i(s)}(i=1,2,\cdots,q)$ 中分子多项式阶数小于分母多项式阶数，每个有理函数 $\frac{B_i(s)}{A_i(s)}$ 可按部分分式展开，则

$$x(t) = x_0(t) + \sum_{i=1}^{q} x_i(t-h_i)u(t-h_i), \quad t \geqslant 0$$

式中：$\frac{B_0(s)}{A_0(s)} \leftrightarrow x_0(t)$；$\frac{B_i(s)}{A_i(s)}\mathrm{e}^{-h_i s} \leftrightarrow x_i(t-h_i)u(t-h_i)$。

7.5 微分方程的拉普拉斯变换

N 阶连续时间系统微分方程(differential equation)：

$$\frac{\mathrm{d}^N y(t)}{\mathrm{d}t^N} + \sum_{i=1}^{N-1} a_i \frac{\mathrm{d}^i y(t)}{\mathrm{d}t^i} = \sum_{i=1}^{M} b_i \frac{\mathrm{d}^i x(t)}{\mathrm{d}t^i}$$

对于线性时不变系统，上式中 a_i、b_i 均为常数。将方程两边求拉氏变换，并整理得：

$$Y(s) = \frac{C(s)}{A(s)} + \frac{B(s)}{A(s)} X(s)$$

式中：$A(s) = s^N + a_{N-1}s^{N-1} + \cdots + a_1 s + a_0$；

$B(s) = b_M s^M + b_{M-1}s^{M-1} + \cdots + b_1 s + b_0$；

$C(s)$ 为 s 的多项式(polynomial)，其系数为 $y(0^-)$ 及其各阶导数。

式中第一项由初始条件引起，对应于系统的零输入响应(zero-input response)，第二项由激励引起，对应于系统的零状态响应(zero-state response)，两项之和对应于全响应(complete response)，求反变换即得系统的时域响应。

7.6 系统函数

定义：输出的拉普拉斯变换与输入的拉普拉斯变换之比，即

$$H(s) = \frac{Y(s)}{X(s)} = \frac{B(s)}{A(s)} = \frac{b_M s^M + \cdots + b_1 s + b_0}{s^N + a_{N-1}s^{N-1} + \cdots + a_1 s + a_0}$$

常系数微分方程、卷积 $y(t) = x(t) * h(t)$ 和系统函数 $H(s) = \frac{Y(s)}{X(s)}$ 均可描述线性时不变系统。

微分方程与系统函数之间可以互相转换。

由系统函数可得

$$(a_N s^N + a_{N-1} s^{N-1} + \cdots + a_1 s + a_0) Y(s) = (b_M s^M + b_{M-1} s^{M-1} + \cdots + b_1 s + b_0) X(s)$$

求拉普拉斯反变换,得系统的微分方程

$$a_N y^{(N)}(t) + a_{N-1} y^{(N-1)}(t) + \cdots + a_1 y'(t) + a_0 y(t)$$
$$= b_M x^{(M)}(t) + b_{M-1} x^{(M-1)}(t) + \cdots + b_1 x'(t) + b_0 x(t)$$

系统函数的计算:

(1) $h(t) \to H(s)$;

(2) 微分方程 $\to H(s)$;

(3) 零状态下复频域电路模型 $\to H(s)$;

(4) 系统模拟框图、信号流图 $\to H(s)$。

一个连续时间系统通常由加、减、比例、微分、积分等运算环节构成,可用时域运算框图表示,也可由 s 域运算框图表示。系统的时域和 s 域基本运算环节如下表所示。

系统的时域和 s 域运算

	时域运算	s 域运算	s 域运算符号
加	$y(t) = x(t) + v(t)$	$Y(s) = X(s) + V(s)$	
减	$y(t) = x(t) - v(t)$	$Y(s) = X(s) - V(s)$	
比例	$y(t) = Ax(t)$	$Y(s) = AX(s)$	
微分	$y(t) = \dfrac{\mathrm{d}x(t)}{\mathrm{d}t}$	$Y(s) = sX(s) - x(0^-)$	
积分	$y(t) = \displaystyle\int_{-\infty}^{t} x(\tau) \mathrm{d}\tau$	$Y(s) = \dfrac{X(s)}{s}$	

输出的拉普拉斯变换与输入的拉普拉斯变换之比即得系统函数。系统函数的作用:

(1) 求系统响应;

(2) 求系统的频率响应;

(3) 求正弦输入响应;

(4) 判断系统的稳定性等。

1. 求系统的响应

(1) 求系统的单位冲激响应:$h(t) = \mathscr{L}^{-1}[H(s)]$。

(2) 求零状态响应： $y(t)=x(t)*h(t)$，$Y(s)=X(s)H(s)$
$$y_{zs}(t)=\mathscr{L}^{-1}[X(s)H(s)]$$

(3) 求零输入响应：由系统函数的特征根确定零输入响应的形式，结合初始条件确定系统的零输入响应。

2. 系统函数的零极点分析

系统函数的零点与极点：
$$H(s)=\frac{Y(s)}{X(s)}=\frac{A(s)}{B(s)}=K\frac{(s-z_1)(s-z_2)\cdots(s-z_i)\cdots(s-z_M)}{(s-p_1)(s-p_2)\cdots(s-p_i)\cdots(s-p_N)}$$

式中：z_i 为零点(zeros)，p_i 为极点(poles)；在 s 平面构成零极图(pole-zero diagram)。

系统函数零极点分析的作用：① 确定系统的时域特性；② 确定系统的系统函数；③ 描述系统的频率响应；④ 研究系统的稳定性等。

零极点分布与系统的时域特性：

(1) $H(s)$ 极点在 s 左半平面上。

单实极点： $p_i=-\alpha_i \Rightarrow c_i e^{-\alpha_i t}$

共轭极点： $p_{i,i+1}=-\alpha_i \pm j\beta_i \Rightarrow c_i e^{-\alpha_i t}\cos(\beta_i t+\varphi_i)$

重实极点： $p_i=p_{i+1}=-\alpha_i \Rightarrow (c_i+c_{i+1}t)e^{-\alpha_i t}$

重共轭极点： $p_{i,i+1}=-\alpha_i+j\beta_i$，$p_{i,i+1}=-\alpha_i-j\beta_i$
$$\Rightarrow c_i e^{-\alpha_i t}\cos(\beta_i t+\varphi_i)+c_{i+1}t e^{-\alpha_i t}\cos(\beta_i t+\varphi_{i+1})$$

(2) $H(s)$ 极点在 s 右半平面上。

单实极点： $p_i=\alpha_i \Rightarrow c_i e^{\alpha_i t}$

共轭极点： $p_{i,i+1}=\alpha_i \pm j\beta_i \Rightarrow c_i e^{\alpha_i t}\cos(\beta_i t+\varphi_i)$

重实极点： $p_i=p_{i+1}=\alpha_i \Rightarrow (c_i+c_{i+1}t)e^{\alpha_i t}$

重共轭极点： $p_{i,i+1}=\alpha_i+j\beta_i, p_{i,i+1}=\alpha_i-j\beta_i$
$$\Rightarrow c_i e^{\alpha_i t}\cos(\beta_i t+\varphi_i)+c_{i+1}t e^{\alpha_i t}\cos(\beta_i t+\varphi_{i+1})$$

(3) $H(s)$ 极点在 $j\omega$ 轴上。

单实极点： $p_i=0 \Rightarrow u(t)$

共轭极点： $p_{i,i+1}=\alpha_i \pm j\beta_i \Rightarrow c_i \cos(\beta_i t+\varphi_i)$

重实极点： $p_i=p_{i+1}=0 \Rightarrow (c_i+c_{i+1}t)u(t)$

重共轭极点： $p_{i,i+1}=j\beta_i, p_{i,i+1}=-j\beta_i$
$$\Rightarrow c_i \cos(\beta_i t+\varphi_i)+c_{i+1}t\cos(\beta_i t+\varphi_{i+1})$$

系统函数的极点分布决定冲激响应随时间的变化规律，也决定了系统的稳定性。

(1) 当冲激响应衰减或振荡衰减时，系统稳定；

(2) 当冲激响应越来越大或振荡增大时，系统不稳定；

(3) 当冲激响应等幅振荡或为常数时，系统临界稳定。

由此可得以下结论：

(1) 左半平面极点对应随时间衰减（或振荡衰减）的响应。

(2) 所有极点位于 s 左半平面，此时 $\lim\limits_{t\to\infty}h(t)=0$，系统稳定。

(3) 只要有一个极点位于右半平面，则系统不稳定，此时 $\lim\limits_{t\to\infty}h(t)\to\infty$。

(4) 若 $H(s)$ 的极点是位于虚轴的一阶极点，则 $h(t)$ 为等幅振荡（对应 $s=\pm j\omega$）或为恒定常数(对应 $s=0$),对应的系统为临界稳定系统;但虚轴上高阶极点所对应的系统是不稳定系统。

3. 系统的频率响应

$$H(\mathrm{j}\omega) = H(s)\Big|_{s=\mathrm{j}\omega} = \frac{Y(s)}{X(s)}\Big|_{s=\mathrm{j}\omega} = |H(\mathrm{j}\omega)|\mathrm{e}^{\mathrm{j}\angle H(\mathrm{j}\omega)}$$

$|H(\mathrm{j}\omega)|$-ω 称为系统的幅频特性(magnitude frequency characteristic),或幅频响应(magnitude frequency response),$\angle H(\mathrm{j}\omega)$-$\omega$ 称为系统的相频特性(phase frequency characteristic)或相频响应(phase frequency response)。$H(\mathrm{j}\omega)$ 常简写为 $H(\omega)$。

4. 系统的正弦稳态响应

若输入为正弦信号

$$x(t) = A_\mathrm{m}\cos(\omega_0 t), t \geqslant 0$$

则输出的稳态响应为

$$y(t) = A_\mathrm{m}|H(\mathrm{j}\omega_0)|\cos(\omega_0 t + \angle H(\mathrm{j}\omega_0)), \quad t \geqslant 0$$

7.7 系统的稳定性分析

稳定性的定义:一个系统受到扰动,若扰动消除后系统能恢复到原来的状态,则系统是稳定的,否则系统不稳定。

另外一种稳定是 BIBO(bounded input and bounded output)稳定。系统在有界输入(激励)作用下产生有界的输出(响应),则该系统是 BIBO 稳定。

系统的稳定性取决于系统本身的结构和参数,与激励信号无关,因此可以通过冲激响应、系统函数、极点的位置等判断系统的稳定性。

1. 稳定性判断

(1) 根据单位冲激响应判断系统的稳定性。

① 若 $\int_{-\infty}^{\infty} |h(t)| \mathrm{d}t < \infty$,则系统稳定(充要条件)。

② 若 $\lim_{t\to\infty} h(t) = 0$,则系统稳定。

③ 若对于所有时间 t,冲激响应有界 $|h(t)| \leqslant c$(c 为常数),则系统临界稳定(marginally stable)。

④ 若 $t \to \infty$ 时,$|h(t)| \to \infty$(冲激响应无界),则系统不稳定(unstable)。

(2) 根据系统函数极点在 s 平面的位置判断系统的稳定性。

① 若 $H(s)$ 极点全部位于 s 左半平面上,则系统稳定。

② 若 $H(s)$ 含有 $\mathrm{j}\omega$ 轴单极点,其余位于 s 左半平面上(所有单极点 $\mathrm{Re}(p_i) \leqslant 0$,重极点 $\mathrm{Re}(p_i) < 0$),则系统临界稳定。

③ 若 $H(s)$ 含有 s 右半平面极点或 $\mathrm{j}\omega$ 轴重极点,则系统不稳定。

罗斯判据:

当系统阶数较高时,求 $H(s)$ 的极点比较困难,此时可以根据多项式的系数构成罗斯阵列,根据阵列中第一列元素符号的变化情况判断系统的稳定性。霍尔维茨(Hurwitz)多项式:

$$A(s)=a_ns^n+a_{n-1}s^{n-1}+\cdots+a_1s+a_0$$

若上式系数无缺项,且 $a_i>0(i=0,1,\cdots,n)$,则 $A(s)$ 为霍尔维茨多项式。系统稳定的必要(但不充分)条件是 $A(s)$ 为霍尔维茨多项式。

罗斯稳定性判断法(Routh-Hurwitz stability test):
(1) $A(s)$ 为霍尔维茨多项式。
(2) 构造罗斯阵列,排列规则如下:

s^n 第一行	a_n	a_{n-2}	a_{n-4}	⋯
s^{n-1} 第二行	a_{n-1}	a_{n-3}	a_{n-5}	⋯
s^{n-2} 第三行	b_{n-2}	b_{n-4}	b_{n-6}	⋯
s^{n-3} 第四行	c_{n-3}	c_{n-5}	c_{n-7}	⋯
⋮	⋮	⋮	⋮	⋮
s^2	d_2	d_0	0	⋯
s^1	e_1	0	0	⋯
s^0	f_0	0	0	⋯

$$b_{n-2}=-\frac{1}{a_{n-1}}\begin{vmatrix}a_n & a_{n-2}\\ a_{n-1} & a_{n-3}\end{vmatrix}$$

$$b_{n-4}=-\frac{1}{a_{n-1}}\begin{vmatrix}a_n & a_{n-4}\\ a_{n-1} & a_{n-5}\end{vmatrix}$$

$$\vdots$$

$$c_{n-3}=-\frac{1}{b_{n-2}}\begin{vmatrix}a_{n-1} & a_{n-3}\\ b_{n-2} & b_{n-4}\end{vmatrix}$$

$$c_{n-5}=-\frac{1}{b_{n-2}}\begin{vmatrix}a_{n-1} & a_{n-5}\\ b_{n-2} & b_{n-6}\end{vmatrix}$$

$$\vdots$$

依此类推,直至算出全部元素。对于 n 阶方程,罗斯阵列共有 $n+1$ 行,最后两行都只剩有一个元素。

(3) 判断系统的稳定性。

若阵列中首列元素无符号变化,则 $A(s)=0$ 的根全部位于 s 左半平面上,系统稳定;否则系统不稳定。若阵列中首列元素有符号改变,则含有 s 右半平面根,且根的个数为符号的改变次数。

7.8 电路系统的复频域分析

电路系统一般由微分方程描述,将微分方程求拉普拉斯变换得到复频域代数方程,解代数方程,再求反变换即得系统的时域响应。下表所示的为基本电路元件电流电压在时域和复频域的关系。

基本元件电流电压在时域和复频域的关系

	元件电流电压时域关系	元件电流电压 s 域关系
电阻元件	$u(t) = i(t)R$	$U(s) = I(s)R$
电感元件	$u(t) = L\dfrac{\mathrm{d}i(t)}{\mathrm{d}t}$	$U(s) = L[sI(s) - i(0^-)]$ 或 $I(s) = \dfrac{U(s)}{Ls} + \dfrac{i(0^-)}{s}$
电容元件	$i(t) = C\dfrac{\mathrm{d}u(t)}{\mathrm{d}t}$	$I(s) = C[sU(s) - u(0^-)]$ 或 $U(s) = \dfrac{I(s)}{Cs} + \dfrac{u(0^-)}{s}$
耦合元件	$u_1(t) = L_1\dfrac{\mathrm{d}i_1(t)}{\mathrm{d}t} + M\dfrac{\mathrm{d}i_2(t)}{\mathrm{d}t}$ $u_2(t) = M\dfrac{\mathrm{d}i_1(t)}{\mathrm{d}t} + L_2\dfrac{\mathrm{d}i_2(t)}{\mathrm{d}t}$	$U_1(s) = sL_1I_1(s) - L_1i_1(0^-) + sMI_2(s)$ $U_2(s) = sMI_1(s) + sL_2I_2(s) - L_2i_2(0^-)$

  根据时域和复频域基尔霍夫电流定律(Kirchhoff's current law, KCL)、基尔霍夫电压定律(Kirchhoff's voltage law, KVL)及欧姆定律(Ohm's law),利用复频域回路法、节点法等可求得电路的复频域解,再求反变换即得电路的响应。下表所示的为时域和复频域基本电路定律。

时域和复频域基本电路定律

基本电路定律	基本电路时域定律	基本电路复频域定律
KCL 定律	$\sum_{k=1}^{n} i_k(t) = 0$	$\sum_{k=1}^{n} I_k(s) = 0$
KVL 定律	$\sum_{k=1}^{m} u_k(t) = 0$	$\sum_{k=1}^{m} U_k(s) = 0$
欧姆定律	$u(t)=i(t)R$	$U(s)=I(s)Z(s)$

电路 s 域求解基本步骤如下：
(1) 画 $t=0^-$ 等效电路，求初始状态；
(2) 画 s 域等效电路（亦称运算电路）；
(3) 列 s 域电路方程（代数方程）；
(4) 解 s 域方程，求出 s 域响应；
(5) 反变换求时域响应。

解题指导：

(1) 熟悉常用信号拉普拉斯变换对和拉氏变换基本性质。
(2) 熟悉计算拉普拉斯反变换的不同方法，重点掌握部分分式展开法、留数法。
(3) 熟悉拉普拉斯变换求微分方程的解或系统的响应，利用拉普拉斯变换求冲激响应及单位阶跃响应特别方便。
(4) 熟悉系统函数 $H(s)$ 的多种计算方法。
(5) $H(s)$ 与系统时域特性、频域特性的关系；正弦稳态响应求解。
(6) 系统函数 $H(s)$ 与系统稳定性的关系：稳定性定义、稳定的充要条件、稳定性的判断方法。

典型例题：

例 1 某二阶连续时间系统的方程为
$$\frac{d^2 y(t)}{dt^2} + a_1 \frac{dy(t)}{dt} + a_0 y(t) = b_1 \frac{dx(t)}{dt} + b_0 x(t)$$

初始条件为 $y(0^-)$，$y'(0^-)$，激励为 $x(t)$，求系统的响应。

解 将方程两边求拉普拉斯变换：
$$s^2 Y(s) - y(0^-)s - y'(0^-) + a_1[sY(s) - y(0^-)] + a_0 Y(s) = b_1 s X(s) + b_0 X(s)$$

整理得
$$Y(s) = \frac{y(0^-)s + y'(0^-) + a_1 y(0^-)}{s^2 + a_1 s + a_0} + \frac{b_1 s + b_0}{s^2 + a_1 s + a_0} X(s)$$

式中第一项对应零输入响应，第二项对应零状态响应。解代数方程，再求拉普拉斯反变换即可求得微分方程的解 $y(t)$，即系统的输出或响应。

例 2 求下列信号的拉普拉斯变换。
(1) $x_1(t) = (t - t_0) u(t - t_0)$；
(2) $x_2(t) = (t - t_0) u(t)$。

解 $x(t)=tu(t)\leftrightarrow\dfrac{1}{s^2}$,所以

$$x_1(t)=(t-t_0)u(t-t_0)\leftrightarrow\frac{1}{s^2}\mathrm{e}^{-st_0}$$

$$x_2(t)=(t-t_0)u(t)\leftrightarrow\frac{1}{s^2}-t_0\frac{1}{s}$$

例 3 已知信号的拉普拉斯变换如下,求对应的信号。

(1) $X_1(s)=\dfrac{2}{s(s+1)}$;(2) $X_2(s)=\dfrac{s^2}{(s+1)^3}$。

解 (1) $\qquad s_1=0,\quad s_2=-1$

$$\mathrm{Res}(0)=\left[s\frac{2}{s(s+1)}\mathrm{e}^{st}\right]\bigg|_{s=0}=2$$

$$\mathrm{Res}(-1)=\left[(s+1)\frac{2}{s(s+1)}\mathrm{e}^{st}\right]\bigg|_{s=-1}=-2\mathrm{e}^{-t}$$

$$x(t)=\sum_{i=1}^{2}\mathrm{Res}(p_i)=2-2\mathrm{e}^{-t},\quad t>0$$

(2) $\qquad s_1=s_2=s_3=-1$

$$x_2(t)=\mathrm{Res}(-1)=\frac{1}{2!}\frac{\mathrm{d}^2}{\mathrm{d}s^2}\left[(s+1)^3\frac{s^2}{(s+1)^3}\mathrm{e}^{st}\right]\bigg|_{s=-1}=\left(1-2t+\frac{1}{2}t^2\right)\mathrm{e}^{-t},\quad t>0$$

例 4 系统的微分方程

$$\frac{\mathrm{d}^2y(t)}{\mathrm{d}t^2}+3\frac{\mathrm{d}y(t)}{\mathrm{d}t}+2y(t)=2\frac{\mathrm{d}x(t)}{\mathrm{d}t}+6x(t)$$

已知:$x(t)=u(t),y(0^-)=2,y'(0^-)=1$。求(1)零输入响应、零状态响应以及全响应 $y(t)$;(2)求系统的单位冲激响应;(3)求系统函数;(4)求系统的频率响应函数;(5)判断系统的稳定性。

解 (1) 将方程两边求拉普拉斯变换,得

$$[s^2-sy(0^-)-y'(0^-)]Y(s)+3sY(s)-3y(0^-)+2Y(s)=2sX(s)+6X(s)$$

$$Y(s)=\frac{sy(0^-)+y'(0^-)+3y(0^-)}{s^2+3s+2}+\frac{2s+6}{s^2+3s+2}X(s)$$

零输入响应:

$$Y_{zi}(s)=\frac{sy(0^-)+y'(0^-)+3y(0^-)}{s^2+3s+2}=\frac{2s+7}{s^2+3s+2}=\frac{c_1}{s+1}+\frac{c_2}{s+2}$$

$$c_1=\frac{2s+7}{s+2}\bigg|_{s=1}=5,\quad c_2=\frac{2s+7}{s+1}\bigg|_{s=2}=-3$$

$$Y_{zi}(s)=\frac{5}{s+1}-\frac{3}{s+2}$$

所以, $\qquad y_{zi}(t)=(5\mathrm{e}^{-t}-3\mathrm{e}^{-2t})u(t)$

零状态响应:

$$Y_{zs}(s)=\frac{2s+6}{s^2+3s+2}X(s)=\frac{2s+6}{s^2+3s+2}\cdot\frac{1}{s}=\frac{1}{s}-\frac{4}{s+1}+\frac{1}{s+2}$$

所以 $\qquad y_{zs}(t)=(3-4\mathrm{e}^{-t}+\mathrm{e}^{-2t})u(t)$

全响应:$y(t)=y_{zi}(t)+y_{zs}(t)$,即

$$y(t)=(3+\mathrm{e}^{-t}-2\mathrm{e}^{-2t})u(t)$$

(2)
$$\frac{d^2h(t)}{dt^2}+3\frac{dh(t)}{dt}+2h(t)=2\frac{d\delta(t)}{dt}+6\delta(t)$$

$$s^2H(s)+3sH(s)+2H(s)=2s+6$$

$$H(s)=\frac{2s+6}{s^2+3s+2}=\frac{4}{s+1}-\frac{2}{s+2}$$

所以
$$h(t)=(4-2e^{-2t})u(t)$$

(3) 令初始条件为零,故系统函数

$$H(s)=\frac{Y(s)}{X(s)}=\frac{2s+6}{s^2+3s+2}$$

或按(2)计算,或将冲激响应求反变换。

(4)
$$H(j\omega)=H(s)\big|_{s=j\omega}=\frac{6+j2\omega}{(2-\omega^2)+j3\omega}$$

(5) 系统函数 $H(s)=\frac{2s+6}{s^2+3s+2}$ 的两极点 $p_1=-1,p_2=-2$ 均在左半平面上,故系统稳定。

例 5 某线性时不变系统为

$$\frac{di(t)}{dt}+5i(t)+4\int_{-\infty}^{t}i(x)dx=u_s(t)$$

$u_s(t)=tu(t)$,求系统的零状态响应 $i(t)$。

解
$$\left(s+5+\frac{4}{s}\right)I(s)=U_s(s)$$

$$U_s(s)=\frac{1}{s^2}$$

$$(s^2+5s+4)I(s)=s\cdot\frac{1}{s^2}$$

$$I(s)=\frac{1}{s(s^2+5s+4)}=\frac{1}{s(s+1)(s+4)}=\frac{1/4}{s}+\frac{-1/3}{s+1}+\frac{1/12}{s+4}$$

所以
$$i(t)=\left(\frac{1}{4}-\frac{1}{3}e^{-t}+\frac{1}{12}e^{-4t}\right)u(t)$$

习题解答:

1. 求下列信号的拉普拉斯变换。

(1) $e^{-10t}\cos(3t)u(t)$;

(2) $e^{-10t}\cos(3t-1)u(t)$;

(3) $[t-1+e^{-10t}\cos(4t-\pi/3)]u(t)$;

(4) $x(t)=(\sin t+2\cos t)u(t)$;

(5) $x(t)=te^{-2t}u(t)$;

(6) $x(t)=\sin(2t)u(t-1)$;

(7) $x(t)=(t-1)[u(t-1)-u(t-2)]$。

解 (1)
$$\cos(3t)u(t)\leftrightarrow\frac{s}{s^2+3^2}$$

$$e^{-10t}\cos(3t)u(t)\leftrightarrow\frac{s+10}{(s+10)^2+3^2}$$

(2) $e^{-10t}\cos(3t-1)u(t) = [e^{-10t}\cos(3t)\cos(1) + e^{-10t}\sin(3t)\sin(1)]u(t)$
$$\leftrightarrow \frac{\cos(1)(s+10)}{(s+10)^2+9} + \frac{\sin(1)\cdot 3}{(s+10)^2+9}$$

(3) $\left[t-1+e^{-10t}\cos\left(4t-\frac{\pi}{3}\right)\right]u(t)$
$$= \left[t-1+e^{-10t}\cos(4t)\cos\frac{\pi}{3}+e^{-10t}\sin(4t)\sin\frac{\pi}{3}\right]u(t)$$
$$\leftrightarrow \frac{1}{s^2}-\frac{1}{s}+\frac{1}{2}\frac{s+10}{(s+10)^2+16}+\frac{\sqrt{3}}{2}\cdot\frac{3}{(s+10)^2+16}$$

(4) $(\sin t + 2\cos t)u(t) \leftrightarrow \frac{1}{s^2+1}+\frac{2s}{s^2+1}=\frac{2s+1}{s^2+1}$

(5) $te^{-2t}u(t) \leftrightarrow (-1)^1\frac{d}{ds}\left(\frac{1}{s+2}\right)=\frac{1}{(s+2)^2}$

(6) $\sin(2t)u(t-1) = \sin[2(t-1)+2]u(t-1)$
$$= \{\sin[2(t-1)]\cos(2)+\cos[2(t-1)]\sin(2)\}u(t-1)$$
$$\leftrightarrow \cos(2)\mathscr{L}\{\sin[2(t-1)]u(t-1)\}$$
$$+\sin(2)\mathscr{L}\{\cos[2(t-1)]u(t-1)\}$$
$$= \frac{2\cos(2)}{s^2+4}e^{-s}+\frac{s\cdot\sin(2)}{s^2+4}e^{-s}$$

(7) $(t-1)[u(t-1)-u(t-2)] = (t-1)u(t-1)-(t-1)u(t-2)$
$$= (t-1)u(t-1)-(t-2)u(t-2)-u(t-2)$$
$$\leftrightarrow \frac{1}{s^2}e^{-s}-\frac{1}{s^2}e^{-2s}-\frac{1}{s}e^{-2s}=\frac{1}{s^2}[1-(1+s)e^{-s}]e^{-s}$$

2. 一连续时间信号的拉普拉斯变换为
$$X(s)=\frac{s+1}{s^2+5s+7}$$

求下列信号的拉普拉斯变换。

(1) $v(t)=x(3t-4)u(3t-4)$；

(2) $v(t)=tx(t)$；

(3) $v(t)=\int_0^t x(\lambda)d\lambda$。

解 (1) $x(3t)u(3t) \leftrightarrow \frac{1}{3}X\left(\frac{s}{3}\right)$

所以 $V(s)=\frac{1}{3}X\left(\frac{s}{3}\right)e^{-\frac{4}{3}s}=\frac{s+3}{s^2+15s+63}e^{-\frac{4}{3}s}$

(2) $tx(t) \leftrightarrow (-1)^1\frac{d}{ds}\left(\frac{s+1}{s^2+5s+7}\right)=\frac{s^2+2s-2}{(s^2+5s+7)^2}$

(3) $\int_0^t x(\lambda)d\lambda \leftrightarrow \frac{1}{s}X(s)=\frac{s+1}{s(s^2+5s+7)}$

3. $x(t)=e^{-\frac{t}{a}}f\left(\frac{t}{a}\right), a>0$，已知 $f(t)\leftrightarrow F(s)$，求 $X(s)$。

解 $f(t)\leftrightarrow F(s)$
$$e^{-t}f(t)\leftrightarrow F(s+1)$$

$$x(t) = e^{-\frac{t}{a}} f\left(\frac{t}{a}\right) \leftrightarrow aF(as+1) = X(s)$$

4. 已知信号的拉普拉斯变换，求信号的终值和初值。

(1) $X(s) = \dfrac{4}{s^2+s}$；

(2) $X(s) = \dfrac{3s+4}{s^2+s}$；

(3) $X(s) = \dfrac{s+6}{(s+2)(s+5)}$；

(4) $X(s) = \dfrac{s+3}{(s+1)^2(s+2)}$。

解 (1) $x(\infty) = \lim\limits_{s\to 0} sX(s) = \lim\limits_{s\to 0}\dfrac{4}{s+1} = 4$，$x(0^+) = \lim\limits_{s\to\infty} sX(s) = \lim\limits_{s\to\infty}\dfrac{4s}{s^2+1} = 0$

(2) $x(\infty) = \lim\limits_{s\to 0} sX(s) = \lim\limits_{s\to 0}\dfrac{3s+4}{s+1} = 4$，$x(0^+) = \lim\limits_{s\to\infty} sX(s) = \lim\limits_{s\to\infty}\dfrac{3s^2+4s}{s^2+s} = 3$

(3) $x(\infty) = \lim\limits_{s\to 0} sX(s) = \lim\limits_{s\to 0} s \cdot \dfrac{s+6}{(s+2)(s+5)} = 0$

$x(0^+) = \lim\limits_{s\to\infty} sX(s) = \lim\limits_{s\to\infty} s \cdot \dfrac{s+6}{(s+2)(s+5)} = 1$

(4) $x(\infty) = \lim\limits_{s\to 0} sX(s) = \lim\limits_{s\to 0} s \cdot \dfrac{s+3}{(s+1)^2(s+2)} = 0$

$x(0^+) = \lim\limits_{s\to\infty} sX(s) = \lim\limits_{s\to\infty} s \cdot \dfrac{s+3}{(s+1)^2(s+2)} = 0$

5. 求卷积 $x(t) * v(t)$。

(1) $x(t) = e^{-t} u(t)$，$v(t) = \sin t \cdot u(t)$；

(2) $x(t) = \cos t \cdot u(t)$，$v(t) = \sin t \cdot u(t)$。

解 (1) $\qquad X(s) = \dfrac{1}{s+1}, \quad V(s) = \dfrac{1}{s^2+1}$

$$X(s) \cdot V(s) = \dfrac{1}{(s+1)(s^2+1)} = \dfrac{1}{2} \cdot \dfrac{1}{s+1} + \dfrac{-\dfrac{1}{2}s + \dfrac{1}{2}}{s^2+1}$$

$$x(t) * v(t) = \dfrac{1}{2}e^{-t} - \dfrac{1}{2}\cos t + \dfrac{1}{2}\sin t = \dfrac{1}{2}e^{-t} - 0.707\cos(t+45°), \quad t \geqslant 0$$

(2) $\qquad X(s) = \dfrac{s}{s^2+1}, \quad V(s) = \dfrac{1}{s^2+1}$

$$X(s) \cdot V(s) = \dfrac{s}{(s^2+1)^2} = \dfrac{-j/4}{(s-j)^2} + \dfrac{j/4}{(s+j)^2}$$

$$x(t) * v(t) = \dfrac{j}{4}t(e^{-jt} - e^{jt}) = \dfrac{t}{2}\sin t, \quad t \geqslant 0$$

6. 求下列拉普拉斯反变换。

(1) $X(s) = \dfrac{s+2}{s^2+7s+12}$；

(2) $X(s) = \dfrac{s+2}{s^3+5s^2+7s}$；

(3) $X(s) = \dfrac{3s^2+2s+1}{s^3+5s^2+8s+4}$;

(4) $X(s) = \dfrac{s^2+1}{s^5+18s^3+81s} = \dfrac{s^2+1}{(s^2+9)^2 (s^2+9)^2 s}$;

(5) $X(s) = \dfrac{1}{(s+2)(s+4)}$;

(6) $X(s) = \dfrac{2s+4}{s(s^2+2s+5)}$;

(7) $X(s) = \dfrac{1}{s^2(s+1)} e^{-4s}$;

(8) $X(s) = \dfrac{1}{s^2+1} + 1$。

解 (1) $\quad X(s) = \dfrac{s+2}{s^2+7s+12} = \dfrac{s+2}{(s+3)(s+4)} = \dfrac{-1}{s+3} + \dfrac{2}{s+4}$

$$x(t) = (-e^{-3t} + 2e^{-4t})u(t)$$

(2) $\quad X(s) = \dfrac{1}{7}\dfrac{1}{s} + \dfrac{c}{s+2.5-j\frac{\sqrt{3}}{2}} + \dfrac{c^*}{s+2.5+j\frac{\sqrt{3}}{2}}$

$$c = \dfrac{s+1}{s\left(s+2.5+j\frac{\sqrt{3}}{2}\right)}\Bigg|_{s=-2.5+j\frac{\sqrt{3}}{2}} = \dfrac{1}{\sqrt{7}} \angle -100.89°$$

$$x(t) = \dfrac{1}{7} + \dfrac{2}{\sqrt{7}} e^{-2.5t} \cos\left(\dfrac{\sqrt{3}}{2} t - 100.89°\right), \quad t \geqslant 0$$

(3) $\quad X(s) = \dfrac{3s^2+2s+1}{(s+1)(s+2)^2} = \dfrac{2}{s+1} + \dfrac{1}{s+2} - \dfrac{9}{(s+2)^2}$

$$x(t) = (2e^{-t} + e^{-2t} - 9te^{-2t})u(t)$$

(4) $X(s) = \dfrac{s^2+1}{(s^2+9)^2 s} = \dfrac{s^2+1}{(s+j3)^2 (s-j3)^2 s}$

$$= \dfrac{1}{81} \cdot \dfrac{1}{s} + \dfrac{1}{36} \cdot \dfrac{1}{s+j3} + \dfrac{j}{13.5} \cdot \dfrac{1}{(s+j3)^2} + \dfrac{1}{36} \cdot \dfrac{1}{s-j3} - \dfrac{j}{13.5} \cdot \dfrac{1}{(s-j3)^2}$$

$$x(t) = \dfrac{1}{81} - \dfrac{1}{162}(e^{-j3t} + e^{j3t}) + \dfrac{1}{13.5}(te^{-j3t} - te^{j3t})$$

$$= \dfrac{1}{81} - \dfrac{1}{81}\cos 3t - \dfrac{2}{13.5} t\cos(3t+90°), \quad t \geqslant 0$$

(5) $\quad X(s) = \dfrac{1}{(s+2)(s+4)} = \dfrac{1/2}{s+2} - \dfrac{1/2}{s+4}$

$$x(t) = \dfrac{1}{2}(e^{-2t} - e^{-4t})u(t)$$

(6) $X(s) = \dfrac{2s+4}{s(s^2+2s+5)} = \dfrac{2s+4}{s[(s+1)^2+4]} = \dfrac{4/5}{s} + \dfrac{-\frac{4}{5}s + \frac{2}{5}}{(s+1)^2+4}$

$$= \dfrac{4/5}{s} + \dfrac{-\frac{4}{5}(s+1)}{(s+1)^2+4} + \dfrac{\frac{3}{5} \cdot 2}{(s+1)^2+4}$$

$$x(t) = \left\{ \frac{4}{5} + \frac{1}{5}[3\sin(2t) - 4\cos(2t)]e^{-t} \right\} u(t)$$

(7) $$X(s) = \frac{1}{s^2(s+1)} e^{-4s} = \left(\frac{1}{s^2} - \frac{1}{s} + \frac{1}{s+1} \right) e^{-4s}$$

$$x(t) = (t-4)u(t-4) - u(t-4) + e^{-(t-4)} u(t-4)$$

(8) $$X(s) = \frac{1}{s^2+1} + 1$$

$$x(t) = \sin t \cdot u(t) + \delta(t)$$

7. 利用拉普拉斯变换解下列微分方程。

(1) $\dfrac{\mathrm{d}y(t)}{\mathrm{d}t} - 2y(t) = u(t), y(0^-) = 1$;

(2) $\dfrac{\mathrm{d}y(t)}{\mathrm{d}t} + 10y(t) = 4\sin(2t)u(t), y(0^-) = 1$;

(3) $\dfrac{\mathrm{d}^2 y(t)}{\mathrm{d}t^2} + 6\dfrac{\mathrm{d}y(t)}{\mathrm{d}t} + 8y(t) = u(t), y(0^-) = 0, y'(0^-) = 1$。

解 (1) 将 $\dfrac{\mathrm{d}y(t)}{\mathrm{d}t} - 2y(t) = u(t)$ 两边求拉普拉斯变换，得

$$[sY(s) - y(0^-)] - 2Y(s) = \frac{1}{s}$$

即
$$sY(s) - 2Y(s) = \frac{1}{s} + 1$$

$$Y(s) = \frac{s+1}{s(s-2)} = \frac{c_1}{s} + \frac{c_2}{s-2}$$

$$c_1 = \left. \frac{1+s}{s-2} \right|_{s=0} = -\frac{1}{2}$$

$$c_2 = \left. \frac{1+s}{s} \right|_{s=2} = \frac{3}{2}$$

$$Y(s) = -\frac{1/2}{s} + \frac{3/2}{s-2}$$

所以
$$y(t) = \left(-\frac{1}{2} + \frac{3}{2} e^{-2t} \right) u(t), \quad t \geq 0$$

(2)
$$sY(s) - 1 + 10Y(s) = \frac{8}{s^2+4}$$

$$Y(s) = \frac{8}{(s+10)(s^2+4)} + \frac{1}{s+10} = \frac{1/13}{s+10} + \frac{-\frac{1}{13}s + \frac{10}{13}}{s^2+4} + \frac{1}{s+10}$$

$$= \frac{14/13}{s+10} - \frac{1}{13} \cdot \frac{s}{s^2+4} + \frac{10}{26} \cdot \frac{2}{s^2+4}$$

所以
$$y(t) = \frac{14}{13} e^{-10t} - \frac{1}{13} \cos(2t) + \frac{10}{26} \sin(2t), \quad t \geq 0$$

(3)
$$s^2 Y(s) - sy(0^-) - y'(0^-) + 6[sY(s) - y(0^-)] + 8Y(s) = \frac{1}{s}$$

$$Y(s) = \frac{1}{(s+4)(s+2)s} + \frac{1}{(s+4)(s+2)} = \frac{-3/8}{s+4} + \frac{1/4}{s+2} + \frac{1/8}{s}$$

所以
$$y(t) = -\frac{3}{8} e^{-4t} + \frac{1}{4} e^{-2t} + \frac{1}{8}, \quad t \geq 0$$

8. 一连续时间系统微分方程如下：

$$\frac{d^2 y(t)}{dt^2} + 4\frac{dy(t)}{dt} + 3y = 2\frac{d^2 x(t)}{dt^2} - 4\frac{dx(t)}{dt} - x(t)$$

求下列情况下系统的响应 $y(t), t \geq 0$。

(1) $y(0^-) = -2, y'(0^-) = 1, t \geq 0^-$ 时 $x(t) = 0$；

(2) $y(0^-) = 0, y'(0^-) = 0, x(t) = \delta(t)$；

(3) $y(0^-) = 2, y'(0^-) = 1, x(t) = u(t+1)$。

解 (1) $Y(s) = \dfrac{y(0^-)s + y'(0^-) + 4y(0^-)}{s^2 + 4s + 3} + \dfrac{2s^2 - 4s - 1}{s^2 + 4s + 3}X(s)$

$$Y(s) = \frac{-2s - 7}{(s+3)(s+1)} = \frac{1/2}{s+3} - \frac{5/2}{s+1}$$

$$y(t) = \frac{1}{2}e^{-3t} - \frac{5}{2}e^{-t}, t \geq 0$$

(2) $Y(s) = 2 - \dfrac{12s - 7}{(s+3)(s+1)} = 2 + \dfrac{5/2}{s+1} - \dfrac{29/2}{s+3}$

$$y(t) = 2\delta(t) + \left(\frac{5}{2}e^{-t} - \frac{29}{2}e^{-3t}\right)u(t)$$

(3) $x(t) = u(t+1), \quad x(0^-) = 1, \quad x'(0^-) = 0$

$$Y(s) = \frac{-11s - 1}{s(s+3)(s+1)} + \frac{-2s + 4}{(s+3)(s+1)} = -\frac{1}{3s} - \frac{1}{s+1} + \frac{1/3}{s+3}$$

$$y(t) = -\frac{1}{3} - 2e^{-t} + \frac{1}{3}e^{-3t}, t \geq 0$$

9. 设有微分方程组

$$\begin{cases} y_1'(t) + 2y_1(t) - y_2(t) = 0 \\ y_2'(t) - y_1(t) + 2y_2(t) = 0 \end{cases}$$

若初始条件 $y_1(0^-) = 0, y_2(0^-) = 1$，求 $y_1(t)$、$y_2(t)$。

解 对方程组两边求拉普拉斯变换，有

$$\begin{cases} sY_1(s) - y_1(0^-) + 2Y_1(s) - Y_2(s) = 0 \\ sY_2(s) - y_2(0^-) - Y_1(s) + 2Y_2(s) = 0 \end{cases}$$

即

$$\begin{cases} (s+2)Y_1(s) - Y_2(s) = 0 \\ (s+2)Y_2(s) - 1 - Y_1(s) = 0 \end{cases}$$

解得

$$Y_1(s) = \frac{1}{(s+2)^2 - 1} = \frac{1}{2}\left(\frac{1}{s+1} - \frac{1}{s+3}\right)$$

$$Y_2(s) = \frac{1}{2}\left(\frac{1}{s+1} + \frac{1}{s+3}\right)$$

求反变换，得

$$y_1(t) = \left(\frac{1}{2}e^{-t} - \frac{1}{2}e^{-3t}\right)u(t)$$

$$y_2(t) = \left(\frac{1}{2}e^{-t} + \frac{1}{2}e^{-3t}\right)u(t)$$

10. 一连续时间系统微分方程如下：

$$\frac{d^2y(t)}{dt^2}+2\frac{dy(t)}{dt}+3y(t)=\frac{dx(t)}{dt}+x(t-2)$$

(1) 求系统函数 $H(s)$；

(2) 求系统的单位冲激响应 $h(t)$。

解 将方程两边求拉普拉斯变换，有

$$s^2Y(s)+2sY(s)+3Y(s)=sX(s)+e^{-2s}X(s)$$

(1) $$H(s)=\frac{Y(s)}{X(s)}=\frac{s+e^{-2s}}{s^2+2s+3}$$

(2) $$H(s)=\frac{s}{s^2+2s+3}+\frac{e^{-2s}}{s^2+2s+3}$$

其中，$$H_1(s)=\frac{s}{s^2+2s+3}=\frac{s}{(s+1)^2+2}=\frac{s+1}{(s+1)^2+2}-\frac{1}{(s+1)^2+2}$$

$$\to h_1(t)=e^{-t}\cos(\sqrt{2}t)u(t)-\frac{1}{\sqrt{2}}e^{-t}\sin(\sqrt{2}t)u(t)$$

$$H_2(s)=\frac{e^{-2s}}{s^2+2s+3}\to h_2(t)=\frac{1}{\sqrt{2}}e^{-(t-2)}\sin[\sqrt{2}(t-2)]u(t-2)$$

$$h(t)=h_1(t)+h_2(t)$$
$$=e^{-t}\cos(\sqrt{2}t)u(t)-\frac{1}{\sqrt{2}}e^{-t}\sin(\sqrt{2}t)u(t)+\frac{1}{\sqrt{2}}e^{-(t-2)}\sin[\sqrt{2}(t-2)]u(t-2)$$

11. 系统的微分方程如下，求系统函数 $H(s)$。若无系统函数，说明为什么。

(1) $\dfrac{dy(t)}{dt}+e^{-t}y(t)=x(t)$；

(2) $\dfrac{dy(t)}{dt}+v(t)*y(t)=x(t), v(t)=\sin t \cdot u(t)$；

(3) $\dfrac{d^2y(t)}{dt^2}+\int_0^t y(\lambda)d\lambda=\dfrac{dx(t)}{dt}-x(t)$；

(4) $\dfrac{dy(t)}{dt}-2y(t)=tx(t)$。

解 (1) 系统为时变系统，无系统函数。

(2) $$sY(s)+V(s)Y(s)=X(s)$$

$$V(s)=\frac{1}{s^2+1}$$

所以 $$Y(s)=\frac{1}{s+V(s)}\cdot X(s)$$

$$H(s)=\frac{Y(s)}{X(s)}=\frac{1}{s+\dfrac{1}{s^2+1}}=\frac{s^2+1}{s^3+s+1}$$

(3) $$s^2Y(s)+\frac{Y(s)}{s}=sX(s)-X(s)$$

$$Y(s)=(s-1)\cdot\frac{1}{s^2+\dfrac{1}{s}}\cdot X(s)$$

所以 $$H(s)=\frac{Y(s)}{X(s)}=\frac{s-1}{s^2+\dfrac{1}{s}}=\frac{s^2-s}{s^3+1}$$

(4) $$sY(s)-2Y(s)=(-1)\frac{\mathrm{d}}{\mathrm{d}s}X(s)$$

上式无法写成 $H(s)=\dfrac{Y(s)}{X(s)}$ 形式，无系统函数。

或系统时变，无系统函数。

12. 一线性时不变系统系统函数为
$$H(s)=\frac{s+7}{s^2+4}$$

系统的初始条件为 $y(0^-)$、$y'(0^-)$，输入为 $x(t)$，求系统输出 $y(t)$。

解
$$Y(s)=\frac{y(0^-)s+y'(0^-)}{s^2+4}+\frac{s+7}{s^2+4}X(s)$$
$$=\frac{y(0^-)s}{s^2+4}+\frac{y'(0^-)}{s^2+4}+\frac{s}{s^2+4}X(s)+\frac{7}{s^2+4}X(s)$$

所以
$$y(t)=y(0^-)\cos(2t)+\frac{y'(0^-)}{2}\sin(2t)+\cos(2t)*x(t)+\frac{7}{2}\sin(2t)*x(t),\quad t\geqslant 0$$

13. 一线性时不变连续时间系统其冲激响应为
$$h(t)=[\cos(2t)+4\sin(2t)]u(t)$$

(1) 确定系统的系统函数；

(2) 若输入 $x(t)=\dfrac{5}{7}\mathrm{e}^{-t}-\dfrac{12}{7}\mathrm{e}^{-8t}$，$t\geqslant 0$，$t=0$ 时刻的初始条件为零，求响应 $y(t)$。

解 (1) $$H(s)=\frac{s}{s^2+4}+\frac{8}{s^2+4}=\frac{s+8}{s^2+4}$$

(2) $$X(s)=\frac{5/7}{s+1}-\frac{12/7}{s+8}=\frac{-s+4}{(s+1)(s+8)}$$
$$Y(s)=H(s)X(s)=\frac{-s+4}{(s^2+4)(s+1)}=\frac{-s}{s^2+4}+\frac{1}{s+1}$$

所以 $$y(t)=-\cos(2t)+\mathrm{e}^{-t},\quad t\geqslant 0$$

14. 一线性时不变连续时间系统的冲激响应为
$$h(t)=\mathrm{e}^{-t}\cos(2t-45°)u(t)-tu(t)$$

试确定系统的输入/输出微分方程。

解
$$h(t)=\mathrm{e}^{-t}\cos(2t-45°)u(t)-tu(t)$$
$$=\mathrm{e}^{-t}[\cos(2t)\cdot\cos 45°+\sin(2t)\cdot\sin 45°]u(t)-tu(t)$$
$$=\frac{\sqrt{2}}{2}\mathrm{e}^{-t}[\cos(2t)+\sin(2t)]u(t)-tu(t)$$
$$\leftrightarrow H(s)=\frac{\sqrt{2}}{2}\left[\frac{s}{(s+1)^2+4}+\frac{2}{(s+1)^2+4}\right]-\frac{1}{s^2}$$
$$=\frac{0.707s^3+1.121s^2-2s-5}{s^2(s^2+2s+5)}=\frac{Y(s)}{X(s)}$$

所以
$$\frac{\mathrm{d}^4 y(t)}{\mathrm{d}t^4}+2\frac{\mathrm{d}^3 y(t)}{\mathrm{d}t^3}+5\frac{\mathrm{d}^2 y(t)}{\mathrm{d}t^2}=0.707\frac{\mathrm{d}^3 x(t)}{\mathrm{d}t^3}+1.121\frac{\mathrm{d}^2 x(t)}{\mathrm{d}t^2}-2\frac{\mathrm{d}x(t)}{\mathrm{d}t}-5x(t)$$

15. 设线性时不变系统,当激励为 $x(t)=\mathrm{e}^{-t}u(t)$,零状态响应为 $y(t)=\left(\frac{1}{2}\mathrm{e}^{-t}-\mathrm{e}^{-2t}+2\mathrm{e}^{3t}\right)u(t)$,求系统的单位冲激响应 $h(t)$。

解
$$X(s)=\frac{1}{s+1}, \quad Y(s)=\frac{1}{2(s+1)}-\frac{1}{s+2}+\frac{2}{s-3}$$

$$H(s)=\frac{Y(s)}{X(s)}=\left(\frac{1}{2(s+1)}-\frac{1}{s+2}+\frac{2}{s-3}\right)\bigg/\frac{1}{s+1}$$

所以
$$h(t)=\mathscr{L}^{-1}[H(s)]=\frac{3}{2}\delta(t)+(\mathrm{e}^{-2t}+8\mathrm{e}^{3t})u(t)$$

16. 设线性时不变系统的单位阶跃响应为 $g(t)=(1-\mathrm{e}^{-2t})u(t)$,如欲使系统的响应为 $y(t)=(1-\mathrm{e}^{-2t}-t\mathrm{e}^{-2t})u(t)$,求激励 $x(t)$。

解
$$g(t)=(1-\mathrm{e}^{-2t})u(t)$$

所以
$$h(t)=\frac{\mathrm{d}g(t)}{\mathrm{d}t}=2\mathrm{e}^{-2t}u(t)$$

$$H(s)=\mathscr{L}[h(t)]=\frac{2}{s+2}$$

由
$$y(t)=(1-\mathrm{e}^{-2t}-t\mathrm{e}^{-2t})u(t)$$

得
$$Y(s)=\frac{1}{s}-\frac{1}{s+2}-\frac{1}{(s+2)^2}$$

因为
$$Y(s)=X(s)H(s)$$

所以
$$X(s)=\frac{Y(s)}{H(s)}=\left[\frac{1}{s}-\frac{1}{s+2}-\frac{1}{(s+2)^2}\right]\cdot\frac{s+2}{2}=\frac{1}{s}-\frac{1/2}{s+2}$$

$$x(t)=\left(1-\frac{1}{2}\mathrm{e}^{-2t}\right)u(t)$$

17. 电路如下图所示,求网络的系统函数 $H(s)$ 和频率响应函数 $H(\mathrm{j}\omega)$。

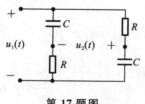

第17题图

解
$$U_2(s)=\left(\frac{\frac{1}{sC}}{R+\frac{1}{sC}}-\frac{R}{R+\frac{1}{sC}}\right)U_1(s)$$

所以
$$H(s)=\frac{U_2(s)}{U_1(s)}=\frac{\frac{1}{sC}}{R+\frac{1}{sC}}-\frac{R}{R+\frac{1}{sC}}=\frac{1-sRC}{1+sRC}$$

系统的频率响应函数为
$$H(\mathrm{j}\omega)=H(s)|_{s=\mathrm{j}\omega}=\frac{1-\mathrm{j}\omega RC}{1+\mathrm{j}\omega RC}=\frac{\sqrt{1+(\omega RC)^2}}{\sqrt{1+(\omega RC)^2}}\angle-2\arctan(\omega RC)$$

18. 下图所示电路为 RC 选频网络,求网络的系统函数 $H(s)$ 和频率响应函数 $H(\mathrm{j}\omega)$。

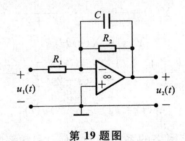

第 18 题图

解 $$U_2(s) = \frac{R \cdot \frac{1}{sC} / (R + \frac{1}{sC})}{R + \frac{1}{sC} + R \cdot \frac{1}{sC} / (R + \frac{1}{sC})} U_1(s) = \frac{1}{3 + sRC + \frac{1}{sRC}} U_1(s)$$

所以
$$H(s) = \frac{U_2(s)}{U_1(s)} = \frac{1}{3 + sRC + \frac{1}{sRC}}$$

系统的频率响应函数为

$$H(j\omega) = \frac{1}{3 + j\omega RC + \frac{1}{j\omega RC}} = \frac{1}{3 + j(\omega RC - \frac{1}{\omega RC})}$$

19. 下图所示的为有源滤波器电路，求系统的频率响应函数 $H(j\omega)$。

第 19 题图

解
$$\frac{U_2(s)}{R_2 \cdot \frac{1}{sC} / (R_2 + \frac{1}{sC})} = -\frac{U_1(s)}{R_1}$$

所以
$$H(s) = \frac{U_2(s)}{U_1(s)} = \frac{-1}{\frac{R_1}{R_2} + sCR_1}$$

$$H(j\omega) = H(s)\big|_{s=j\omega} = \frac{-1}{\frac{R_1}{R_2} + j\omega R_1 C}$$

20. 电路如下图所示，开关动作前电路为稳态。$t=0$ 时合上开关，试用拉普拉斯变换法求 $t \geq 0$ 时的电压 $u_L(t)$。

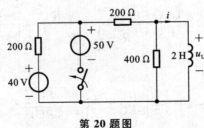

第 20 题图

解 $t=0^-$ 时刻,电感短路,$i(0^-)=\dfrac{40}{400}$ A$=0.1$ A。

运算电路如下图所示。

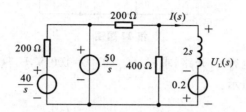

由节点法,得

$$\left(\dfrac{1}{200}+\dfrac{1}{400}+\dfrac{1}{2s}\right)U_L(s)=-\dfrac{0.2}{2s}+\dfrac{1}{200}\times\dfrac{50}{s}$$

$$U_L(s)=\dfrac{20}{s+\dfrac{200}{3}}$$

所以
$$u_L(t)=20\mathrm{e}^{-\frac{200}{3}t}u(t)$$

21. 电路如下图所示,开关动作前电路为稳态。$t=0$ 时打开开关,在 $t\geqslant 0$ 时:(1) 求电流 $i(t)$ 的象函数 $I(s)$;(2) 求电流 $i(t)$。

第 21 题图

解 $t=0^-$ 时刻,电感短路,求得:$i_1(0^-)=1$ A,$i(0^-)=-\dfrac{1}{2}$ A。

运算电路如下图所示。

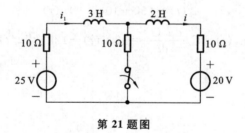

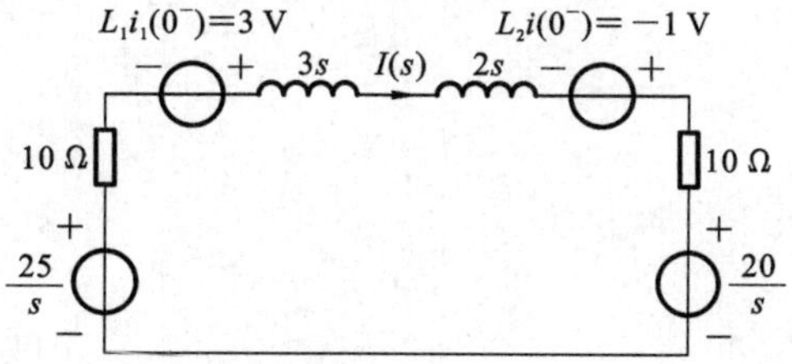

$$I(s)=\dfrac{\dfrac{25}{s}+3-1-\dfrac{20}{s}}{10+10+3s+2s}=\dfrac{5+2s}{5s(s+4)}=\dfrac{0.25}{s}+\dfrac{0.15}{s+4}$$

$$i(t)=(0.25+0.15\mathrm{e}^{-4t})u(t)$$

22. 电路如下图所示,开关动作前电路为稳态。$t=0$ 时闭合开关,试用拉普拉斯变换法求 $t\geqslant 0$ 时的电压 $u_2(t)$ 和电流 $i_2(t)$。

第 22 题图

解 $t=0^-$ 时刻，电容 C_1 开路，求得：$U_{C_1}(0^-)=100$ V，$U_{C_2}(0^-)=0$ V。
运算电路如下图所示。

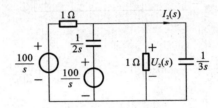

由节点法，有

$$(1+1+2s+3s)U_2(s)=\frac{100}{s}+\frac{100}{s}\times 2s$$

$$U_2(s)=\frac{20+40s}{s\left(s+\frac{2}{5}\right)}=\frac{50}{s}-\frac{10}{s+0.4}$$

所以
$$u_2(t)=(50-10e^{-0.4t})u(t)$$

$$i_2(t)=C_2\frac{du_2(t)}{dt}=120\delta(t)+12e^{-0.4t}u(t)$$

8

离散时间信号与系统 z 域分析

内容提要:

8.1 离散时间信号 z 变换

1. z 变换

$$X(z) = \sum_{n=-\infty}^{\infty} x[n] z^{-n}$$

记作:$X(z) = \mathscr{Z}[x[n]]$,或 $x[n] \leftrightarrow X(z)$。

与拉普拉斯变换的关系:

$$X(s)|_{s=\ln z} = X(z) = \sum_{n=-\infty}^{\infty} x[n] z^{-n}$$

$$X_s(z)|_{z=e^s} = X_s(s)$$

式中:s、z 均为复数,且属于不同的复平面,s、z 在两复平面之间具有映射关系。

(1) 双边 z 变换(bilateral z transform):$X(z) = \sum_{n=-\infty}^{\infty} x[n] z^{-n}$。

(2) 单边 z 变换(unilateral z transform):$X(z) = \sum_{n=0}^{\infty} x[n] z^{-n}$。

2. z 变换的收敛域

使 $X(z) = \sum_{n=-\infty}^{\infty} x[n] z^{-n}$ 可和的所有 z 值的取值范围称为 z 变换的收敛域(region of convergence,ROC)。

z 变换存在的充分必要条件为

$$X(z) = \sum_{n=-\infty}^{\infty} |x[n] z^{-n}| < \infty$$

z 变换与收敛域一起才能确定序列。相同的 z 变换,由于收敛域不同,可能对应于不同的序列,故在确定 z 变换时,必须指明收敛域。

(1) 右边序列收敛域为 $|z|>R_1$ 的圆外；
(2) 左边序列收敛域为 $|z|<R_2$ 的圆内；
(3) 双边序列收敛域为 $R_1<|z|<R_2$ 的圆环。

此外，右边有限长序列收敛域：$|z|>0$；左边有限长序列收敛域：$|z|<\infty$；双边有限长序列收敛域：$0<|z|<\infty$。

3. z 变换与 DTFT 的关系

$$X(z)\big|_{z=\mathrm{e}^{\mathrm{j}\Omega}} = \sum_{n=-\infty}^{\infty} x[n](\mathrm{e}^{\mathrm{j}\Omega})^{-n}$$

若 z 的取值范围在单位圆上，则 z 变换就是离散时间傅里叶变换。

4. z 变换的基本性质

z 变换的性质如下表所示。

z 变换的性质

	性质	变换对/性质
1	线性	$ax[n]+bv[n] \leftrightarrow aX(z)+bV(z)$
2	时移	若 $x[n] \leftrightarrow X(z)$ 为双边 z 变换，则移位序列的双边 z 变换：$x[n \pm q] \leftrightarrow z^{\pm q}X(z)$
		$x[n-q]u[n-q] \leftrightarrow z^{-q}X(z), x[n]u[n] \leftrightarrow X(z)$
		$x[n-q]u[n] \leftrightarrow z^{-q}\left[X(z)+\sum_{k=-q}^{-1}x[k]z^{-k}\right], x[n]u[n] \leftrightarrow X(z)$
		$x[n+q]u[n] \leftrightarrow z^{q}\left[X(z)-\sum_{k=0}^{q-1}x[k]z^{-k}\right], x[n]u[n] \leftrightarrow X(z)$
3	时间反褶	$x[-n] \leftrightarrow X(z^{-1})$
4	尺度	$a^n x[n] \leftrightarrow X\left(\dfrac{z}{a}\right)$
5	调制特性	$\cos(\Omega n)x[n] \leftrightarrow \dfrac{1}{2}[X(\mathrm{e}^{\mathrm{j}\Omega}z)+X(\mathrm{e}^{-\mathrm{j}\Omega}z)]$
		$\sin(\Omega n)x[n] \leftrightarrow \dfrac{\mathrm{j}}{2}[X(\mathrm{e}^{\mathrm{j}\Omega}z)-X(\mathrm{e}^{-\mathrm{j}\Omega}z)]$
6	微分特性	$nx[n] \leftrightarrow (-z)\dfrac{\mathrm{d}X(z)}{\mathrm{d}z}, n^k x[n] \leftrightarrow \left[-z\dfrac{\mathrm{d}}{\mathrm{d}z}\right]^k X(z)$
7	时域和	$\sum_{i=0}^{n}x[i] \leftrightarrow \dfrac{z}{z-1}X(z)$
8	时域卷积定理	$x[n]*v[n] \leftrightarrow X(z)V(z)$
9	初值定理	$x[0]=\lim\limits_{z\to\infty}X(z)$ $x[1]=\lim\limits_{z\to\infty}[zX(z)-zx[0]]$ ⋮ $x[q]=\lim\limits_{z\to\infty}z^q\left[X(z)-\sum_{i=0}^{m-1}x[i]z^{-i}\right]$

续表

| 13 | 终值定理 | $\lim_{n\to\infty} x[n] = \lim_{z\to 1}(z-1)X(z)$,$X(z)$是$z$的有理函数,除一个极点等于1,其余所有极点均在单位圆内 |

5. 常用信号的 z 变换

常用信号的 z 变换如下表所示。

常用信号的 z 变换

离散时间信号	z 变换	收敛域
$\delta[n]$	1	整个 z 平面
$\delta[n-q]$	z^{-q}	$q>0$ 时 $z\neq 0$,$q<0$ 时 $z\neq\infty$
$u[n]$	$\dfrac{z}{z-1}$	$|z|>1$
$a^n u[n]$	$\dfrac{z}{z-a}$	$|z|>|a|$
$-a^n u[-n-1]$	$\dfrac{z}{z-a}$	$|z|<|a|$
$na^n u[n]$	$\dfrac{az}{(z-a)^2}$	$|z|>|a|$
$\cos(\Omega n)u[n]$	$\dfrac{z^2-(\cos\Omega)z}{z^2-(2\cos\Omega)z+1}$	$|z|>1$
$\sin(\Omega n)u[n]$	$\dfrac{(\sin\Omega)z}{z^2-(2\cos\Omega)z+1}$	$|z|>1$
$a^n\sin(n\Omega_0)u[n]$	$\dfrac{az\sin\Omega_0}{z^2-2az\cos\Omega_0+a^2}$	$|z|>|a|$
$a^n\cos(n\Omega_0)u[n]$	$\dfrac{z^2-az\cos\Omega_0}{z^2-2az\cos\Omega_0+a^2}$	$|z|>|a|$

8.2 逆 z 变换

求逆 z 变换的方法主要有:① 幂级数展开法;② 长除法;③ 部分分式展开法;④ 围线积分法——留数法。

1. 幂级数展开法

$$X(z) = \sum_{n=-\infty}^{\infty} x[n]z^{-n} = \cdots + x[-2]z^2 + x[-1]z^1 + x[0]z^0 + x[1]z^{-1} + x[2]z^{-2} + \cdots$$

幂级数的系数即为离散时间序列 $x[n]$。

z 变换一般是 z 的有理函数,幂级数的系数可由长除法(long division)获得。

右边序列:除数按降幂排列;

左边序列:除数按升幂排列。

2. 部分分式展开法

$X(z) = \dfrac{B(z)}{A(z)}$ 为有理真分式,可用部分方式求逆 z 变换。

求解步骤如下:
(1) $X(z) \to X(z)/z$(真分式);
(2) 对 $X(z)/z$ 进行部分分式展开;
(3) 求部分分式中的系数(待定系数法);
(4) 部分分式型 $X(z)/z \to X(z)$;
(5) 利用 z 变换基本变换对求逆变换,求得 $x[n]$。

z 变换的基本形式:

$$\frac{z}{z-a} \leftrightarrow \begin{cases} a^n u[n], & |z|>a \\ -a^n u[-n-1], & |z|<a \end{cases}$$

若 $X(z)=\dfrac{B(z)}{A(z)}$ 为有理假分式,则应先做长除法,将 $X(z)$ 变成真分式与多项式之和。

若 $X(z)=\dfrac{B(z)}{A(z)}$ 分子分母同阶,可按下列两法处理:

① $\dfrac{X(z)}{z}=\dfrac{B(z)}{zA(z)}$,再将右边部分分式展开。

② 做长除法,将 $X(z)$ 变成商与真分式之和的形式。

部分分式形式取决于极点情况:

(1) 单极点(distinct poles)。

假设 $X(z)=\dfrac{B(z)}{A(z)}$ 为有理真分式,且所有极点均不相同,即 $p_1 \neq p_2 \neq \cdots \neq p_N$,则

$$\frac{X(z)}{z}=\frac{c_1}{z-p_1}+\frac{c_2}{z-p_2}+\cdots+\frac{c_N}{z-p_N}$$

$$c_i = \left[(z-p_i)\frac{X(z)}{z}\right]\bigg|_{z=p_i}, \quad i=1,2,\cdots,N$$

$$X(z)=\frac{c_1 z}{z-p_1}+\frac{c_2 z}{z-p_2}+\cdots+\frac{c_N z}{z-p_N}$$

若信号为右边序列,则

$$x[n]=c_1 p_1^n + c_2 p_2^n + c_n p_N^N, \quad n=0,1,2,\cdots$$

若 $X(z)$ 分子和分母同阶数,且所有极点均不相同,则

$$\frac{X(z)}{z}=\frac{c_0}{z}+\frac{c_1}{z-p_1}+\frac{c_2}{z-p_2}+\cdots+\frac{c_N}{z-p_N}$$

其中,$c_0=\left[z\dfrac{X(z)}{z}\right]\bigg|_{z=0}=X(0), c_i=\left[(z-p_i)\dfrac{X(z)}{z}\right]\bigg|_{z=p_i}, \quad i=1,2,\cdots,N$

$$X(z)=c_0+\frac{c_1 z}{z-p_1}+\frac{c_2 z}{z-p_2}+\cdots+\frac{c_N z}{z-p_N}$$

对于右边序列,有

$$x[n]=c_0\delta[n]+c_1 p_1^n+c_2 p_2^n+\cdots+c_N p_N^N, \quad n=0,1,2,\cdots$$

(2) 含一对共轭极点(conjugate poles)。

假设 $X(z)=\dfrac{B(z)}{A(z)}$ 为有理真分式,且含有一对共轭复极点:

$$p_0=a+jb=|p_1|e^{j\angle p_1}, \quad p_1^*=a-jb=|p_1|e^{-j\angle p_1}$$

$$c_1 p_1^n + c_1^*(p_1^*)^n = 2|c_1|\sigma^n \cos(\Omega n + \angle c_1)$$

式中:$\sigma=|p_1|$;$\Omega=\angle p_1$;c_1 为两共轭极点对应部分分式的系数。
$$x[n]=2|c_1|\sigma^n\cos(\Omega n+\angle c_1)+c_3 p_3^n+\cdots+c_N p_N^N, \quad n=0,1,2,\cdots$$

(3) 重极点(repeated poles)。

假设 $X(z)=\dfrac{B(z)}{A(z)}$ 为有理真分式,p_1 为 r 重极点,则

$$\frac{X(z)}{z}=\frac{c_1}{z-p_1}+\frac{c_2}{(z-p_1)^2}+\cdots+\frac{c_r}{(z-p_1)^r}+\frac{c_{r+1}}{z-p_{r+1}}+\cdots+\frac{c_N}{z-p_N}$$

对应上述重极点展开的各系数为

$$c_r=\left[(z-p_1)^r\frac{X(z)}{z}\right]\bigg|_{z=p_1}$$

$$c_{r-i}=\frac{1}{i!}\left[\frac{d^i}{dz^i}(z-p_1)^r\frac{X(z)}{z}\right]\bigg|_{z=p_1}$$

$$X(z)=\frac{c_1 z}{z-p_1}+\frac{c_2 z}{(z-p_1)^2}+\cdots+\frac{c_r z}{(z-p_1)^r}+\frac{c_{r+1} z}{z-p_{r+1}}+\cdots+\frac{c_N z}{z-p_N}$$

若 $x[n]$ 为右边序列,则由下列变换对求出时域信号。

$$\frac{z}{z-p_1}\leftrightarrow(p_1)^n u[n]$$

$$\frac{z}{(z-p_1)^2}\leftrightarrow n(p_1)^{n-1} u[n]$$

$$\frac{z}{(z-p_1)^3}\leftrightarrow\frac{1}{2}n(n-1)(p_1)^{n-2} u[n-1]$$

$$\frac{z}{(z-p_1)^i}\leftrightarrow\frac{1}{(i-1)!}n(n-1)\cdots(n-i+2)(p_1)^{n-i-1} u[n-i+2], \quad i=4,5,\cdots$$

3. 围线积分法——留数法

对于右边离散时间序列 z 变换,其逆变换可由下列积分求出:

$$x[n]=\frac{1}{2\pi j}\oint_c X(z)z^{n-1}dz$$

由留数定理(residue theorem),上述积分等于围线 c(逆时针方向闭合回路)所包含的 $X(z)z^{n-1}$ 的所有极点(c 的左侧极点)的留数之和,即

$$x[n]=\sum_m \text{Res}[X(z)z^{n-1}]\big|_{z=p_i}$$

式中:$z=p_i$ 是围线内 $X(z)z^{n-1}$ 的极点;m 为极点的个数;$\text{Res}[X(z)z^{n-1}]\big|_{z=p_i}$ 为极点 $z=p_i$ 的留数(residue)。

留数与极点有关:

(1) 单极点(distinct poles)

$$\text{Res}[X(z)z^{n-1}]\big|_{z=p_i}=\left[(z-p_i)X(z)z^{n-1}\right]\big|_{z=p_i}$$

(2) r 重极点(repeated poles)

$$\text{Res}[X(z)z^{n-1}]\big|_{z=p_i}=\frac{1}{(r-1)!}\left[\frac{d^{r-1}}{dz^{r-1}}(z-z_m)^r X(z)z^{n-1}\right]\bigg|_{z=p_i}$$

将积分路径改为顺时针方向 c',此时

$$x[n]=\frac{-1}{2\pi j}\oint_{c'} X(z)z^{n-1}dz=-\sum_m \text{Res}[X(z)z^{n-1}]\big|_{z=p_i}$$

式中:$z=p_i$ 为围线 c' 左侧(顺着 c' 的方向看)的极点。改变积分路径方向可避免在 n 为

不同负值时逐一求某一极点的留数。

此外,求逆变换可以采用观察法。利用下列变换对:
$$a^n u[n] \leftrightarrow \frac{z}{z-a}, \quad |z|>|a|$$
$$-a^n u[-n-1] \leftrightarrow \frac{z}{z-a}, \quad |z|<|a|$$

可直接写出 z 变换所对应的序列。

8.3 差分方程的 z 域求解

$$y[n] + \sum_{i=1}^{N} a_i y[n-i] = \sum_{i=0}^{M} b_i x[n-i]$$

其中,各系数 a_i、b_i 均为常数。

求解步骤如下:

(1) 对差分方程进行 z 变换(用移位性质);

(2) 由 z 变换方程求出 z 域响应;

(3) 求反变换,得差分方程时域解。

由初始条件引起的部分对应零输入响应,由激励引起的部分对应零状态响应。

全响应:$y[n] = y_{zi}[n] + y_{zs}[n]$。

例:设二阶线性时不变离散时间系统的差分方程为
$$y[n] + a_1 y[n-1] + a_2 y[n-2] = b_0 x[n] + b_1 x[n-1]$$

两边求 z 变换,得
$$Y(z) + a_1[z^{-1}Y(z) + y[-1]] + a_2[z^{-2}y(z) + z^{-1}y[-1] + y[-2]] = b_0 X(z) + b_1 z^{-1} X(z)$$

$$Y(z) = \frac{-a_2 y[-2] - a_1 y[-1] - a_2 y[-1] z^{-1}}{1 + a_1 z^{-1} + a_2 z^{-2}} + \frac{b_0 + b_1 z^{-1}}{1 + a_1 z^{-1} + a_2 z^{-2}} X(z)$$

$$= \frac{-(a_2 y[-2] + a_1 y[-1])z^2 - a_2 y[-1]z}{z^2 + a_1 z + a_2} + \frac{b_0 z^2 + b_1 z}{z^2 + a_1 z + a_2} X(z)$$

上式中第一项对应零输入响应,第二项对应零状态响应。求反变换即得时域响应。

8.4 系统函数

1. 系统函数的定义

$$H(z) = \frac{Y(z)}{X(z)} = \frac{B(z)}{A(z)} = \frac{b_0 z^N + b_1 z^{N-1} + \cdots + b_M z^{N-M}}{z^N + a_1 z^{N-1} + \cdots + a_{N-1} z + a_N}$$

系统函数(system function)又称传递函数(transfer function)。

2. 系统函数的求法

(1) 由单位冲激响应 $h[n] \rightarrow H[n]$;

(2) 由零状态下差分方程 $\rightarrow H(z)$;

(3) 根据 z 域框图计算 $\rightarrow H(z)$。

信号在时域可做加、减、比例、延时等运算,也可在 z 域做上述运算,如下表所示。

时域运算与 z 域运算

	时域运算	z 域运算	z 域运算框图
加法	$y[n]=x[n]+v[n]$	$Y(z)=X(z)+V(z)$	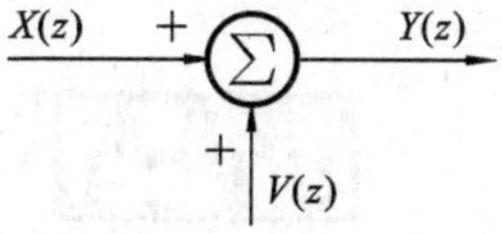
减法	$y[n]=x[n]-v[n]$	$Y(z)=X(z)-V(z)$	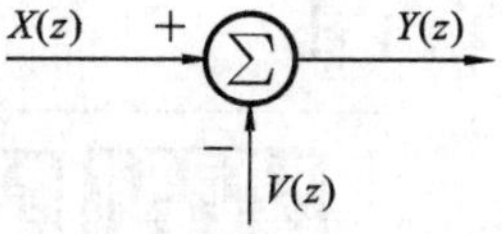
比例	$y[n]=Ax[n]$	$Y(z)=AX(z)$	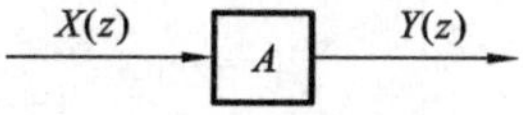
延迟	$y[n]=x[n-1]$	$Y(z)=z^{-1}X(z)$	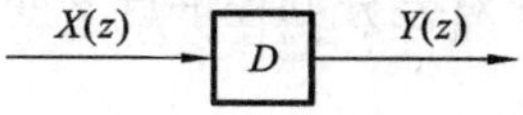

输出的 z 变换比输入的 z 变换即得系统函数。

3. 系统函数的应用

(1) 求系统的单位冲激响应：$h[n]=\mathscr{L}^{-1}[H(z)]$。

(2) 求系统的零状态响应：$Y(z)=X(z)H(z)$，$y_{zs}[n]=\mathscr{L}^{-1}[H(z)X(z)]$。

(3) 求系统的零输入响应：极点决定响应形式，结合初始条件确定响应。

(4) 求系统的频率响应：$H(z)\big|_{z=e^{j\Omega}}=H(e^{j\Omega})$。

(5) 求系统的正弦稳态响应：
$$x[n]=A_m\cos(\Omega_0 n+\theta)$$
$$H(e^{j\Omega})=|H(e^{j\Omega})|e^{j\angle H(e^{j\Omega})}$$

则
$$y[n]=A_m|H(e^{j\Omega_0})|\cos[\Omega_0 n+\theta+\angle H(e^{j\Omega_0})]$$

(6) 系统零极点分析：
$$H(z)=\frac{B(z)}{A(z)}=K\frac{(z-z_1)(z-z_2)\cdots(z-z_i)\cdots(z-z_M)}{(z-p_1)(z-p_2)\cdots(z-p_i)\cdots(z-p_N)}$$

其中，z_i 为零点(zeros)，p_i 为极点(poles)。在 z 平面的零点和极点构成零极图(pole-zero diagram)。

系统函数极点的位置决定单位脉冲响应的形式。下图所示的为单极点情况下单位脉冲响应波形形式与系统函数极点位置的对应关系。

(7) 判断系统稳定性。

可由单位脉冲响应或系统函数来判断系统的稳定性。

假设系统为因果线性时不变系统，且
$$H(z)=\frac{B(z)}{A(z)}=\frac{b_M z^M+b_{M-1}z^{M-1}+\cdots+b_0}{a_N z^N+a_{N-1}z^{N-1}+\cdots+a_0}, \quad M\leqslant N$$

系统稳定的充分必要条件：$\sum_{i=0}^{\infty}|h[i]|<\infty$，或 $\lim_{n\to\infty}h[n]\to 0$。

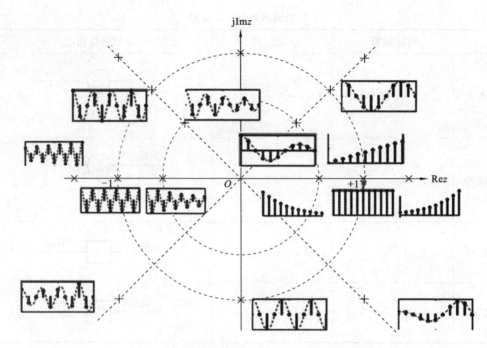

系统函数的极点位置决定单位脉冲响应的形式

若 $\lim\limits_{n\to\infty}h[n]\to\infty$，或 $\sum\limits_{i=0}^{\infty}|h[i]|\to\infty$，则系统不稳定(unstable)。

根据极点来判断系统的稳定性：

当且仅当系统函数的所有极点均在单位圆内，即 $|p_i|<1(i=1,2,\cdots,N)$，有 $\lim\limits_{n\to\infty}h[n]\to 0$，则系统稳定(stable)。

若单位脉冲响应有界，即 $|h[n]|<c(n=1,2,\cdots)$，c 为一有限的正常数，则系统临界稳定(marginally stable)。此时要求：① 所有的单极点均在单位圆内或圆上，即 $|p_i|\leqslant 1$；② 所有的重极点均在单位圆以内，即 $|p_i|<1$。临界稳定系统的单位脉冲响应趋近于一个常数。

另外一种稳定为 BIBO(bounded input and bounded output)稳定。判断方法：若输入有界，导致输出有界，则系统 BIBO 稳定。

4. July 稳定性判断方法

设离散时间系统的系统函数为

$$H(z)=\frac{B(z)}{A(z)}$$

系统的特征多项式为

$$A(z)=a_N z^N+a_{N-1}z^{N-1}+\cdots+a_1 z+a_0,\quad a_N>0$$

假设系统的阶数 $N\geqslant 2$，则可按下表所示阵列判断系统的稳定性。

July 阵列

行	z^0	z^1	z^2	$\cdots$	z^{N-2}	z^{N-1}	z^N
1	a_0	a_1	a_2		a_{N-2}	a_{N-1}	a_N
2	a_N	a_{N-1}	a_{N-2}		a_2	a_1	a_0

续表

3	b_0	b_1	b_2	b_{N-2}	b_{N-1}
4	b_{N-1}	b_{N-2}	b_{N-3}	b_1	b_0
5	c_0	c_1	c_2	c_{N-2}	
6	c_{N-2}	c_{N-3}	c_{N-4}	c_0	
⋮					
$2N-5$	d_0	d_1	d_2	d_3	
$2N-4$	d_3	d_2	d_1	d_0	
$2N-3$	e_0	e_1	e_2		

July 阵列的排列规则如下：

第一、二行元素：由多项式的系数组成。

第三、四行元素：$b_i = a_0 a_i - a_{N-i} a_N$，$i = 0, 1, 2, \cdots, N-1$。

第五、六行元素：$c_i = b_0 b_i - b_{N-i-1} b_{N-1}$，$i = 0, 1, 2, \cdots, N-2$。

此过程持续计算到第 $2N-3$ 行，$e_2 = d_0 d_2 - d_1 d_3$。

Jury 稳定性判断准则：当且仅当下列条件满足，即

$$A(1) = 0, \quad \text{及} \quad (-1)^n A(-1) > 0$$

$$a_N > |a_0|, \quad |b_0| > |b_{N-1}|, \quad |c_0| > |c_{N-2}|, \quad \cdots, \quad |e_0| > |e_2|$$

则系统稳定。此时系统的所有极点位于单位圆内。

该方法利用特征多项式系数阵列判断系统的稳定性，回避了求极点的问题。

解题指导：

(1) 熟悉常用信号 z 变换及 z 变换的性质，注意收敛域。

(2) 熟悉求 z 反变换的不同方法，重点掌握部分分式展开法、留数法。

(3) 熟悉 z 变换解差分方程，求系统响应及单位脉冲响应，求系统函数。

(4) 系统函数，系统的频域响应，正弦稳态响应求解。

(5) 系统函数 $H(z)$ 与系统稳定性的关系：稳定性定义、稳定的充要条件、稳定性的判断方法。

典型例题：

例 1 $x[n] = \begin{cases} a^n, & n \geq 0 \\ -b^n, & n < 0 \end{cases}$ $(a < b)$，求信号的 z 变换 $X(z)$。

解
$$X(z) = \sum_{n=-\infty}^{-1} (-b^n) z^{-n} + \sum_{n=0}^{\infty} (a^n) z^{-n}$$
$$= \frac{z}{z-a} + \frac{z}{z-b}, \quad a < |z| < b$$

例 2 已知 $a^n u[n] \leftrightarrow \dfrac{z}{z-a}$，$|z| > a$，求 $x[n] = a^{-n} u[-n-1]$ 的 z 变换 $X(z)$。

解
$$a^{-n} u[-n] \leftrightarrow \frac{z^{-1}}{z^{-1} - a} \quad (|z^{-1}| > a)$$

$$a^{-n-1}u[-n-1] \leftrightarrow z \cdot \frac{z^{-1}}{z^{-1}-a} \quad (|z^{-1}|>a)$$

$$\frac{1}{a}a^{-n}u[-n-1] \leftrightarrow \frac{1}{z^{-1}-a} = \frac{z}{1-az}$$

所以
$$X(z) = \frac{az}{1-az} = -\frac{z}{z-\frac{1}{a}}, \quad |z| < \frac{1}{a}$$

例3 $X(z) = \dfrac{z^2+2}{2z^2+7z+3}$,求 $x[n]$。(1) $|z|>3$;(2) $|z|<0.5$;(3) $0.5<|z|<3$。

解
$$X(z) = \frac{2/3}{z} + \frac{-z}{z-0.5} + \frac{z/3}{z-3}$$

由
$$\frac{z}{z-a} \leftrightarrow \begin{cases} a^n u[n], & |z|>a \\ -a^n u[-n-1], & |z|<a \end{cases}$$

(1) $|z|>3$,$x[n]$ 为右边序列。
$$x[n] = \frac{2}{3}\delta[n] - (0.5)^n u[n] + \frac{1}{3}(3)^n u[n]$$

(2) $|z|<0.5$,$x[n]$ 为左边序列。
$$x[n] = \frac{2}{3}\delta[n] + (0.5)^n u[-n-1] - \frac{1}{3}(3)^n u[-n-1]$$

(3) $0.5<|z|<3$,$x[n]$ 为双边序列。
$$x[n] = \frac{2}{3}\delta[n] - (0.5)^n u[n] - \frac{1}{3}(3)^n u[-n-1]$$

例4 已知某线性时不变系统的差分方程:
$$y[n] - 5y[n-1] + 6y[n-2] = x[n]$$

且 $n<0$,$y[n]=0$,$x[n]=4^n u[n]$。求 $y[n]$。

解
$$Y(z) = \frac{z^2}{z^2-5z+6} \cdot \frac{z}{z-4} = \frac{2z}{z-2} - \frac{9z}{z-3} + \frac{8z}{z-4}$$

$$y[n] = [2(2)^n - 9(3)^n + 8(4)^n]u[n]$$

例5 已知某系统模型为
$$y[n] + 4y[n-1] + y[n-2] - y[n-3] = 5x[n] + 10x[n-1] + 9x[n-2]$$

求(1) 系统函数 $H(z)$;(2) 判断系统的稳定性。

解 (1) 将方程两边求 z 变换,即
$$Y(z) + 4z^{-1}Y(z) + z^{-2}Y(z) - z^{-3}Y(z) = 5X(z) + 10z^{-1}X(z) + 9z^{-2}X(z)$$

整理得
$$H(z) = \frac{Y(z)}{X(z)} = \frac{5z^3 + 10z^2 + 9z}{z^3 + 4z^2 + z - 1}$$

(2) 特征方程的根不易求出,可用 July 法判断系统的稳定性。只要下列条件之一不满足即可判断系统不稳定:
$$A(z) = a_N z^N + a_{N-1} z^{N-1} + \cdots + a_1 z + a_0, \quad a_N > 0$$
$$A(1) > 0, \quad (-1)^n A(-1) > 0$$
$$a_N > |a_0|, \quad |b_0| > |b_{N-1}|, \quad |c_0| > |c_{N-2}|, \quad \cdots, \quad |e_0| > |e_2|$$

这里,$A(z) = z^3 + 4z^2 + z - 1$,$a_3 = 1 > 0$。

$A(1) = 5 > 0$

$(-1)^3 A(-1) = (-1)^3 [(-1)^3 + 4(-1)^2 - 1 - 1] = -1 < 0$，系统不稳定。

July 阵列：

	z^0	z^1	z^2	z^3
1	−1	1	4	1
2	1	4	1	−1
3	0	−5	−5	
4	−5	−5	0	

$a_3 = |a_0|(|a_3| = 1, |a_0| = 1)$，不满足 $a_3 > |a_0|$；

$|b_0| < |b_2|(|b_0| = 0, |b_2| = 5)$，不满足 $|b_0| > |b_{N-1}|$。

因为由 $(-1)^3 A(-1) < 0$ 条件可判断系统不稳定，故 July 阵列就没必要构造了。

习题解答：

1. 求下列信号的 z 变换 $X(z)$，并标出收敛域。

(1) $x[n] = \left(\frac{1}{3}\right)^{-n} u[n]$；

(2) $x[n] = \left(\frac{1}{3}\right)^n u[-n]$；

(3) $x[n] = \delta[n+1]$；

(4) $x[n] = \left(\frac{1}{2}\right)^{|n|}$；

(5) $x[n] = \left(\frac{1}{2}\right)^n u[n] + \left(\frac{1}{3}\right)^n u[n]$；

(6) $x[n] = \left(\frac{1}{3}\right)^n u[n] + \left(\frac{1}{2}\right)^n u[-n-1]$；

(7) $x[n] = \left(\frac{1}{2}\right)^n u[n] + \left(\frac{1}{3}\right)^n u[-n-1]$；

(8) $x[n] = \delta[n] + 2\delta[n-2]$；

(9) $x[n] = e^{0.5n} u[n] + u[n-2]$；

(10) $x[n] = \sin(n\pi/2) \cdot u[n-2]$；

(11) $x[n] = u[n] - nu[n-1] + \left(\frac{1}{3}\right)^n u[n-2]$；

(12) $x[n] = \left(\frac{1}{4}\right)^{-n} u[n-2]$。

解 (1) $X(z) = \sum_{n=-\infty}^{\infty} 3^n u[n] \cdot z^{-n} = \sum_{n=0}^{\infty} (3z^{-1})^n = \frac{1}{1-3z^{-1}}$

$= \frac{z}{z-3}, |3z^{-1}| < 1, |z| > 3$

(2) $X(z) = \sum_{n=-\infty}^{\infty} \left(\frac{1}{3}\right)^n u[-n] \cdot z^{-n} = \sum_{n=-\infty}^{0} \left(\frac{1}{3} z^{-1}\right)^n = \sum_{n=0}^{\infty} (3z)^n = \frac{1}{1-3z}$

$= \frac{1/3}{1/3 - z}, |3z| < 1, |z| < \frac{1}{3}$

(3) $X(z) = \sum_{n=-\infty}^{\infty} \delta[n+1] \cdot z^{-n} = z^{-(-1)} = z, |z| < \infty$

(4) $X(z) = \sum_{n=-\infty}^{\infty} \left(\frac{1}{2}\right)^{|n|} z^{-n} = \sum_{n=-\infty}^{-1} \left(\frac{1}{2}\right)^{-n} z^{-n} + \sum_{n=0}^{\infty} \left(\frac{1}{2}\right)^{n} z^{-n}$

$= \sum_{n=1}^{\infty} \left(\frac{1}{2}z\right)^n + \sum_{n=0}^{\infty} \left(\frac{1}{2}z^{-1}\right)^n$

$= \dfrac{\frac{1}{2}z}{1-\frac{1}{2}z} + \dfrac{1}{1-\frac{1}{2}z^{-1}}, \left|\frac{1}{2}z\right| < 1, \left|\frac{1}{2}z^{-1}\right| < 1$

$X(z) = \dfrac{\frac{1}{2}z}{1-\frac{1}{2}z} + \dfrac{z}{z-\frac{1}{2}} = \dfrac{-\frac{3}{2}z}{\left(z-\frac{1}{2}\right)(z-2)}, \frac{1}{2} < |z| < 2$

(5) $X(z) = \sum_{n=-\infty}^{\infty}\left[\left(\frac{1}{2}\right)^n u[n] + \left(\frac{1}{3}\right)^n u[n]\right] \cdot z^{-n} = \dfrac{1}{z-\frac{1}{2}} + \dfrac{1}{z-\frac{1}{3}}, |z| > \frac{1}{2}$

(6) $x[n] = \left(\frac{1}{3}\right)^n u[n] + \left(\frac{1}{2}\right)^n u[-n-1]$

由 $\qquad a^n u[n] \leftrightarrow \dfrac{z}{z-a}, \quad |z| > |a|$

$-a^n u[-n-1] \leftrightarrow \dfrac{z}{z-a}, \quad |z| < |a|$

$X(z) = \dfrac{z}{z-\frac{1}{3}} + \dfrac{z}{z-\frac{1}{2}}, \quad \frac{1}{3} < |z| < \frac{1}{2}$

(7) $X(z) = \dfrac{z}{z-\frac{1}{2}} + \dfrac{z}{z-\frac{1}{3}}, |z| > \frac{1}{2}, |z| < \frac{1}{3}$,无公共收敛域,$X(z)$不存在。

(8) $X(z) = \sum_{n=-\infty}^{\infty}(\delta[n] + 2\delta[n-2]) \cdot z^{-n} = \sum_{n=-\infty}^{\infty}\delta[n] \cdot z^{-n} + \sum_{n=-\infty}^{\infty}2\delta[n-2] \cdot z^{-n}$
$= 1 + 2z^{-2}, |z| > 0$

(9) $\qquad x[n] = e^{0.5n} u[n] + u[n-2]$

$X(z) = \dfrac{z}{z-e^{0.5}} + z^{-2} \cdot \dfrac{z}{z-1}, \quad |z| > e^{0.5}$

(10) $x[n] = \sin\left(\dfrac{n\pi}{2}\right) \cdot u[n-2] = \sin\left(\dfrac{n-2+2}{2}\pi\right) \cdot u[n-2]$

$= \sin\left(\dfrac{n-2}{2}\pi + \pi\right) \cdot u[n-2] = -\sin\left(\dfrac{n-2}{2}\pi\right) \cdot u[n-2]$

因为 $\qquad \sin\left(\dfrac{n\pi}{2}\right) \leftrightarrow \dfrac{z}{z^2+1}$

所以 $\qquad X(z) = z^{-2} \cdot \dfrac{-z}{z^2+1} = -\dfrac{1}{z(z^2+1)}, \quad |z| > 0$

(11) $x[n] = u[n] - nu[n-1] + \left(\dfrac{1}{3}\right)^n u[n-2]$

$$= u[n] - u[n-1] - (n-1)u[n-1] + \frac{1}{9}\left(\frac{1}{3}\right)^{n-2} u[n-2]$$

$$X(z) = \frac{z}{z-1} + \frac{1}{z-1} - z^{-1} \cdot \frac{z}{(z-1)^2} + \frac{1}{9} z^{-2} \cdot \frac{z}{z-\frac{1}{3}}, \quad |z|>1$$

(12) $x[n] = \left(\frac{1}{4}\right)^{-n} u[n-2] = 4^n u[n-2] = 16 \cdot 4^{n-2} u[n-2]$

$$X(z) = 16 z^{-2} \cdot \frac{z}{z-4} = \frac{16}{z(z-4)}, \quad |z|>4$$

2. 设离散时间信号 $x[n]$ 的 z 变换为

$$X(z) = \frac{z}{8x^2 - 2x - 1}$$

求下列信号的 z 变换。

(1) $v[n] = x[n-4] u[n-4]$;

(2) $v[n] = \cos(2n) \cdot x[n]$;

(3) $v[n] = x[n] * x[n]$。

解 (1) $\quad V(z) = z^{-4} X(z) = \dfrac{1}{8z^5 - 2z^4 - z^3}$

(2) $\quad v[n] = \cos(2n) \cdot x[n] = \dfrac{1}{2} (e^{j2n} + e^{-j2n}) x[n]$

$$V(z) = \frac{1}{2} [X(e^{j2} z) + X(e^{-j2} z)]$$

(3) $\quad v[n] = x[n] * x[n]$

$$V(z) = X(z) X(z) = \frac{z^2}{(8z^5 - 2z^4 - z^3)^2}$$

3. 一右边离散时间信号的 z 变换为 $X(z) = \dfrac{z+1}{z(z-1)}$，求 $x[0], x[1], x[10000]$。

解 $X(z) = \dfrac{z+1}{z(z-1)} = -\dfrac{1}{z} + \dfrac{2}{z-1} = -\dfrac{1}{z} + 2 \cdot z^{-1} \cdot \dfrac{z}{z-1}$

$$x[n] = -\delta[n-1] + 2u[n-1]$$
$$x[0] = 0, \quad x[1] = 1, \quad x[10000] = 2$$

4. 求下列 z 变换的逆变换：

(1) $X(z) = \dfrac{10z}{(z-0.5)(z-0.25)}, |z|>0.5$;

(2) $X(z) = \dfrac{z}{(z-6)^2}, |z|>6$;

(3) $X(z) = \dfrac{1}{z^2+1}, |z|>1$;

(4) $X(z) = \dfrac{z}{z(z-1)(z-2)^2}, |z|>2$;

(5) $X(z) = \dfrac{2z^3 - 5z^2 + z + 3}{(z-1)(z-2)}, |z|<1$;

(6) $X(z) = \dfrac{3}{z-2}, |z|>2$。

解 (1)
$$\frac{X(z)}{z}=\frac{10}{\left(z-\frac{1}{2}\right)\left(z-\frac{1}{4}\right)}=\frac{40}{z-\frac{1}{2}}-\frac{40}{z-\frac{1}{4}}$$

$$X(z)=\frac{10z}{\left(z-\frac{1}{2}\right)\left(z-\frac{1}{4}\right)}=\frac{40z}{z-\frac{1}{2}}-\frac{40z}{z-\frac{1}{4}}$$

因为 $|z|>0.5$，$x[n]$ 为右边序列

所以
$$x[n]=40\left[2\left(\frac{1}{2}\right)^n-\left(\frac{1}{4}\right)^n\right]u[n]$$

(2)
$$x_1[n]=6^n u[n]\leftrightarrow X_1(z)=\frac{z}{z-6}$$

$$nx_1[n]\leftrightarrow -z\frac{\mathrm{d}}{\mathrm{d}z}X_1(z)=-z\frac{\mathrm{d}}{\mathrm{d}z}\left(\frac{z}{z-6}\right)=\frac{6z}{(z-6)^2}$$

$$x[n]=\frac{1}{6}n\cdot 6^n u[n]$$

(3)
$$X(z)=\frac{1}{z^2+1}$$

$$\frac{X(z)}{z}=\frac{1}{z(z^2+1)}=\frac{1}{z}-\frac{1/2}{z+\mathrm{j}}-\frac{1/2}{z-\mathrm{j}}$$

$$X(z)=1-\frac{1}{2}\frac{z}{z+\mathrm{j}}-\frac{1}{2}\frac{z}{z-\mathrm{j}}$$

$$x[n]=\delta[n]-\frac{1}{2}[(-\mathrm{j})^n+(\mathrm{j})^n]u[n]=\delta[n]-\frac{1}{2}(\mathrm{e}^{-\mathrm{j}\frac{n\pi}{2}}+\mathrm{e}^{\mathrm{j}\frac{n\pi}{2}})u[n]$$

$$=\delta[n]-\cos\left(\frac{n\pi}{2}\right)u[n]$$

(4)
$$\frac{X(z)}{z}=\frac{1}{(z-1)(z-2)^2}=\frac{c_1}{z-1}+\frac{\lambda_1}{z-2}+\frac{\lambda_2}{(z-2)^2}$$

$$c_1=\frac{1}{(z-2)^2}\bigg|_{z=1}=1,\quad \lambda_2=\frac{1}{z-1}\bigg|_{z=2}=1$$

$$\frac{1}{(z-1)(z-2)^2}=\frac{1}{z-1}+\frac{\lambda_1}{z-2}+\frac{1}{(z-2)^2}$$

令 $z=0$，解得 $\lambda_1=-1$。所以
$$X(z)=\frac{z}{z-1}-\frac{z}{z-2}+\frac{z}{(z-2)^2}$$
$$x[n]=(1-2^n+n2^{n-1})u[n]$$

(5)
$$X(z)=\frac{2z^3-5z^2+z+3}{z^2-3z+2}$$

由长除法，得
$$X(z)=2z+1+\frac{1}{z^2-3z+2}=2z+1+\frac{1}{(z-1)(z-2)}$$

设
$$X_1(z)=\frac{1}{(z-1)(z-2)}$$

$$\frac{X_1(z)}{z}=\frac{1}{z(z-1)(z-2)}=\frac{c_1}{z}+\frac{c_2}{z-1}+\frac{c_3}{z-2}$$

$$c_1=\frac{1}{(z-1)(z-2)}\bigg|_{z=0}=\frac{1}{2},\quad c_2=\frac{1}{z(z-2)}\bigg|_{z=1}=-1,\quad c_3=\frac{1}{z(z-1)}\bigg|_{z=2}=\frac{1}{2}$$

$$X_1(z) = \frac{1}{2} - \frac{z}{z-1} + \frac{1}{2}\frac{z}{z-2}$$

$$X(z) = 2z + \frac{3}{2} - \frac{z}{z-1} + \frac{1}{2}\frac{z}{z-2}$$

因为 $|z|<1$，故 $x[n]$ 为左边序列。

$$x[n] = 2\delta[n+1] + \frac{3}{2}\delta[n] + u[-n-1] - \frac{1}{2} \cdot 2^n u[-n-1]$$

$$= 2\delta[n+1] + \frac{3}{2}\delta[n] + (1 - 2^{n-1})u[-n-1]$$

(6) $$X(z) = \frac{3}{z-2} = 3z^{-1} \cdot \frac{z}{z-2}, \quad |z| > 2$$

$$2^n u[n] \leftrightarrow \frac{z}{z-2}$$

$$2^{n-1} u[n-1] \leftrightarrow z^{-1} \cdot \frac{z}{z-2} = \frac{1}{z-2}$$

$$x[n] = 3(2)^{n-1} u[n-1]$$

5. 已知 $X(z)$，且 $x[n]$ 为右边序列，求逆 z 变换 $x[n]$。

(1) $X(z) = \dfrac{z+0.3}{z^2+0.75z+0.125}$；

(2) $X(z) = \dfrac{5z+1}{4z^2+4z+1}$；

(3) $X(z) = \dfrac{4z+1}{z^2-z+0.2}$；

(4) $X(z) = \dfrac{z}{16z^2+1}$；

(5) $X(z) = \dfrac{z}{z^2+1}$。

解 (1) $$\frac{X(z)}{z} = \frac{2.4}{z} - \frac{1.6}{z+0.5} - \frac{0.8}{z+0.25}$$

$$X(z) = 2.4 - \frac{1.6z}{z+0.5} - \frac{0.8z}{z+0.25}$$

$$x[n] = 2.4\delta[n] - 1.6(-0.5)^n - 0.8(-0.25)^n, \quad n \geq 0$$

(2) $$\frac{X(z)}{z} = \frac{1}{z} - \frac{1}{z+0.5} + \frac{3/4}{(z+0.5)^2}$$

$$x[n] = \delta[n] - (-0.5)^n u[n] - 1.5n(-0.5)^n u[n]$$

(3) $$\frac{X(z)}{z} = \frac{2}{z} + \frac{5.1e^{-j101°}}{z-0.5-j0.5} + \frac{5.1e^{j101°}}{z-0.5+j0.5}$$

$$x[n] = 2\delta[n] + 10.2(0.707)^n \cos\left(\frac{\pi}{4}n - 101°\right), \quad n \geq 0$$

(4) $$\frac{X(z)}{z} = \frac{\frac{1}{8}e^{-j90°}}{z-j\frac{1}{4}} + \frac{\frac{1}{8}e^{j90°}}{z+j\frac{1}{4}}$$

$$x[n] = (0.25)^{n+1}\cos\left(\frac{\pi}{2}n - 90°\right) = \frac{1}{4}(0.25)^n \sin\left(\frac{\pi}{2}n\right), \quad n \geq 0$$

(5) $$\frac{X(z)}{z}=\frac{1}{z^2+1}=\frac{1}{(z+j)(z-j)}=-\frac{1}{2j}\frac{1}{z+j}+\frac{1}{2j}\frac{1}{z-j}$$

$$X(z)=\frac{1}{2j}\left(\frac{z}{z-j}-\frac{z}{z+j}\right)$$

$$x[n]=\frac{1}{2j}[(j)^n-(-j)^n]u[n]=\frac{1}{2j}[e^{j\frac{\pi}{2}n}-e^{-j\frac{\pi}{2}n}]u[n]=\sin\left(\frac{\pi n}{2}\right)\cdot u[n]$$

6. 已知信号 $x[n]$ 的 z 变换，求下列三种收敛域下所对应的序列。

$$X(z)=\frac{-3z}{2z^2-5z+2}$$

(1) $|z|>2$；
(2) $|z|<0.5$；
(3) $0.5<|z|<2$。

解
$$X(z)=-\frac{3}{2}\cdot\frac{z}{(z-2)\left(z-\frac{1}{2}\right)}$$

$$\frac{X(z)}{z}=-\frac{3}{2}\cdot\frac{1}{(z-2)\left(z-\frac{1}{2}\right)}=\frac{1}{z-\frac{1}{2}}-\frac{1}{z-2}$$

$$X(z)=\frac{z}{z-\frac{1}{2}}-\frac{z}{z-2}$$

(1) $|z|>2, x[n]=\left[\left(\frac{1}{2}\right)^n-2^n\right]u[n]$

(2) $|z|<0.5, x[n]=\left[2^n-\left(\frac{1}{2}\right)^n\right]u[-n-1]$

(3) $0.5<|z|<2, x[n]=\left(\frac{1}{2}\right)^n u[n]+2^n u[-n-1]$

7. 试分别利用幂级数法、部分分式法和留数法计算逆 z 变换。

$$X(z)=\frac{10z}{(z-1)(z-2)}, \quad |z|>2$$

解 (1) 幂级数法：

$|z|>2, x[n]$ 为右边序列，故 $X(z)$ 降幂排列。

$$X(z)=\frac{10z}{z^2-3z+2}$$

长除法：

$$\begin{array}{r}
10z^{-1}+30z^{-2}+70z^{-3}+\cdots \\
z^2-3z+2 \overline{\smash{\big)}\,10z\phantom{-30+20z^{-1}}} \\
\underline{10z-30+20z^{-1}} \\
30-20z^{-1} \\
\underline{30-90z^{-1}+60z^{-2}} \\
70z^{-1}-60z^{-2} \\
\underline{70z^{-1}-210z^{-2}+140z^{-3}} \\
150z^{-2}-140z^{-3} \\
\vdots
\end{array}$$

$$x[n] = 10z^{-1} + 30z^{-2} + 70z^{-3} + \cdots = \sum_{n=0}^{\infty} 10(2^n - 1)z^{-n}$$

(2) 部分分式法：

$$\frac{X(z)}{z} = \frac{10}{(z-1)(z-2)} = \frac{10}{z-2} - \frac{10}{z-1}$$

$$X(z) = 10\left(\frac{z}{z-2} - \frac{z}{z-1}\right)$$

因为 $\qquad |z| > 2$

所以 $\qquad x[n] = 10(2^n - 1)u[n]$

(3) 留数法：

$$X(z)z^{n-1} = \frac{10z^n}{(z-1)(z-2)}$$

当 $n \geq 0$ 时，$X(z)z^{n-1}$ 有两个一阶极点，$z_1 = 1, z_2 = 2$。

$$x[n] = \sum_m \text{Res}\left[\frac{10z^n}{(z-1)(z-2)}\right]_{z_m} = \frac{10z^n}{z-1}\bigg|_{z=2} + \frac{10z^n}{z-2}\bigg|_{z=1} = 10(2^n - 1)u[n]$$

8. 计算卷积 $y[n] = x[n] * v[n]$。

(1) $x[n] = u[n] + 3\delta[n-1], v[n] = u[n-2]$；
(2) $x[n] = u[n], v[n] = nu[n]$；
(3) $x[n] = a^n u[n], v[n] = b^n u[-n]$；
(4) $x[n] = a^n u[n], v[n] = u[n-1]$。

解
$$y[n] = x[n] * v[n]$$
$$Y(z) = X(z) \cdot V(z)$$
$$y[n] = z^{-1}[Y(z)]$$

(1)
$$X(z) = \frac{z}{z-1} + 3z^{-1}$$

$$V(z) = z^{-2} \cdot \frac{z}{z-1}$$

$$Y(z) = X(z) \cdot V(z) = \frac{1}{(z-1)^2} + \frac{3z^{-2}}{z-1}$$

$$y[n] = (n-1)u[n-1] + 3u[n-3]$$

(2)
$$X(z) = \frac{z}{z-1}$$

$$V(z) = \frac{z}{(z-1)^2}$$

$$Y(z) = X(z) \cdot V(z) = \frac{z^2}{(z-1)^3}$$

$$y[n] = \frac{1}{2}n(n+1)u[n]$$

(3)
$$X(z) = \frac{z}{z-a}, \quad |z| > |a|$$

$$v[n] = b^n u[-n] = (b^{-1})^{-n} u[-n] \leftrightarrow \frac{z^{-1}}{z^{-1} - b^{-1}} = \frac{b}{b-z}$$

$$V(z) = \frac{b}{b-z}, \quad |z| < |b|$$

$$Y(z)=X(z) \cdot V(z)=\frac{z}{z-a} \cdot \frac{b}{b-z}$$

$$\frac{Y(z)}{z}=\frac{b}{b-a}\left(\frac{1}{z-a}-\frac{1}{z-b}\right)$$

$$Y(z)=\frac{b}{b-a}\left(\frac{z}{z-a}-\frac{z}{z-b}\right), \quad |a|<|z|<|b|$$

$$y[n]=\frac{b}{b-a}[a^n u[n]+b^n u[-n-1]]$$

(4) $$X(z)=\frac{z}{z-a}, \quad |z|>|a|$$

$$V(z)=z^{-1} \cdot \frac{z}{z-1}=\frac{1}{z-1}, \quad |z|>1$$

设 $|a|<1$,则

$$Y(z)=\frac{z}{z-a} \cdot \frac{1}{z-1}, |z|>1$$

$$\frac{Y(z)}{z}=\frac{1}{z-a} \cdot \frac{1}{z-1}=\frac{1}{1-a}\left(\frac{-1}{z-a}+\frac{1}{z-1}\right)$$

$$Y(z)=\frac{1}{1-a}\left(\frac{z}{z-1}-\frac{z}{z-a}\right), \quad |z|>1, \quad |a|<1$$

$$y[n]=\frac{1}{1-a}(1-a^n)u[n]=\frac{1-a^n}{1-a}u[n]$$

9. 用 z 变换求下列系统的响应。

(1) $y[n]-0.2y[n-1]-0.8y[n-1]=0, y[-1]=1, y[-2]=1$;

(2) $3y[n]-4y[n-1]+y[n-2]=x[n], x[n]=\left(\frac{1}{2}\right)^n u[n], y[-1]=1, y[-2]=2$;

(3) $y[n]-\frac{9}{10}y[n-1]=\frac{1}{10}u[n], y[-1]=2$;

(4) $y[n]+2y[n-1]=(n-2)u[n], y[0]=1$;

(5) $y[n]+3y[n-1]+2y[n-2]=u[n], y[-1]=0, y[-2]=\frac{1}{2}$;

(6) $2y[n+2]+3y[n+1]+y[n]=(0.5)^n u[n], y[0]=0, y[1]=-1$。

解 (1) $Y(z)-0.2[z^{-1}Y(z)+y[-1]]-0.8[z^{-2}Y(z)+y[-2]+z^{-1}y[-1]]=0$

$$Y(z)=\frac{1+0.8z^{-1}}{1-0.2z^{-1}-0.8z^{-2}}=\frac{z^2+0.8z}{z^2-0.2z-0.8}=\frac{z}{z-1}$$

$$y[n]=u[n]$$

(2) $$X(z)=\frac{z}{z-\frac{1}{2}}, \quad |z|>\frac{1}{2}$$

$$3Y(z)-4[z^{-1}Y(z)+y[-1]]+[z^{-2}Y(z)+z^{-1}y[-1]+y[-2]]=X(z)$$

将 $y[-1]=1, y[-2]=2$ 及 $X(z)$ 代入上式,得

$$(3-4z^{-1}+z^{-2})Y(z)=2-z^{-1}+\frac{z}{z-\frac{1}{2}}$$

$$Y(z) = \frac{z\left(3z^2 - 2z + \frac{1}{2}\right)}{3(z-1)\left(z-\frac{1}{2}\right)\left(z-\frac{1}{3}\right)} = \frac{3}{2} \cdot \frac{z}{z-1} - \frac{z}{z-\frac{1}{2}} + \frac{1}{2} \frac{z}{z-\frac{1}{3}}$$

$$y[n] = \frac{3}{2} - \left(\frac{1}{2}\right)^n + \frac{1}{2}\left(\frac{1}{3}\right)^n, \quad n \geqslant -2$$

(3) $$Y(z) - 0.9z^{-1}Y(z) - 1.8 = \frac{0.1z}{z-1}$$

$$Y(z) = \frac{z(1.9z - 1.8)}{(z-0.9)(z-1)}$$

$$\frac{Y(z)}{z} = \frac{1}{z-1} + \frac{0.9}{z-0.9}$$

$$Y(z) = \frac{z}{z-1} + \frac{0.9z}{z-0.9}$$

$$y[n] = (1 + 0.9^{n+1})u[n]$$

(4) $$y[n] + 2y[n-1] = (n-2)u[n]$$

由 $y[0] = 1$,有 $y[0] + 2y[-1] = -2$,得 $y[-1] = -\frac{3}{2}$。

两边求 z 变换,有

$$Y(z) + 2z^{-1}Y(z) - 3 = \frac{2z^2 + 3z}{(z-1)^2}$$

整理得,

$$Y(z) = \frac{z(z^2 - 3z + 3)}{(z+2)(z-1)^2}$$

$$\frac{Y(z)}{z} = \frac{1}{3(z-1)^2} - \frac{4/9}{z-1} + \frac{13/9}{z+2}$$

$$Y(z) = \frac{1}{3} \cdot \frac{z}{(z-1)^2} - \frac{4}{9} \cdot \frac{z}{z-1} + \frac{13}{9} \cdot \frac{z}{z+2}$$

$$y[n] = \left[\frac{1}{3}n - \frac{4}{9} + \frac{13}{9}(-2)^n\right]u[n]$$

(5) 令 $n=0$,将 $y[-1]=0, y[-2]=\frac{1}{2}$ 代入差分方程,得 $y[0]=0$。

$$Y(z) + 3z^{-1}Y(z) + 2z^{-2}Y(z) + 1 = \frac{z}{z-1}$$

$$Y(z) = \frac{z^2}{(z-1)(z+1)(z+2)}$$

$$\frac{Y(z)}{z} = \frac{1}{6}\frac{1}{z-1} + \frac{1}{2}\frac{1}{z+1} - \frac{2}{3}\frac{1}{z+2}$$

$$Y(z) = \frac{1}{6} \cdot \frac{z}{z-1} + \frac{1}{2} \cdot \frac{z}{z+1} - \frac{2}{3} \cdot \frac{z}{z+2}$$

$$y[n] = \left[\frac{1}{6} + \frac{1}{2}(-1)^n - \frac{2}{3}(-2)^n\right]u[n]$$

(6) $$2[z^2Y(z) + z] + 3zY(z) + Y(z) = \frac{z}{z-0.5}$$

$$Y(z) = \frac{-z^2}{(z-0.5)(z+1)(z+0.5)}$$

$$\frac{Y(z)}{z} = \frac{c_1}{z-0.5} + \frac{c_2}{z+1} + \frac{c_3}{z+0.5}$$

$$c_1 = \frac{-z}{(z+1)(z+0.5)}\bigg|_{z=0.5} = -\frac{1}{3}$$

$$c_2 = \frac{-z}{(z-0.5)(z+0.5)}\bigg|_{z=-1} = \frac{4}{3}$$

$$c_3 = \frac{-z}{(z-0.5)(z+1)}\bigg|_{z=-0.5} = -1$$

$$Y(z) = -\frac{1}{3}\frac{z}{z-0.5} + \frac{4}{3}\frac{z}{z+1} - \frac{z}{z+0.5}$$

$$y[n] = \left[-\frac{1}{3}(0.5)^n + \frac{4}{3}(-1)^n - (0.5)^n\right]u[n]$$

10. 已知系统的差分方程为

$$y[n] + y[n-1] - 2y[n-2] = 2x[n] - x[n-1]$$

系统的响应为 $y[n] = 2(u[n] - u[n-3])$，初始条件 $y[-2] = 2$, $y[-1] = 0$，求输入 $x[n]$ ($x[n] = 0, n < 0$)。

解 对差分方程两边求 z 变换，得

$$Y(z) = \frac{4z^2}{z^2+z-2} + \frac{2z^2-z}{z^2+z-2}X(z)$$

$$Y(z) = 2(1+z^{-1}+z^{-2})$$

求得

$$X(z) = \frac{-z^4+2z^3-z-2}{(z-0.5)z^3}$$

$$\frac{X(z)}{z} = \frac{36}{z} + \frac{20}{z^2} + \frac{10}{z^3} + \frac{4}{z^4} - \frac{37}{z-0.5}$$

$$x[n] = 36\delta[n] + 20\delta[n-1] + 10\delta[n-2] + 4\delta[n-3] - 37(0.5)^n u[n]$$

11. 某离散时间系统的单位脉冲响应为

$$h[n] = [(-1)^n + (0.5)^n]u[n]$$

(1) 写出系统的差分方程；

(2) 求系统的单位阶跃响应。

解 (1) $H(z) = \mathscr{Z}[h[n]] = \dfrac{z}{z+1} + \dfrac{z}{z-0.5} = \dfrac{4z^2+z}{2z^2+z-1} = \dfrac{z^{-1}+4}{2+z^{-1}-z^{-2}} = \dfrac{Y(z)}{X(z)}$

则有

$$2Y(z) + z^{-1}Y(z) - z^{-2}Y(z) = 4X(z) + z^{-1}X(z)$$

故得差分方程：

$$2y[n] + y[n-1] - y[n-2] = 4x[n] + x[n-1]$$

(2) 单位阶跃响应

$$y[n] = u[n] * h[n]$$

$$Y(z) = \frac{z}{z-1}H(z) = \frac{z}{z-1} \cdot \frac{z(4z+1)}{(2z-1)(z+1)}$$

$$\frac{Y(z)}{z} = \frac{2.5}{z-1} + \frac{0.5}{z+1} - \frac{1}{z-0.5}$$

$$Y(z) = \frac{2.5z}{z-1} + \frac{0.5z}{z+1} - \frac{z}{z-0.5}$$

$$y[n] = [2.5 + 0.5(-1)^n - 0.5^n]u[n]$$

12. 某离散时间系统的差分方程为 $y[n] - 2y[n-1] = 3^n u[n]$，$y[0] = 2$，求系统的零输入响应 $y_{zi}(n)$、零状态响应 $y_{zs}[n]$ 和全响应 $y[n]$。

解
$$Y(z) - 2z^{-1}Y(z) - 2y[-1] = X(z)$$

$$Y(z) = \frac{2y[-1]}{1-2z^{-1}} + \frac{1}{1-2z^{-1}}X(z)$$

由 $y[0] - 2y[-1] = x[0]$，得

$$y[-1] = \frac{1}{2}$$

$$X(z) = \frac{z}{z-3}$$

$$Y_{zi}(z) = \frac{1}{1-2z^{-1}}$$

$$Y_{zs}(z) = \frac{z^2}{(z-2)(z-3)} = \frac{-2z}{z-2} + \frac{3z}{z-3}$$

所以
$$y_{zi}[n] = 2^n y[n]$$
$$y_{zs}[n] = (-2 \cdot 2^n + 3 \cdot 3^n) u[n]$$
$$y[n] = y_{zi}[n] + y_{zs}[n] = (3^{n+1} - 2^{n+1}) u[n]$$

13. 信号 $x[n] = (-1)^n u[n]$ 作用于线性时不变系统，所产生的响应为

$$y[n] = \begin{cases} 1, & n < 0 \\ n+1, & n = 0, 1, 2, 3 \\ 0, & n \geq 4 \end{cases}$$

(1) 求系统函数 $H(z)$；

(2) 求激励为 $x[n] = \frac{1}{n}(u[n-1] - u[n-3])$ 的零状态响应。

解 (1)
$$X(z) = \frac{z}{z+1}$$

$$Y(z) = \mathscr{L}[\delta[n] + 2\delta[n-1] + 3\delta[n-2] + 4\delta[n-3]] = 1 + 2z^{-1} + 3z^{-2} + 4z^{-3}$$

$$H(z) = \frac{Y(z)}{X(z)} = \frac{1 + 2z^{-1} + 3z^{-2} + 4z^{-3}}{\frac{z}{z+1}} = \frac{z^4 + 3z^3 + 5z^2 + 7z + 4}{z^4}$$

(2)
$$x[n] = \frac{1}{n}(u[n-1] - u[n-3]) = \delta[n-1] + \frac{1}{2}\delta[n-2]$$

$$X(z) = z^{-1} + \frac{1}{2}z^{-2}$$

$$Y(z) = X(z)H(z) = z^{-2} + z^{-3} + \frac{7}{12}z^{-4} + \frac{13}{6}z^{-5} + 4z^{-6} + \frac{3}{2}z^{-7}$$

所以 $y[2] = 1$，$y[3] = 1$，$y[4] = \frac{7}{12}$，$y[5] = \frac{13}{6}$，$y[6] = 4$，$y[7] = \frac{3}{2}$，其余 $y[n] = 0$。

14. 一个线性时不变离散时间系统，输入 $x[n]$ 为 $u[n]$ 时输出 $y[n] = 2\left(\frac{1}{3}\right)^n u[n]$。

(1) 求系统的单位脉冲响应 $h[n]$；

(2) 求输入为 $x[n] = \left(\frac{1}{2}\right)^n u[n]$ 时的输出 $y[n]$。

解 (1)
$$X(z)=\frac{z}{z-1}, \quad Y(z)=\frac{2z}{z-\frac{1}{3}}$$

$$\frac{H(z)}{z}=\frac{2(z-1)}{z\left(z-\frac{1}{3}\right)}=\frac{c_1}{z}+\frac{c_2}{z-\frac{1}{3}}$$

$$H(z)=\frac{Y(z)}{X(z)}=\frac{2(z-1)}{z-\frac{1}{3}}$$

$$c_1=\left.\frac{2(z-1)}{z-\frac{1}{3}}\right|_{z=0}=6, \quad c_2=\left.\frac{2(z-1)}{z}\right|_{z=\frac{1}{3}}=-4$$

$$\frac{H(z)}{z}=\frac{6}{z}-\frac{4}{z-\frac{1}{3}}$$

$$H(z)=6-\frac{4z}{z-\frac{1}{3}}$$

$$h[n]=6\delta[n]-4\left(\frac{1}{3}\right)^n u[n]$$

(2)
$$X(z)=\frac{z}{z-\frac{1}{2}}$$

$$Y(z)=X(z)H(z)=\frac{z}{z-\frac{1}{2}}\left(6-\frac{4z}{z-\frac{1}{3}}\right)=\frac{2z(z-1)}{\left(z-\frac{1}{2}\right)\left(z-\frac{1}{3}\right)}$$

$$\frac{Y(z)}{z}=\frac{2(z-1)}{\left(z-\frac{1}{2}\right)\left(z-\frac{1}{3}\right)}=\frac{c_1}{z-\frac{1}{2}}+\frac{c_2}{z-\frac{1}{3}}$$

$$c_1=\left.\frac{2(z-1)}{z-\frac{1}{3}}\right|_{z=\frac{1}{2}}=-6, \quad c_2=\left.\frac{2(z-1)}{z-\frac{1}{2}}\right|_{z=\frac{1}{3}}=8$$

$$Y(z)=-6\frac{z}{z-\frac{1}{2}}+\frac{8z}{z-\frac{1}{3}}$$

$$y[n]=\left[-6\left(\frac{1}{2}\right)^n+8\left(\frac{1}{3}\right)^n\right]u[n]$$

15. 一因果 LTI 离散时间系统的差分方程为
$$y[n]-\frac{3}{4}y[n-1]+\frac{1}{8}y[n-2]=x[n]$$

(1) 求系统函数 $H(z)$；
(2) 求系统的单位脉冲响应 $h[n]$；
(3) 求单位阶跃响应 $y[n]$。

解 (1) $$Y(z)-\frac{3}{4}z^{-1}Y(z)+\frac{1}{8}z^{-2}Y(z)=X(z)$$

$$H(z) = \frac{Y(z)}{X(z)} = \frac{1}{1-\frac{3}{4}z^{-1}+\frac{1}{8}z^{-2}} = \frac{z^2}{z^2-\frac{3}{4}z+\frac{1}{8}} = \frac{z^2}{\left(z-\frac{1}{2}\right)\left(z-\frac{1}{4}\right)}$$

(2) $$h[n] = \mathscr{Z}^{-1}[H(z)]$$

$$\frac{H(z)}{z} = \frac{z}{\left(z-\frac{1}{2}\right)\left(z-\frac{1}{4}\right)} = \frac{c_1}{z-\frac{1}{2}} + \frac{c_2}{z-\frac{1}{4}}$$

$$c_1 = \frac{z}{z-\frac{1}{4}}\bigg|_{z=\frac{1}{2}} = 2, \quad c_2 = \frac{z}{z-\frac{1}{2}}\bigg|_{z=\frac{1}{4}} = -1$$

$$H(z) = \frac{2z}{z-\frac{1}{2}} - \frac{z}{z-\frac{1}{4}}$$

$$h[n] = \left[2\left(\frac{1}{2}\right)^n - \left(\frac{1}{4}\right)^n\right]u[n]$$

(3) $$X(z) = \frac{z}{z-1}$$

$$Y(z) = X(z)H(z) = \frac{z}{z-1} \cdot \frac{z^2}{\left(z-\frac{1}{2}\right)\left(z-\frac{1}{4}\right)}$$

$$\frac{Y(z)}{z} = \frac{c_1}{z-1} + \frac{c_2}{z-\frac{1}{2}} + \frac{c_3}{z-\frac{1}{4}}$$

$$c_1 = \frac{z^2}{\left(z-\frac{1}{2}\right)\left(z-\frac{1}{4}\right)}\bigg|_{z=1} = \frac{8}{3}, \quad c_2 = \frac{z^2}{(z-1)\left(z-\frac{1}{4}\right)}\bigg|_{z=\frac{1}{2}} = -2$$

$$c_3 = \frac{z^2}{(z-1)\left(z-\frac{1}{2}\right)}\bigg|_{z=\frac{1}{4}} = \frac{1}{3}$$

$$Y(z) = \frac{8}{3}\frac{z}{z-1} - 2\frac{z}{z-\frac{1}{2}} + \frac{1}{3}\frac{z}{z-\frac{1}{4}}$$

$$y[n] = \left[\frac{8}{3} - 2\left(\frac{1}{2}\right)^n + \frac{1}{3}\left(\frac{1}{4}\right)^n\right]u[n]$$

16. 已知线性时不变系统的差分方程为

$$y[n+2] + y[n] = 2x[n+1] - x[n]$$

(1) 求系统的单位脉冲响应 $h[n]$；

(2) 求系统的单位阶跃响应 $y[n]$；

(3) 已知 $x[n] = 2^n u[n]$, $y[-1] = 3$, $y[-2] = 2$, 求 $y[n]$；

(4) 若 $x[n]$ 具有初值 $x[-2] = x[-1] = 0$, 产生的零状态响应为 $y[n] = \sin(n\pi)u[n]$, 求 $x[n]$；

(5) 若 $x[n]$ 具有初值 $x[-2] = x[-1] = 0$, 产生的响应为 $y[n] = \delta[n-1]$, 求 $x[n]$。

解 (1) $$z^2 Y(z) + Y(z) = 2zX(z) - X(z)$$

$$H(z) = \frac{Y(z)}{X(z)} = \frac{2z-1}{z^2+1} = 2\frac{z}{z^2+1} - z^{-1}\frac{z}{z^2+1}$$

$$h[n] = 2\sin\left(\frac{\pi n}{2}\right) - \sin\left[\frac{\pi}{2}(n-1)\right] \cdot u[n-1]$$

$$= 2\sin\left(\frac{\pi n}{2}\right) + \cos\left(\frac{\pi n}{2}\right) \cdot u[n-1], \quad n \geq 0$$

(2) $$Y(z) = X(z)H(z) = \frac{z}{z-1} \cdot \frac{2z-1}{z^2+1} = z\left[\frac{\frac{3}{2} - \frac{1}{2}z}{z^2+1} + \frac{\frac{1}{2}}{z-1}\right]$$

$$y[n] = \frac{1}{2} + \frac{3}{2}\sin\left(\frac{\pi n}{2}\right) - \frac{1}{2}\cos\left(\frac{\pi n}{2}\right), \quad n \geq 0$$

(3) $$X(z) = \frac{z}{z-2}$$

将差分方程两边求 z 变换,即
$$z^2(Y(z) - y[0] - y[+1]z^{-1}) + Y(z) = 2z(X(z) - x[0]) - X(z)$$

由 $y[n+2] + y[n] = 2x[n+1] - x[n]$,令 $n=-2$,有
$$y[0] + y[-2] = 2x[-1] - x[-2]$$

得
$$y[0] = -y[-2] = -2$$

令 $n=-1$,有
$$y[1] + y[-1] = 2x[0] - x[-1] = 2 \times 1 - 0 = 2$$
$$y[1] = -y[-1] + 2 = -3 + 2 = -1$$

将 $y[0]$、$y[1]$ 及 $X(z) = \frac{z}{z-2}$ 代入上述 z 变换方程,得

$$Y(z) = z\frac{-2z^2 + 3z + 5}{(z-2)(z^2+1)} = \left[\frac{\frac{3}{5}}{z-2} + \frac{-\frac{13}{5}z - \frac{11}{5}}{z^2+1}\right]z$$

$$y[n] = \frac{3}{5} \cdot 2^n - \frac{13}{5}\cos\left(\frac{\pi n}{2}\right) - \frac{11}{5}\sin\left(\frac{\pi n}{2}\right), \quad n \geq 0$$

(4) $$y[n+2] + y[n] = 2x[n+1] - x[n]$$
$$z^2 Y(z) + Y(z) = 2zX(z) - X(z)$$
$$Y(z) = \frac{2z-1}{z^2+1}X(z)$$

$$Y(z) = \mathscr{Z}[\sin(n\pi)u[n]] = \frac{\sin\pi \cdot z}{z^2 - (2\cos\pi)z + 1} = 0$$

所以 $X(z) = 0$,由此得
$$x[n] = 0 \quad \text{或} \quad y[n] = x[n] * h[n]$$

因为
$$y[n] = \sin(\pi n) \cdot u[n], \quad n = 0, 1, 2, 3, \cdots$$
$$h[n] \neq 0, \quad n \geq 0$$

所以
$$x[n] = 0, \quad n \geq 0$$

(5) $$Y(z) = z^{-1}$$

$$X(z) = \frac{Y(z)}{H(z)} = \frac{z^{-1}}{(2z-1)/(z^2+1)} = \frac{z^2+1}{z(2z-1)}$$

$$\frac{X(z)}{z} = -\frac{2}{z} - \frac{1}{z^2} + \frac{2.5}{z-0.5}$$

$$x[n] = -2\delta[n] - \delta[n-1] + 2.5(0.5)^n u[n]$$

17. 信号 $x[n] = u[n] - 2u[n-2] + u[n-4]$ 作用于线性时不变系统, 零初始条件下的响应为 $y[n] = nu[n] - nu[n-4]$, 求系统函数 $H(z)$.

解
$$X(z) = 1 + z^{-1} - z^{-2} - z^{-3}$$

$$Y(z) = z^{-1} + 2z^{-2} + 3z^{-3}$$

$$H(z) = \frac{Y(z)}{X(z)} = \frac{z^{-1} + 2z^{-2} + 3z^{-3}}{1 + z^{-1} - z^{-2} - z^{-3}} = \frac{z^2 + 2z + 3}{z^3 + z^2 - z - 1}$$

18. 一线性时不变系统的系统函数为

$$H(z) = \frac{z^2 - z - 2}{z^2 + 1.5z - 1}$$

(1) 求系统的单位脉冲响应 $h[n]$；
(2) 求系统的单位阶跃响应 $y[n]$。

解 (1)
$$\frac{H(z)}{z} = \frac{z^2 - z - 2}{z(z+2)(z-0.5)} = \frac{2}{z} + \frac{0.8}{z+2} - \frac{1.8}{z-0.5}$$

$$H(z) = 2 + \frac{0.8z}{z+2} - \frac{1.8z}{z-0.5}$$

$$h[n] = 2\delta[n] + 0.8(-2)^n - 1.8(0.5)^n, \quad n \geq 0$$

(2) $Y(z) = X(z) \cdot H(z) = \dfrac{z}{z-1} \cdot \dfrac{z^2 - z - 2}{z^2 + 1.5z - 1} = \dfrac{z}{z-1} \cdot \dfrac{z^2 - z - 2}{(z+2)(z-0.5)}$

$$\frac{Y(z)}{z} = \frac{8/15}{z+2} + \frac{1.8}{z-0.5} - \frac{4/3}{z-1}$$

$$y[n] = \left[\frac{8}{15}(-2)^n + 1.8(0.5)^n - \frac{4}{3}\right]u[n]$$

19. 一线性时不变系统的系统函数为

$$H(z) = \frac{3z}{(z+0.5)(z-0.5)}$$

在激励 $x[n] = u[n]$ 及初始条件 $y[-2]$、$y[-1]$ 作用下所产生的响应为

$$y[n] = [(0.5)^n - 3(-0.5)^n + 4]u[n]$$

(1) 试确定初始条件 $y[-2], y[-1]$；
(2) 求初始条件引起的零输入响应对应的 z 变换。

解 (1)
$$Y(z) = \frac{z}{z-0.5} - \frac{3z}{z+0.5} + \frac{4z}{z-1}$$

令
$$Y(z) = \frac{C(z)}{A(z)} + \frac{B(z)}{A(z)} \cdot X(z)$$

其中, $A(z) = (z+0.5)(z-0.5)$, $X(z) = \dfrac{z}{z-1}$, $B(z) = 3z$

$$C(z) = A(z)Y(z) - B(z)X(z) = 2z^2 + 3z$$

$$C(z) = -(a_1 y[-1] + a_2 y[-2])z^2 - a_2 y[-1]z$$

比较系数, 解方程组, 得

$$y[-1] = 12, \quad y[-2] = 8$$

(2) 由初始条件引起的零状态响应所对应的 z 变换为

$$\frac{C(z)}{A(z)} = \frac{2z^2+3z}{z^2-0.25}$$

20. 一线性时不变系统的系统函数为

$$H(z) = \frac{2z+1}{z^2+3z+2}$$

(1) 求系统的单位脉冲响应 $h[n]$；
(2) 求系统的差分方程；
(3) 求系统的单位阶跃响应。

解 (1) $H(z) = \dfrac{2z+1}{z^2+3z+2} = \dfrac{2z+1}{(z+1)(z+2)} = \dfrac{-1}{z+1} + \dfrac{3}{z+2} = z^{-1}\left(\dfrac{-z}{z+1} + \dfrac{3z}{z+2}\right)$

$$h[n] = -(-1)^{n-1}u[n-1] + 3(-2)^{n-1}u[n-1]$$

(2) $$\frac{Y(z)}{X(z)} = \frac{2z+1}{z^2+3z+2}$$

$$(z^2+3z+2)Y(z) = (2z+1)X(z)$$

故有

$$y[n+2] + 3y[n+1] + 2y[n] = 2x[n+1] + x[n]$$

(3) $Y(z) = X(z)H(z) = \dfrac{z}{z-1} \cdot \dfrac{2z+1}{(z+1)(z+2)} = \dfrac{-0.5}{z+1} + \dfrac{2}{z+2} + \dfrac{0.5}{z-1}$

$$y[n] = [-0.5(-1)^{n-1} + 2(-2)^{n-1} + 0.5]u[n-1]$$

21. 已知系统的差分方程，求系统函数 $H(z)$ 和单位脉冲响应 $h[n]$。

(1) $y[n] = x[n] - 5x[n-1] + 8x[n-3]$；
(2) $y[n] - 3y[n-1] + 3y[n-2] - y[n-3] = x[n]$；
(3) $y[n] - 5y[n-1] + 6y[n-2] = x[n] - 3y[n-2]$；
(4) $y[n] - \dfrac{3}{4}y[n-1] + \dfrac{1}{8}y[n-2] = x[n] + \dfrac{1}{3}x[n-1]$。

解 (1) $$Y(z) = X(z) - 5z^{-1}X(z) + 8z^{-3}X(z)$$

$$H(z) = \frac{Y(z)}{X(z)} = 1 - 5z^{-1} + 8z^{-3}$$

$$h[n] = \delta[n] - 5\delta[n-1] + 8\delta[n-3]$$

(2) $$Y(z) - 3z^{-1}Y(z) + 3z^{-2}Y(z) - z^{-3}Y(z) = X(z)$$

$$H(z) = \frac{1}{1 - 3z^{-1} + 3z^{-2} - z^{-3}} = \frac{z^3}{z^3 - 3z^2 + 3z - 1} = \frac{z^3}{(z-1)^3}$$

$$h[n] = \text{Res}[H(z)z^{n-1}]_{z=1} = \frac{1}{2}(n+2)(n+1)u[n]$$

(3) $$Y(z) - 5z^{-1}Y(z) + 6z^{-2}Y(z) = X(z) - 3z^{-2}X(z)$$

$$H(z) = \frac{Y(z)}{X(z)} = \frac{1 - 3z^{-2}}{1 - 5z^{-1} + 6z^{-2}} = \frac{z^2 - 3}{z^2 - 5z + 6}$$

$$\frac{H(z)}{z} = -\frac{1}{2} \cdot \frac{1}{z} - \frac{1}{2} \cdot \frac{1}{z-2} + \frac{2}{z-3}$$

$$h[n] = -\frac{1}{2}\delta[n] - \frac{1}{2} \cdot 2^n u[n] + 2 \cdot 3^n u[n]$$

(4) $$Y(z) - \frac{3}{4}z^{-1}Y(z) + \frac{1}{8}z^{-2}Y(z) = X(z) + \frac{1}{3}z^{-1}X(z)$$

$$H(z) = \frac{Y(z)}{X(z)} = \frac{1+\frac{1}{3}z^{-1}}{1-\frac{3}{4}z^{-1}+\frac{1}{8}z^{-2}} = \frac{z^2+\frac{1}{3}z}{z^2-\frac{3}{4}z+\frac{1}{8}}$$

$$\frac{H(z)}{z} = \frac{10}{3} \cdot \frac{1}{z-\frac{1}{2}} - \frac{7}{3} \cdot \frac{1}{z-\frac{1}{4}}$$

$$H(z) = \frac{10}{3} \cdot \frac{z}{z-\frac{1}{2}} - \frac{7}{3} \cdot \frac{z}{z-\frac{1}{4}}$$

$$h[n] = \left[\frac{10}{3} \cdot \left(\frac{1}{2}\right)^n - \frac{7}{3}\left(\frac{1}{4}\right)^n\right]u[n]$$

22. 一线性时不变系统在激励 $x[n] = \delta[n] + 2u[n-1]$ 作用下所产生的响应为
$$y[n] = (0.5)^n u[n]$$
试判断系统的稳定性。

解
$$X(z) = 1 + \frac{2z^{-1} \cdot z}{z-1} = 1 + \frac{2}{z-1}$$

$$Y(z) = \frac{z}{z-0.5}$$

$$H(z) = \frac{Y(z)}{X(z)} = \frac{\frac{z}{z-0.5}}{1+\frac{2}{z-1}} = \frac{z(z-1)}{(z-0.5)(z+1)}$$

极点 $p_1 = 0.5, p_2 = -1$，只有一个单极点在单位圆上，其余极点在单位圆内，故系统临界稳定。

23. 设系统的差分方程为
$$y[n+2] - y[n+1] + y[n] = x[n+2] - x[n+1]$$
试判断系统的稳定性。

解
$$z^2 Y(z) - z Y(z) + Y(z) = z^2 X(z) - z X(z)$$
$$H(z) = \frac{Y(z)}{X(z)} = \frac{z^2-z}{z^2-z+1}$$

极点 $p_{1,2} = 0.5 \pm j0.866$ 在单位圆上（因为 $\sqrt{0.5^2 + 0.866^2} = 1$），故系统临界稳定。

24. 已知线性时不变系统的单位脉冲响应 $h[n]$，判断系统是否 BIBO 稳定。

(1) $h[n] = \sin(\pi n/6)(u[n] - u[n-10])$；

(2) $h[n] = \frac{1}{n}u[n-1]$；

(3) $h[n] = e^{-n}\sin(\pi n/6)u[n]$。

解 (1)
$$\sum_{n=0}^{\infty} |h[n]| = \sum_{n=0}^{9} \left|\sin\left(\frac{n\pi}{6}\right)\right| < \infty$$
故系统 BIBO 稳定。

(2)
$$\sum_{n=0}^{\infty} |h[n]| = \sum_{n=0}^{\infty} \frac{1}{n} = \infty$$
故系统非 BIBO 稳定。

(3) $$\sum_{n=0}^{\infty}|h[n]|=\sum_{n=0}^{\infty}\left|e^{-n}\sin\left(\frac{n\pi}{6}\right)\right|\leqslant\sum_{n=0}^{\infty}e^{-n}=\frac{1}{1-e^{-1}}<\infty$$

故系统 BIBO 稳定。

25. 一线性时不变系统的系统函数为

$$H(z)=\frac{z}{z+0.5}$$

(1) 求系统在 $x[n]=5\cos(3n)\cdot u[n]$ 激励下的暂态响应和稳态响应(设初始条件为 0);

(2) 画出系统的幅频响应和相频响应曲线。

解 (1)
$$H(\Omega)=\frac{e^{j\Omega}}{e^{j\Omega}+0.5}$$

$$H(3)=\frac{e^{j3}}{e^{j3}+0.5}=1.96e^{j8°}$$

所以 $y_{ss}[n]=5\times1.96\cos(3n+8°)=9.8\cos(3n+8°),\quad n\geqslant0$

$$\frac{Y(z)}{z}=\frac{5(z^2-\cos3\cdot z)}{(z+0.5)(z^2-2\cos3\cdot z+1)}$$

$$\frac{Y(z)}{z}=\frac{-4.71}{z+0.5}+\frac{Y_{ss}(z)}{z}$$

上式第一项对应暂态响应,故

$$y_{tr}[n]=-4.71(-0.5)^n u[n]$$

(2) $|H(\Omega)|=\dfrac{1}{\sqrt{\cos\Omega+1.25}},\quad \angle H(\Omega)=\Omega-\arctan\left(\dfrac{\sin\Omega}{0.5+\cos\Omega}\right)$

$|H(0)|=0.67,\quad \angle H(0)=0$

$|H(\pi)|=2,\quad \angle H(\pi)=0,\quad \angle H\left(\dfrac{\pi}{2}\right)=27°$

26. 设系统的差分方程为

$$y[n+2]+0.3y[n+1]+0.02y[n]=x[n+1]+3x[n]$$

求系统在 $x[n]=\cos(\pi n)\cdot u[n]$ 激励下的暂态响应和稳态响应(设初始条件为 0)。

解 $z^2Y(z)+0.3zY(z)+0.02Y(z)=zX(z)+3X(z)$

$$Y(z)=\frac{z+3}{z^2+0.3z+0.02}X(z)=\frac{z+3}{z^2+0.3z+0.02}\cdot\frac{z^2+z}{z^2+2z+1}$$

$$=\frac{25}{9}\frac{z}{z+1}+\frac{290}{9}\frac{z}{z+0.1}-\frac{35z}{z+0.2}$$

所以 $y_{tr}[n]=\dfrac{290}{9}(-0.1)^n-35(-0.2)^n,\quad n\geqslant0$

$y_{ss}[n]=\dfrac{25}{9}(-1)^n=\dfrac{25}{9}\cos(\pi n),\quad n\geqslant0$

27. 已知因果系统的系统函数,判断系统的稳定性。

(1) $H(z)=\dfrac{z+2}{8z^2-2x-3}$;

(2) $H(z)=\dfrac{8(z^2-z-1)}{2z^2+5z+2}$;

(3) $H(z)=\dfrac{2z-4}{2z^2+z-1}$;

(4) $H(z) = \dfrac{z^2+z}{z^2-z+1}$。

解 (1) $H(z) = \dfrac{z+2}{8z^2-2z-3} = \dfrac{z+2}{(2z+1)(4z-3)}$

极点 $p_1 = -\dfrac{1}{2}, p_2 = \dfrac{3}{4}$ 均在单位圆内，故系统稳定。

(2) $H(z) = \dfrac{8(z^2-z-1)}{2z^2+5z+2} = \dfrac{8(z^2-z-1)}{(z+2)(2z+1)}$

极点 $p_1 = -2$ 在单位圆外，故系统不稳定。

(3) $H(z) = \dfrac{2z-4}{2z^2+z-1} = \dfrac{2z-4}{(z+1)(2z-1)}$

极点 $p_1 = -1, p_2 = \dfrac{1}{2}$，有一单极点在单位圆上，其余极点在单位圆内，故系统临界稳定。

(4) $H(z) = \dfrac{z^2+z}{z^2-z+1}$

极点 $p_{1,2} = \dfrac{1}{2} \pm \mathrm{j}\dfrac{\sqrt{3}}{2}$，因为 $\sqrt{\left(\dfrac{1}{2}\right)^2 + \left(\dfrac{\sqrt{3}}{2}\right)^2} = 1$，故极点在单位圆上，系统临界稳定。

9

系统分析的状态变量法

内容提要：

9.1 状态变量法基本概念

状态变量分析法(analysis of state valuables)是以系统内独立的物理变量作为分析变量，利用状态变量与输入变量描述系统特性的方法。

状态变量(state valuables)：是描述系统所需要的最小的一组变量，根据这组变量在 $t=t_0$ 时刻的初始值和 $t>t_0$ 的激励，可以唯一地决定系统在 $t \geqslant t_0$ 时刻的响应。

状态方程(state equation)：是一组独立的一阶微分方程，左边为状态变量的一阶导数，右边为状态变量与输入(激励)的线性组合。

系统的输出方程(output equation)：为状态变量与输入的线性组合。

对于多输入多输出线性时不变系统，若系统具有 n 个状态变量 $\lambda_1(t), \lambda_2(t), \cdots, \lambda_n(t)$，$m$ 个输入 $x_1(t), x_2(t), \cdots, x_m(t)$，以及 r 个输出 $y_1(t), y_2(t), \cdots, y_r(t)$，系统的状态方程和输出方程为

$$\frac{\mathrm{d}\boldsymbol{\lambda}(t)}{\mathrm{d}t} = \boldsymbol{A}\boldsymbol{\lambda}(t) + \boldsymbol{B}\boldsymbol{x}(t)$$
$$\boldsymbol{y}(t) = \boldsymbol{C}\boldsymbol{\lambda}(t) + \boldsymbol{D}\boldsymbol{x}(t)$$

其中，

$$\frac{\mathrm{d}\boldsymbol{\lambda}(t)}{\mathrm{d}t} = \begin{bmatrix} \frac{\mathrm{d}\lambda_1(t)}{\mathrm{d}t} \\ \frac{\mathrm{d}\lambda_2(t)}{\mathrm{d}t} \\ \vdots \\ \frac{\mathrm{d}\lambda_n(t)}{\mathrm{d}t} \end{bmatrix}, \quad \boldsymbol{\lambda}(t) = \begin{bmatrix} \lambda_1(t) \\ \lambda_2(t) \\ \vdots \\ \lambda_n(t) \end{bmatrix}, \quad \boldsymbol{x}(t) = \begin{bmatrix} x_1(t) \\ x_2(t) \\ \vdots \\ x_m(t) \end{bmatrix}, \quad \boldsymbol{y}(t) = \begin{bmatrix} y_1(t) \\ y_2(t) \\ \vdots \\ y_r(t) \end{bmatrix}$$

$$\boldsymbol{A} = \begin{bmatrix} a_{11} & a_{12} & \cdots & a_{1n} \\ a_{21} & a_{22} & \cdots & a_{2n} \\ \vdots & \vdots & & \vdots \\ a_{n1} & a_{n2} & \cdots & a_{nn} \end{bmatrix}, \quad \boldsymbol{B} = \begin{bmatrix} b_{11} & b_{12} & \cdots & b_{1m} \\ b_{21} & b_{22} & \cdots & b_{2m} \\ \vdots & \vdots & & \vdots \\ b_{n1} & b_{n2} & \cdots & b_{nm} \end{bmatrix}$$

$$C = \begin{bmatrix} c_{11} & c_{12} & \cdots & c_{1n} \\ c_{21} & c_{22} & \cdots & a_{2n} \\ \vdots & \vdots & & \vdots \\ a_{r1} & a_{r2} & \cdots & a_{rn} \end{bmatrix}, \quad D = \begin{bmatrix} d_{11} & d_{12} & \cdots & d_{1m} \\ d_{21} & d_{22} & \cdots & d_{2m} \\ \vdots & \vdots & & \vdots \\ d_{r1} & d_{r2} & \cdots & d_{rm} \end{bmatrix}$$

对于线性时不变系统，上述矩阵均为常数矩阵。矩阵的阶数用下标表示为 $A_{n \times n}$、$B_{n \times m}$、$C_{r \times n}$、$D_{r \times m}$。

由系统的状态方程和输出方程，结合 $t=t_0$ 时刻系统的 n 个状态值 $\lambda_1(t_0), \lambda_2(t_0), \cdots, \lambda_n(t_0)$，即可求出系统的各输出（或响应）。

9.2 连续时间系统状态方程的建立

1. 直接法建立状态方程

通常选择惯性元件如积分器的输出为状态变量，如电容电压、电感电流等。同一系统状态变量的选择不是唯一的。基于基本的物理定律构建状态方程和输出方程。

2. 由系统的微分方程建立状态方程

由系统的微分方程

$$\frac{d^n y(t)}{dt^n} + a_{n-1} \frac{d^{n-1} y(t)}{dt^{n-1}} + \cdots + a_1 \frac{dy(t)}{dt} + a_0 y(t)$$
$$= b_m \frac{d^m x(t)}{dt^m} + b_{m-1} \frac{d^{m-1} x(t)}{dt^{m-1}} + \cdots + b_1 \frac{dx(t)}{dt} + b_0 x(t)$$

可得系统的时域模拟框图，如下图所示。图中积分方框表示积分环节，系数方框表示比例环节。

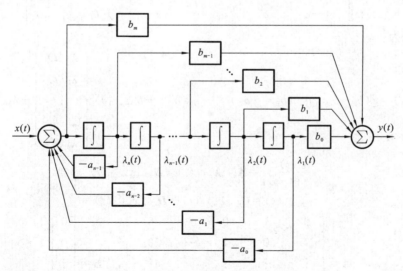

系统的时域模拟框图

也可表示成更为简洁的信号流图形式，如下图所示，图中 $1/s$ 表示积分环节，系数 a、b 表示比例或增益，运算按箭头方向，$x(t)$ 为输入，$y(t)$ 为输出。

取积分器的输出 $\lambda_1(t), \lambda_2(t), \cdots, \lambda_n(t)$ 作为状态变量，得系统的状态方程

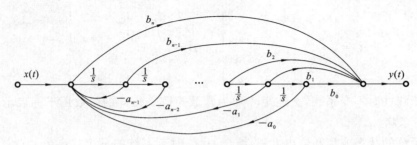

系统的信号流图

$$\begin{cases} \dot{\lambda}_1(t) = \lambda_2(t) \\ \dot{\lambda}_2(t) = \lambda_3(t) \\ \quad \vdots \\ \dot{\lambda}_{n-1}(t) = \lambda_n(t) \\ \dot{\lambda}_n(t) = -a_0\lambda_1(t) - a_1\lambda_2(t) - \cdots - a_{n-2}\lambda_{n-1}(t) - a_{n-1}\lambda_n(t) + x(t) \end{cases}$$

和输出方程

$$\begin{aligned} y(t) &= b_0\lambda_1(t) + b_1\lambda_2(t) + \cdots + b_{n-1}\lambda_n(t) \\ &\quad + b_n[-a_0\lambda_1(t) - a_1\lambda_2(t) - \cdots - a_{n-2}\lambda_{n-1}(t) - a_{n-1}\lambda_n(t) + x(t)] \\ &= (b_0 - b_na_0)\lambda_1(t) + (b_1 - b_na_1)\lambda_2(t) + \cdots + (b_{n-1} - b_na_{n-1})\lambda_n(t) + b_nx(t) \end{aligned}$$

矩阵形式状态方程：

$$\begin{bmatrix} \dot{\lambda}_1(t) \\ \dot{\lambda}_2(t) \\ \vdots \\ \dot{\lambda}_{n-1}(t) \\ \dot{\lambda}_n(t) \end{bmatrix} = \begin{bmatrix} 0 & 1 & 0 & \cdots & 0 \\ 0 & 0 & 1 & \cdots & 0 \\ \vdots & \vdots & \vdots & & \vdots \\ 0 & 0 & 0 & \cdots & 1 \\ -a_0 & -a_1 & -a_2 & \cdots & -a_{n-1} \end{bmatrix} \begin{bmatrix} \lambda_1(t) \\ \lambda_2(t) \\ \vdots \\ \lambda_{n-1}(t) \\ \lambda_n(t) \end{bmatrix} + \begin{bmatrix} 0 \\ 0 \\ \vdots \\ 0 \\ 1 \end{bmatrix} x(t)$$

输出方程为

$$y(t) = \begin{bmatrix} (b_0 - b_na_0) & (b_1 - b_na_1) & \cdots & (b_{n-1} - b_na_{n-1}) \end{bmatrix} \begin{bmatrix} \lambda_1(t) \\ \lambda_2(t) \\ \vdots \\ \lambda_{n-1}(t) \\ \lambda_n(t) \end{bmatrix} + b_nx(t)$$

简写成
$$\frac{\mathrm{d}\boldsymbol{\lambda}(t)}{\mathrm{d}t}\bigg|_{n\times 1} = \boldsymbol{A}_{n\times n}\boldsymbol{\lambda}_{n\times 1}(t) + \boldsymbol{B}_{n\times m}\boldsymbol{x}_{m\times 1}(t)$$
$$\boldsymbol{y}_{r\times 1}(t) = \boldsymbol{C}_{r\times n}\boldsymbol{\lambda}_{n\times 1}(t) + \boldsymbol{D}_{r\times m}\boldsymbol{x}_{m\times 1}(t)$$

其中 $\boldsymbol{A} = \begin{bmatrix} 0 & 1 & 0 & \cdots & 0 \\ 0 & 0 & 1 & \cdots & 0 \\ \vdots & \vdots & \vdots & & \vdots \\ 0 & 0 & 0 & \cdots & 1 \\ -a_0 & -a_1 & -a_2 & \cdots & -a_{n-1} \end{bmatrix}$, $\boldsymbol{B} = \begin{bmatrix} 0 \\ 0 \\ \vdots \\ 0 \\ 1 \end{bmatrix}$

$\boldsymbol{C} = \begin{bmatrix} (b_0 - b_na_0) & (b_1 - b_na_1) & \cdots & (b_{n-1} - b_na_{n-1}) \end{bmatrix}$, $\boldsymbol{D} = [b_n]$

若微分方程中阶数 $m < n$，则上述系数矩阵 $\boldsymbol{A}, \boldsymbol{B}$ 不变，$\boldsymbol{C}, \boldsymbol{D}$ 变为

$$\boldsymbol{C} = \begin{bmatrix} b_0 & b_1 & \cdots & b_m & 0 & \cdots & 0 \end{bmatrix}, \quad \boldsymbol{D} = \boldsymbol{0}$$

3. 由系统函数建立状态方程

系统函数可展开成部分分式之和：

$$H(s) = \frac{Y(s)}{X(s)} = \sum_{i=1}^{N} \frac{k_i}{s+p_i}$$

其中，$H_i(s) = \frac{Y_i(s)}{X_i(s)} = \frac{k_i}{s+p_i}$ 为每一个部分分式的标准形式，结构框图如下图所示。

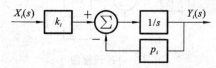

标准部分分式 $H_i(s) = \frac{k_i}{s+p_i}$ 的结构框图

系统由各部分分式并联而成，如下图所示。

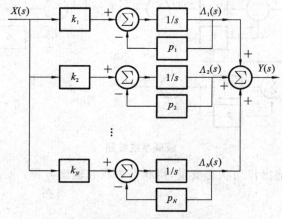

并联结构的系统函数框图

$1/s$ 对应积分环节。选择积分器的输出 $\lambda_i(t)$ 作为状态变量，则系统的状态方程和输出方程分别为

$$\begin{bmatrix} \dfrac{d\lambda_1(t)}{dt} \\ \dfrac{d\lambda_2(t)}{dt} \\ \vdots \\ \dfrac{d\lambda_N(t)}{dt} \end{bmatrix} = \begin{bmatrix} -p_1 & 0 & \cdots & 0 \\ 0 & -p_2 & \cdots & 0 \\ \vdots & \vdots & & \vdots \\ 0 & 0 & \cdots & -p_N \end{bmatrix} \begin{bmatrix} \lambda_1(t) \\ \lambda_2(t) \\ \vdots \\ \lambda_N(t) \end{bmatrix} + \begin{bmatrix} k_1 \\ k_2 \\ \vdots \\ k_N \end{bmatrix} x(t)$$

$$y(t) = \begin{bmatrix} 1 & 1 & \cdots & 1 \end{bmatrix} \begin{bmatrix} \lambda_1(t) \\ \lambda_2(t) \\ \vdots \\ \lambda_N(t) \end{bmatrix}$$

状态变量的选择不是唯一的。若系统函数展开成如下部分分式之积的形式：

$$H(s) = \frac{Y(s)}{X(s)} = H_1(s) \cdot H_2(s) \cdots H_N(s) = K \frac{\prod\limits_{i=1}^{N}(s+k_i)}{\prod\limits_{i=1}^{N}(s+p_i)}$$

其中，$H_i(s)$ 的标准形式为

$$H_i(s) = \frac{Y_i(s)}{X_i(s)} = \frac{s+k_i}{s+p_i} = 1 + \frac{k_i - p_i}{s+p_i}$$

其系统框图如下图所示。

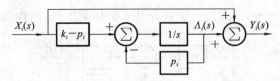

$H_i(s)$ 系统框图

则系统由各子系统级联而成，如下图所示。

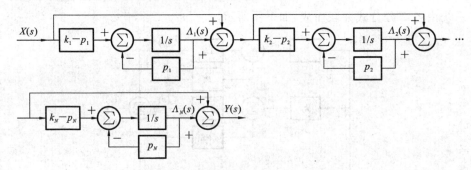

级联系统框图

选择积分器的输出作为状态变量，得状态方程和输出方程：

$$\begin{bmatrix} \dfrac{d\lambda_1(t)}{dt} \\ \dfrac{d\lambda_2(t)}{dt} \\ \dfrac{d\lambda_3(t)}{dt} \\ \vdots \\ \dfrac{d\lambda_N(t)}{dt} \end{bmatrix} = \begin{bmatrix} -p_1 & 0 & 0 & \cdots & 0 \\ k_2-p_2 & -p_2 & 0 & \cdots & 0 \\ k_3-p_3 & k_3-p_3 & -p_3 & \cdots & 0 \\ \vdots & \vdots & \vdots & & \vdots \\ k_N-p_N & k_N-p_N & k_N-p_N & \cdots & -p_N \end{bmatrix} \begin{bmatrix} \lambda_1(t) \\ \lambda_2(t) \\ \lambda_3(t) \\ \vdots \\ \lambda_N(t) \end{bmatrix} + \begin{bmatrix} k_1-p_1 \\ k_2-p_2 \\ k_3-p_3 \\ \vdots \\ k_N-p_N \end{bmatrix} x(t)$$

$$y(t) = \begin{bmatrix} 1 & 1 & \cdots & 1 \end{bmatrix} \begin{bmatrix} \lambda_1(t) \\ \lambda_2(t) \\ \vdots \\ \lambda_N(t) \end{bmatrix}$$

并联系统和级联系统所得状态方程不同，但输出结果相同。

9.3 离散时间系统状态方程的建立

离散时间系统的状态方程是一阶联立差分方程组。若系统是线性时不变系统，则状态方程和输出方程是状态变量和输入的线性组合。

对于多输入多输出系统，设有 k 个状态变量、p 个输入和 q 个输出，则状态方程为

$$\begin{bmatrix}\lambda_1[n+1]\\\lambda_2[n+1]\\\vdots\\\lambda_k[n+1]\end{bmatrix}_{k\times 1}=\begin{bmatrix}a_{11}&a_{12}&\cdots&a_{1k}\\a_{21}&a_{22}&\cdots&a_{2k}\\\vdots&\vdots&&\vdots\\a_{k1}&a_{k2}&\cdots&a_{kk}\end{bmatrix}_{k\times k}\begin{bmatrix}\lambda_1[n]\\\lambda_2[n]\\\vdots\\\lambda_k[n]\end{bmatrix}_{k\times 1}+\begin{bmatrix}b_{11}&b_{12}&\cdots&b_{1p}\\b_{21}&b_{22}&\cdots&b_{2p}\\\vdots&\vdots&&\vdots\\b_{k1}&b_{k2}&\cdots&a_{kp}\end{bmatrix}_{k\times p}\begin{bmatrix}x_1[n]\\x_2[n]\\\vdots\\x_k[n]\end{bmatrix}_{p\times 1}$$

输出方程为

$$\begin{bmatrix}y_1[n]\\y_2[n]\\\vdots\\y_q[n]\end{bmatrix}_{q\times 1}=\begin{bmatrix}c_{11}&c_{12}&\cdots&c_{1k}\\c_{21}&c_{22}&\cdots&c_{2k}\\\vdots&\vdots&&\vdots\\c_{q1}&c_{q2}&\cdots&c_{qk}\end{bmatrix}_{q\times k}\begin{bmatrix}\lambda_1[n]\\\lambda_2[n]\\\vdots\\\lambda_k[n]\end{bmatrix}_{k\times 1}+\begin{bmatrix}d_{11}&d_{12}&\cdots&d_{1p}\\d_{21}&d_{22}&\cdots&d_{2p}\\\vdots&\vdots&&\vdots\\b_{q1}&b_{q2}&\cdots&a_{qp}\end{bmatrix}_{q\times p}\begin{bmatrix}x_1[n]\\x_2[n]\\\vdots\\x_k[n]\end{bmatrix}_{p\times 1}$$

即
$$\boldsymbol{\lambda}[n+1]=\boldsymbol{A}\boldsymbol{\lambda}[n]+\boldsymbol{B}\boldsymbol{x}[n]$$
$$\boldsymbol{y}[n]=\boldsymbol{C}\boldsymbol{\lambda}[n]+\boldsymbol{D}\boldsymbol{x}[n]$$

对于线性时不变系统，上述方程中 $\boldsymbol{A}$、$\boldsymbol{B}$、$\boldsymbol{C}$、$\boldsymbol{D}$ 为常数矩阵，矩阵中的每个元素均为常数。

若已知系统的激励 $\boldsymbol{x}[n]$ 和 $n=n_0$ 时刻的初始状态 $\boldsymbol{\lambda}[n_0]$，就可唯一地确定系统在 $n\geqslant n_0$ 任意时刻的状态 $\boldsymbol{\lambda}[n]$ 和输出 $\boldsymbol{y}[n]$。

1. 由差分方程建立状态方程

设离散时间信号的 k 阶差分方程为
$$y[n]+a_{k-1}y[n-1]+\cdots+a_1y[n-k+1]+a_0y[n-k]$$
$$=b_mx[n]+b_{m-1}x[n-1]+\cdots+b_1x[n-m+1]+b_0x[n-m]$$

系统函数为
$$H(z)=\frac{b_m+b_{m-1}z^{-1}+\cdots+b_0z^{-m}}{1+a_{k-1}z^{-1}+\cdots+a_0z^{-n}}$$

系统的时域模拟图如下图所示，D 为延时环节，a、b 为比例系数。

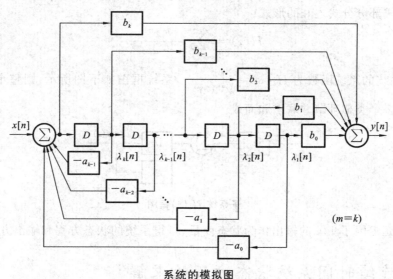

系统的模拟图

选取每个延迟环节的输出作为状态变量，则
状态方程：
$$\lambda_1[n+1]=\lambda_2[n]$$

$$\lambda_2[n+1]=\lambda_3[n]$$
$$\vdots$$
$$\lambda_{k-1}[n+1]=\lambda_k[n]$$
$$\lambda_k[n+1]=-a_0\lambda_1[n]-a_1\lambda_2[n]-\cdots-a_{k-1}\lambda_k[n]+x[n]$$

输出方程：
$$y[n]=b_0\lambda_1[n]+b_1\lambda_2[n]+\cdots+b_{k-1}\lambda_k[n]+b_k[-a_0\lambda_1[n]-a_1\lambda_2[n]-\cdots$$
$$-a_{k-1}\lambda_k[n]+x[n]]$$
$$=[b_0-b_ka_0]\lambda_1[n]+[b_1-b_ka_1]\lambda_2[n]+\cdots+[b_{k-1}-b_ka_{k-1}]\lambda_k[n]+b_kx[n]$$

矩阵形式：
$$\boldsymbol{\lambda}[n+1]=\boldsymbol{A}\boldsymbol{\lambda}[n]+\boldsymbol{B}x[n]$$
$$y[n]=\boldsymbol{C}\boldsymbol{\lambda}[n]+\boldsymbol{D}x[n]$$

其中，
$$\boldsymbol{A}=\begin{bmatrix} 0 & 1 & 0 & \cdots & 0 \\ 0 & 0 & 1 & \cdots & 0 \\ \vdots & \vdots & \vdots & & \vdots \\ 0 & 0 & 0 & \cdots & 1 \\ -a_0 & -a_1 & -a_2 & \cdots & -a_{n-1} \end{bmatrix},\quad \boldsymbol{B}=\begin{bmatrix} 0 \\ 0 \\ \vdots \\ 0 \\ 1 \end{bmatrix}$$
$$\boldsymbol{C}=[(b_0-b_ka_0) \quad (b_1-b_ka_1) \quad \cdots \quad (b_{k-1}-b_ka_{k-1})],\quad \boldsymbol{D}=[b_k]$$

状态变量的选择不是唯一的。选择不同的状态变量所得状态方程和输出方程不同，但输出结果相同。

2. 由系统函数建立状态方程

设离散时间系统的系统函数为
$$H(z)=\frac{b_m+b_{m-1}z^{-1}+\cdots+b_0z^{-m}}{1+a_{k-1}z^{-1}+\cdots+a_0z^{-n}}$$

将其展开成部分分式之和的形式：
$$H(z)=\sum_{i=1}^{N}\frac{k_iz^{-1}}{1+a_iz^{-1}}$$

其中，子系统的系统函数为 $H_i(z)=\dfrac{k_iz^{-1}}{1+a_iz^{-1}}$，系统框图如下图所示，则整个系统的系统框图由多个类似环节并联求和而成。

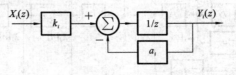

子系统 $H_i(z)$ 框图

选择延迟因子 $1/z$ 的输出作为状态变量，可得系统的状态方程和输出方程。

9.4 连续时间系统状态方程的求解

1. 时域解法

系统的状态方程：

$$\frac{d\boldsymbol{\lambda}(t)}{dt} = \boldsymbol{A}\boldsymbol{\lambda}(t) + \boldsymbol{B}\boldsymbol{x}(t)$$

结合初始条件,求得:

$$\boldsymbol{\lambda}(t) = e^{\boldsymbol{A}t}\boldsymbol{\lambda}(0^-) + e^{-\boldsymbol{A}t}\boldsymbol{B}\boldsymbol{x}(t)$$

式中,第一项仅与初始条件有关,为零输入解;第二项仅与激励有关,为零状态解。

系统输出:

$$\boldsymbol{y}(t) = \boldsymbol{C}e^{\boldsymbol{A}t}\boldsymbol{\lambda}(0^-) + [\boldsymbol{C}e^{\boldsymbol{A}t}\boldsymbol{B} + \boldsymbol{D}\delta(t)] * \boldsymbol{x}(t)$$

系统的零输入响应:

$$\boldsymbol{y}_{zi}(t) = \boldsymbol{C}e^{\boldsymbol{A}t}\boldsymbol{\lambda}(0^-)$$

系统的零状态响应:

$$\boldsymbol{y}_{zs}(t) = [\boldsymbol{C}e^{\boldsymbol{A}t}\boldsymbol{B} + \boldsymbol{D}\delta(t)] * \boldsymbol{x}(t)$$

状态转移矩阵(state transition matrix)$e^{\boldsymbol{A}t}$求解方法:

(1) 时域中利用矩阵 $\boldsymbol{A}$ 的特征值求 $e^{\boldsymbol{A}t}$。

设 $\boldsymbol{A}$ 是 $k \times k$ 阶矩阵,由卡莱-哈密顿(Cayley-Hamiton)定理:当 $i \geqslant k$ 时,有

$$\boldsymbol{A}^i = \beta_0 \boldsymbol{I} + \beta_1 \boldsymbol{A} + \beta_2 \boldsymbol{A}^2 + \cdots + \beta_{k-1} \boldsymbol{A}^{k-1} = \sum_{j=0}^{k-1} \beta_j \boldsymbol{A}^j$$

$$e^{\boldsymbol{A}t} = \sum_{k=0}^{\infty} \frac{t^k}{k!} \boldsymbol{A}^k = \sum_{j=0}^{k-1} \beta_j(t) \boldsymbol{A}^j$$

$$e^{\alpha_i t} = \sum_{j=0}^{k-1} \beta_j(t) \alpha_i^j$$

上式中 $\alpha_i (i=1,2,3,\cdots,k)$ 为 $\boldsymbol{A}$ 的特征值,利用上式和 k 个 α_i 就可确定待定系数 $\beta_j(t)$。

若 α_i 互不相等,则

$$\begin{cases} e^{\alpha_1 t} = \beta_0 + \beta_1 \alpha_1 + \beta_2 \alpha_1^2 + \cdots + \beta_{k-1} \alpha_1^{k-1} \\ e^{\alpha_2 t} = \beta_0 + \beta_1 \alpha_2 + \beta_2 \alpha_2^2 + \cdots + \beta_{k-1} \alpha_2^{k-1} \\ \quad \vdots \\ e^{\alpha_k t} = \beta_0 + \beta_1 \alpha_k + \beta_2 \alpha_k^2 + \cdots + \beta_{k-1} \alpha_k^{k-1} \end{cases}$$

解方程组可求得系数 $\beta_0, \beta_1, \beta_2, \cdots, \beta_{k-1}$(它们均为时间 t 的函数),进而求得 $e^{\boldsymbol{A}t}$。

若矩阵 $\boldsymbol{A}$ 的特征值 α_1 是 m 阶的,则有

$$\begin{cases} e^{\alpha_1 t} = \beta_0 + \beta_1 \alpha_1 + \cdots + \beta_{k-1} \alpha_1^{k-1} \\ \frac{d}{dt} e^{\alpha t} \Big|_{\alpha=\alpha_1} = \beta_1 + 2\beta_2 \alpha_1 + \cdots + (k-1)\beta_{k-1} \alpha_1^{k-2} \\ \quad \vdots \\ \frac{d^{m-1}}{dt^{m-1}} e^{\alpha t} \Big|_{\alpha=\alpha_1} = (m-1)! \beta_{m-1} + m! \beta_m \alpha_1 + \frac{(m+1)!}{2!} \beta_{m+1} \alpha_1^2 + \cdots + \frac{(k-1)!}{(k-m)!} \beta_{k-1} \alpha_1^{k-m} \end{cases}$$

结合其他 $\alpha_i (i=2,3,\cdots,k-m+1)$ 组成的 $(k-m)$ 个方程即可求出各待定系数。

2. 复频域解法

状态方程:

$$\boldsymbol{\Lambda}(s) = (s\boldsymbol{I} - \boldsymbol{A})^{-1} \boldsymbol{\lambda}(0^-) + (s\boldsymbol{I} - \boldsymbol{A})^{-1} \boldsymbol{B} \boldsymbol{X}(s)$$

输出方程:

$$\boldsymbol{Y}(s) = \boldsymbol{C}\boldsymbol{\Lambda}(s) + \boldsymbol{D}\boldsymbol{X}(s) = \boldsymbol{C}(s\boldsymbol{I} - \boldsymbol{A})^{-1} \boldsymbol{\lambda}(0^-) + [\boldsymbol{C}(s\boldsymbol{I} - \boldsymbol{A})^{-1} \boldsymbol{B} + \boldsymbol{D}] \boldsymbol{X}(s)$$

零输入响应:
$$Y_{zi}(s) = C(sI-A)^{-1}\lambda(0^-)$$

零状态响应:
$$Y_{zs}(s) = [C(sI-A)^{-1}B+D]X(s)$$

系统的全响应:
$$Y(s) = Y_{zi}(s) + Y_{zs}(s)$$

求反拉普拉斯变换得时域解
$$\lambda(t) = \mathscr{L}^{-1}[(sI-A)^{-1}\lambda(0^-)] + \mathscr{L}^{-1}[(sI-A)^{-1}BX(s)]$$
$$y(t) = \mathscr{L}^{-1}[C(sI-A)^{-1}\lambda(0^-)] + \mathscr{L}^{-1}\{[C(sI-A)^{-1}B+D]X(s)\}$$

状态转移矩阵:
$$e^{At} = \mathscr{L}^{-1}[(sI-A)^{-1}] = \mathscr{L}^{-1}\left[\frac{\text{adj}(sI-A)}{|sI-A|}\right]$$

式中: $\text{adj}(sI-A)$ 是 $(sI-A)$ 的伴随矩阵;$|sI-A|$ 是 $(sI-A)$ 的特征多项式。

矩阵 A 的特征值就是系统的固有频率,可据此判断系统的稳定性等。

3. 系统函数矩阵

系统函数矩阵或转移函数矩阵:
$$H(s) = \frac{Y_{zs}(s)}{X(s)} = C(sI-A)^{-1}B+D$$

当系统有 p 个输入、q 个输出时,$H(s)$ 是 $p \times q$ 阶矩阵,有

$$H(s) = \begin{bmatrix} H_{11}(s) & H_{12}(s) & \cdots & H_{1p}(s) \\ H_{21}(s) & H_{22}(s) & \cdots & H_{2p}(s) \\ \vdots & \vdots & & \vdots \\ H_{q1}(s) & H_{q2}(s) & \cdots & H_{pq}(s) \end{bmatrix}_{p \times q}$$

其中,
$$H_{ij}(s) = \frac{Y_{ij}(s)}{X_j(s)}\bigg|_{\text{除}x_j(t)\text{外其他输入均为零}}$$

$H(s)$ 的极点都是方程 $|sI-A|=0$ 的根,即矩阵 A 的特征值。

矩阵 A 的特征值是确定不变的,但 $H(s)$ 的零点和极点有可能互相抵消,因此矩阵 A 的特征值较 $H(s)$ 的极点更能反映系统的全部信息,包括系统的稳定性。

9.5 离散时间系统状态方程的求解

1. 时域解法

系统的状态方程:
$$\lambda[n+1] = A\lambda[n] + Bx[n]$$

结合激励和初始状态可递推得:
$$\lambda[n] = A^n\lambda[0] + \sum_{i=0}^{n-1} A^{n-1-i}Bx[i]$$

设 $\phi[n] = A^n$,可得
$$\lambda[n] = \phi[n]\lambda[0] + \phi[n-1]B * x[n]$$

输出方程：
$$y[n] = C\phi[n]\lambda[0] + [C\phi[n-1]B + D\delta[n]] * x[n]$$

式中，第一项为零输入响应；第二项为零状态响应。

状态转移矩阵的求解：

由卡莱-哈米顿定理，对于 $k \times k$ 阶矩阵 A，当 $i \geq k$ 时，有

$$A^i = \beta_0 I + \beta_1 A + \beta_2 A^2 + \cdots + \beta_{k-1} A^{k-1} = \sum_{j=0}^{k-1} \beta_j A^j$$

矩阵 A 满足其特征方程，将 A 的特征值 $\alpha_1, \alpha_2, \cdots, \alpha_{k-1}$ 替代 A，可得到 k 元一次方程组，解方程组即得系数 β_j。

2. z 域解法

对时域状态方程两边求 z 变换，可得

$$\Lambda(z) = [zI - A]^{-1} z\lambda[0] + [zI - A]^{-1} BX(z)$$

式中，第一项 $[zI - A]^{-1} z\lambda[0]$ 为零输入解；第二项 $[zI - A]^{-1} BX(z)$ 为零状态解。

求逆 z 变换，得

$$\lambda[n] = \underbrace{\mathscr{L}^{-1}\{[zI-A]^{-1} z\lambda[0]\}}_{\text{零输入解}} + \underbrace{\mathscr{L}^{-1}\{[zI-A]^{-1} B\} * x[n]}_{\text{零状态解}}$$

状态转移矩阵：

$$\phi[n] = A^n = \mathscr{L}^{-1}\{[zI-A]^{-1} z\} = \mathscr{L}^{-1}\{[I-Az]^{-1}\}$$

对输出方程两边求 z 变换，则

$$Y(z) = C\Lambda(z) + DX(z)$$
$$= C[zI-A]^{-1} z\lambda[0] + C[zI-A]^{-1} BX(z) + DX(z)$$

求逆 z 变换即得输出

$$y[n] = \mathscr{L}^{-1}\{C[zI-A]^{-1} z\lambda[0]\} + \mathscr{L}^{-1}\{C[zI-A]^{-1} B + D\} * x[n]$$

离散时间系统的系统函数矩阵：

$$H(z) = C[zI-A]^{-1} B + D$$

矩阵的每一个元素的物理意义与 $H(s)$ 类似。

9.6 系统的可控性与可观性

1. 系统的可控制性

系统的可控性质反映了系统的输入对内部状态的控制能力。

连续或离散线性时不变系统具有可控性的充要条件是由状态方程中的矩阵 $A(k \times k$ 阶$)$ 和 $B(k \times p$ 阶$)$ 组成的矩阵 S 满秩，即

$$\text{rank} S = k$$

其中，$S = [B \quad AB \quad A^2 B \quad \cdots \quad A^{k-1}B]$。

2. 系统的可观测性

系统的可观性反映了从输出量能否获得系统内部全部状态的信息。

连续或离散线性时不变系统完全可观的充分必要条件是矩阵 $\boldsymbol{R}=\begin{bmatrix} \boldsymbol{C} \\ \boldsymbol{CA} \\ \boldsymbol{CA}^2 \\ \vdots \\ \boldsymbol{CA}^{k-1} \end{bmatrix}$ 满秩,即

$$\text{rank}\boldsymbol{R}=k$$

式中:$\boldsymbol{A}$ 为状态方程的 $k \times k$ 阶矩阵;$\boldsymbol{B}$ 为 $q \times k$ 阶矩阵;k 为系统的状态变量数;q 为系统的输出数。

解题指导:

(1) 对于连续时间系统,选取积分环节的输出作状态变量;对于离散时间系统,选取延迟环节的输出作为状态变量。状态变量的选择不是唯一的。

(2) 状态方程的求解有时域法和变换域法(对于连续时间系统用拉普拉斯变换,对于离散时间系统用 z 变换)。

(3) 连续时间系统状态转移矩阵 e^{At} 在时域中可利用矩阵 $\boldsymbol{A}$ 的特征值计算,或利用拉普拉斯变换计算。离散时间系统状态转移矩阵 $\boldsymbol{A}^n$ 可利用矩阵 $\boldsymbol{A}$ 的特征值计算,或利用 z 变换计算。

(4) 系统可控必须 $\text{rank}\boldsymbol{S}=k$(满秩),系统可观性必须 $\text{rank}\boldsymbol{R}=k$(满秩)。

典型例题:

例 1 某系统的输入/输出关系如下:

$$\frac{d^2 y(t)}{dt^2}+4\frac{dy(t)}{dt}+3y(t)=x(t)$$

(1) 写出系统的状态方程;

(2) 写出输出方程。

解 (1) 取状态变量 $\lambda_1(t)=y(t)$,$\lambda_2(t)=\dot{y}(t)$,则有

$$\dot{\lambda}_1(t)=\lambda_2(t)$$
$$\dot{\lambda}_2(t)=-3\lambda_1(t)-4\lambda_2(t)+x(t)$$
$$y(t)=\lambda_1(t)$$

写成矩阵形式,状态方程:

$$\begin{bmatrix} \dot{\lambda}_1(t) \\ \dot{\lambda}_2(t) \end{bmatrix}=\begin{bmatrix} 0 & 1 \\ -3 & -4 \end{bmatrix}\begin{bmatrix} \lambda_1(t) \\ \lambda_2(t) \end{bmatrix}+\begin{bmatrix} 0 \\ 1 \end{bmatrix}x(t)$$

(2) 输出方程

$$y(t)=\begin{bmatrix} 0 & 1 \end{bmatrix}\begin{bmatrix} \lambda_1(t) \\ \lambda_2(t) \end{bmatrix}$$

例 2 已知离散时间系统的差分方程为

$$y[n]-3y[n-1]+2y[n-2]=x[n]$$

试写出系统的状态方程和输出方程。

解 选状态变量:

$$\lambda_1[n]=y[n-2]$$

$$\lambda_2[n]=y[n-1]$$

则状态方程：
$$\lambda_1[n+1]=\lambda_2[n]$$
$$\lambda_2[n+1]=-2\lambda_1[n]+3\lambda_2[n]+x[n]$$

输出方程：
$$y[n]=-2\lambda_1[n]+3\lambda_2[n]+x[n]$$

写成矩阵形式：
$$\begin{bmatrix}\lambda_1[n+1]\\\lambda_2[n+1]\end{bmatrix}=\begin{bmatrix}0 & 1\\-2 & 3\end{bmatrix}\begin{bmatrix}\lambda_1[n]\\\lambda_2[n]\end{bmatrix}+\begin{bmatrix}0\\1\end{bmatrix}x[n]$$

$$y[n]=\begin{bmatrix}-2 & 3\end{bmatrix}\begin{bmatrix}\lambda_1[n]\\\lambda_2[n]\end{bmatrix}+x[n]$$

习题解答：

1. 一力学系统的位移 $y(t)$ 和外力 $x(t)$ 之间具有如下关系：
$$m\frac{d^2y(t)}{dt^2}+k_2\frac{dy(t)}{dt}+k_1y(t)=x(t)$$

（1）写出系统的状态方程；

（2）若位移为输出，写出输出方程。

解 （1）取状态变量 $\lambda_1(t)=y(t)$，$\lambda_2(t)=\dot{y}(t)$，则有
$$\dot{\lambda}_1(t)=\lambda_2(t)$$
$$\dot{\lambda}_2(t)=-\frac{k_1}{m}\lambda_1(t)-\frac{k_2}{m}\lambda_2(t)+\frac{1}{m}x(t)$$
$$y(t)=\lambda_1(t)$$

写成矩阵形式，状态方程：
$$\begin{bmatrix}\dot{\lambda}_1(t)\\\dot{\lambda}_2(t)\end{bmatrix}=\begin{bmatrix}0 & 1\\-\frac{k_1}{m} & -\frac{k_2}{m}\end{bmatrix}\begin{bmatrix}\lambda_1(t)\\\lambda_2(t)\end{bmatrix}+\begin{bmatrix}0\\\frac{1}{m}\end{bmatrix}x(t)$$

（2）输出方程
$$y(t)=\begin{bmatrix}1 & 0\end{bmatrix}\begin{bmatrix}\lambda_1(t)\\\lambda_2(t)\end{bmatrix}$$

2. 一 RLC 串联电路，若激励为电压源 $x(t)$，以电感电流和电容电压为状态变量，以回路电流为输出，构建系统的状态方程和输出方程。

解 选状态变量 $\lambda_1(t)=i_L(t)$，$\lambda_2(t)=v_C(t)$，由 KVL 得电路方程：
$$Ri_L(t)+L\frac{di_L(t)}{dt}+v_C(t)=x(t)$$

即
$$R\lambda_1(t)+L\dot{\lambda}_1(t)+\lambda_2(t)=x(t)$$

且
$$C\dot{\lambda}_2(t)=\lambda_1(t)$$

输出方程：
$$y(t)=\lambda_1(t)$$

矩阵形式状态方程：

$$\begin{bmatrix}\dot{\lambda}_1(t)\\ \dot{\lambda}_2(t)\end{bmatrix}=\begin{bmatrix}-\dfrac{R}{L} & -\dfrac{1}{L}\\ \dfrac{1}{C} & 0\end{bmatrix}\begin{bmatrix}\lambda_1(t)\\ \lambda_2(t)\end{bmatrix}+\begin{bmatrix}\dfrac{1}{L}\\ 0\end{bmatrix}x(t)$$

输出方程：

$$y(t)=\begin{bmatrix}1 & 0\end{bmatrix}\begin{bmatrix}\lambda_1(t)\\ \lambda_2(t)\end{bmatrix}$$

3. 一电路如下图所示，以电感电流和电容电压为状态变量（参考方向见图），选电容电压为输出，写出电路的状态方程和输出方程，并写成矩阵形式。

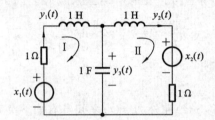

解 选取电容电压、电感电流为状态变量，分别为 $y_1(t)$、$y_2(t)$、$y_3(t)$。

由网孔 I、II 列写回路方程：

$$1\cdot y_1(t)+1\cdot \dot{y}_1(t)+y_3(t)-x_1(t)=0$$
$$1\cdot \dot{y}_2(t)+1\cdot y_2(t)-y_3(t)+x_2(t)=0$$

电路节点方程：

$$1\cdot \dot{y}_3(t)=y_1(t)-y_2(t)$$

输出方程：

$$y(t)=y_3(t)$$

矩阵形式的状态方程：

$$\begin{bmatrix}\dot{y}_1(t)\\ \dot{y}_2(t)\\ \dot{y}_3(t)\end{bmatrix}=\begin{bmatrix}-1 & 0 & -1\\ 0 & -1 & 1\\ 1 & -1 & 0\end{bmatrix}\begin{bmatrix}y_1(t)\\ y_2(t)\\ y_3(t)\end{bmatrix}+\begin{bmatrix}1 & 0\\ 0 & -1\\ 0 & 0\end{bmatrix}\begin{bmatrix}x_1(t)\\ x_2(t)\end{bmatrix}$$

输出方程：

$$y(t)=\begin{bmatrix}0 & 0 & 1\end{bmatrix}\begin{bmatrix}y_1(t)\\ y_2(t)\\ y_3(t)\end{bmatrix}+\begin{bmatrix}0 & 0\end{bmatrix}\begin{bmatrix}x_1(t)\\ x_2(t)\end{bmatrix}$$

4. 系统的状态方程和初始条件为

$$\begin{bmatrix}\dot{\lambda}_1(t)\\ \dot{\lambda}_2(t)\end{bmatrix}=\begin{bmatrix}1 & -2\\ 1 & 4\end{bmatrix}\begin{bmatrix}\lambda_1(t)\\ \lambda_2(t)\end{bmatrix},\begin{bmatrix}\lambda_1(0_-)\\ \lambda_2(0_-)\end{bmatrix}=\begin{bmatrix}3\\ 2\end{bmatrix}$$

求 $\boldsymbol{\lambda}(t)=\begin{bmatrix}\lambda_1(t)\\ \lambda_2(t)\end{bmatrix}$。

解 首先求 $\boldsymbol{A}$ 的特征根：

$$|\alpha\boldsymbol{I}-\boldsymbol{A}|=\begin{vmatrix}\alpha-1 & 2\\ -1 & \alpha-4\end{vmatrix}=\alpha^2-5\alpha+6=0$$

得

$$\alpha_1=2,\quad \alpha_2=3$$

有
$$\begin{cases} e^{2t} = c_0 + 2c_1 \\ e^{3t} = c_0 + 3c_1 \end{cases}$$

解得
$$\begin{cases} c_0 = -2e^{3t} + 3e^{2t} \\ c_1 = e^{3t} - e^{2t} \end{cases}$$

故
$$e^{At} = c_0 \boldsymbol{I} + c_1 \boldsymbol{A} = (-2e^{3t} + 3e^{2t})\begin{bmatrix} 1 & 0 \\ 0 & 1 \end{bmatrix} + (e^{3t} - e^{2t})\begin{bmatrix} 1 & -2 \\ 1 & 4 \end{bmatrix}$$

$$= \begin{bmatrix} -e^{3t} + 2e^{2t} & -2e^{3t} + 2e^{2t} \\ e^{3t} - e^{2t} & 2e^{3t} - e^{2t} \end{bmatrix}$$

$$\boldsymbol{\lambda}(t) = e^{At}\boldsymbol{\lambda}(0^-) = \begin{bmatrix} -e^{3t} + 2e^{2t} & -2e^{3t} + 2e^{2t} \\ e^{3t} - e^{2t} & 2e^{3t} - e^{2t} \end{bmatrix}\begin{bmatrix} 3 \\ 2 \end{bmatrix} = \begin{bmatrix} -7e^{3t} + 10e^{2t} \\ 7e^{3t} - 5e^{2t} \end{bmatrix}$$

5. 线性时不变系统的系统函数分别为

(1) $H(s) = \dfrac{3s+7}{(s+1)(s+2)(s+5)}$;

(2) $H(s) = \dfrac{3s+10}{s^2 + 7s + 12}$;

(3) $H(s) = \dfrac{2s^2 + 3s + 10}{(s+1)(s+2)(s+3)}$;

按系统函数为部分分式之和的形式写出系统的状态方程和输出方程。

解 (1) $H(s) = \dfrac{3s+7}{(s+1)(s+2)(s+5)} = \dfrac{1}{s+1} + \dfrac{-1/3}{s+2} + \dfrac{-2/3}{s+5}$

$= H_1(s) + H_2(s) + H_3(s)$

其中 $H_1(s) = \dfrac{1}{s+1}, H_2(s) = \dfrac{-1/3}{s+2}, H_3(s) = \dfrac{-2/3}{s+5}$

$H_i(s) = \dfrac{Y_i(s)}{X_i(s)} = \dfrac{k_i}{s+p_i}$ 所对应的标准部分分式结果如下图所示。

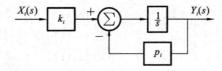

可得系统框图

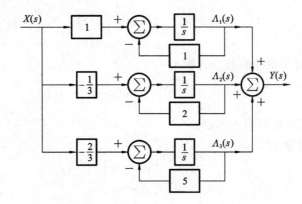

以积分器的输出作为状态变量,可得
$$\dot{\lambda}_1(t) = -\lambda_1(t) + x(t)$$

$$\dot{\lambda}_2(t) = -2\lambda_2(t) - \frac{1}{3}x(t)$$

$$\dot{\lambda}_3(t) = -5\lambda_3(t) - \frac{2}{3}x(t)$$

$$y(t) = \lambda_1(t) + \lambda_2(t) + \lambda_3(t)$$

写成矩阵形式的状态方程：

$$\begin{bmatrix} \dot{\lambda}_1(t) \\ \dot{\lambda}_2(t) \\ \dot{\lambda}_3(t) \end{bmatrix} = \begin{bmatrix} -1 & 0 & 0 \\ 0 & -2 & 0 \\ 0 & 0 & -5 \end{bmatrix} \begin{bmatrix} \lambda_1(t) \\ \lambda_2(t) \\ \lambda_3(t) \end{bmatrix} + \begin{bmatrix} 1 \\ -\frac{1}{3} \\ -\frac{2}{3} \end{bmatrix} x(t)$$

输出方程：

$$y(t) = \begin{bmatrix} 1 & 1 & 1 \end{bmatrix} \begin{bmatrix} \lambda_1(t) \\ \lambda_2(t) \\ \lambda_3(t) \end{bmatrix}$$

也可直接利用式(9.23)、式(9.24)(见教材)写出状态方程和输出方程。

(2) $$H(s) = \frac{3s+10}{s^2+7s+12} = \frac{1}{s+3} + \frac{2}{s+4}$$

$$\begin{bmatrix} \dot{\lambda}_1(t) \\ \dot{\lambda}_2(t) \end{bmatrix} = \begin{bmatrix} -3 & 0 \\ 0 & -4 \end{bmatrix} \begin{bmatrix} \lambda_1(t) \\ \lambda_2(t) \end{bmatrix} + \begin{bmatrix} 1 \\ 2 \end{bmatrix} x(t)$$

$$y(t) = \begin{bmatrix} 1 & 1 \end{bmatrix} \begin{bmatrix} \lambda_1(t) \\ \lambda_2(t) \end{bmatrix}$$

(3) $$H(s) = \frac{2s^2+3s+10}{(s+1)(s+2)(s+3)} = \frac{9/2}{s+1} - \frac{12}{s+2} + \frac{9/2}{s+3}$$

$$\begin{bmatrix} \dot{\lambda}_1(t) \\ \dot{\lambda}_2(t) \\ \dot{\lambda}_3(t) \end{bmatrix} = \begin{bmatrix} -1 & 0 & 0 \\ 0 & -2 & 0 \\ 0 & 0 & -3 \end{bmatrix} \begin{bmatrix} \lambda_1(t) \\ \lambda_2(t) \\ \lambda_3(t) \end{bmatrix} + \begin{bmatrix} \frac{9}{2} \\ -12 \\ \frac{9}{2} \end{bmatrix} x(t)$$

$$y(t) = \begin{bmatrix} 1 & 1 & 1 \end{bmatrix} \begin{bmatrix} \lambda_1(t) \\ \lambda_2(t) \\ \lambda_3(t) \end{bmatrix}$$

6. 已知离散时间系统的差分方程为

$$y[n] - \frac{3}{4}y[n-1] + \frac{1}{8}y[n-2] = x[n]$$

试写出系统的状态方程和输出方程。

解 选状态变量：

$$\lambda_1[n] = y[n-2]$$
$$\lambda_2[n] = y[n-1]$$

则状态方程：

$$\lambda_1[n+1] = \lambda_2[n]$$

$$\lambda_2[n+1] = -\frac{1}{8}\lambda_1[n] + \frac{3}{4}\lambda_2[n] + x[n]$$

输出方程：

$$y[n] = -\frac{1}{8}\lambda_1[n] + \frac{3}{4}\lambda_2[n] + x[n]$$

写成矩阵形式：

$$\begin{bmatrix} \lambda_1[n+1] \\ \lambda_2[n+1] \end{bmatrix} = \begin{bmatrix} 0 & 1 \\ -\frac{1}{8} & \frac{3}{4} \end{bmatrix} \begin{bmatrix} \lambda_1[n] \\ \lambda_2[n] \end{bmatrix} + \begin{bmatrix} 0 \\ 1 \end{bmatrix} x[n]$$

$$y[n] = \begin{bmatrix} -\frac{1}{8} & \frac{3}{4} \end{bmatrix} \begin{bmatrix} \lambda_1[n] \\ \lambda_2[n] \end{bmatrix} + x[n]$$

7. 已知离散时间系统的差分方程为

$$y[n] - \frac{3}{4}y[n-1] + \frac{1}{8}y[n-2] = x[n] + \frac{1}{2}x[n-1]$$

试写出系统的状态方程和输出方程。

解 方程的右边存在 $\frac{1}{2}x[n-1]$ 项，选择 $y[n-1]$、$y[n-2]$ 为状态变量不能得出满足系统的状态方程。系统的模拟框图如下图所示。

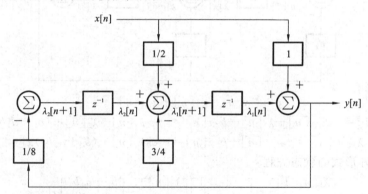

对差分方程两边作 z 变换，得

$$Y[z] = \frac{3}{4}z^{-1}Y(z) - \frac{1}{8}z^{-2}Y(z) + X(z) + \frac{1}{2}z^{-1}X(z)$$

选单位延时器的输出作为状态方程，得

$$y[n] = \lambda_1[n] + x[n]$$

$$\lambda_1[n+1] = \lambda_2[n] + \frac{3}{4}y[n] + \frac{1}{2}x[n] = \frac{3}{4}\lambda_1[n] + \lambda_2[n] + \frac{5}{4}x[n]$$

$$\lambda_2[n] = -\frac{1}{8}y[n] = -\frac{1}{8}\lambda_1[n] - \frac{1}{8}x[n]$$

矩阵形式的状态方程：

$$\begin{bmatrix} \lambda_1[n+1] \\ \lambda_2[n+1] \end{bmatrix} = \begin{bmatrix} \frac{3}{4} & 1 \\ -\frac{1}{8} & 0 \end{bmatrix} \begin{bmatrix} \lambda_1[n] \\ \lambda_2[n] \end{bmatrix} + \begin{bmatrix} \frac{5}{4} \\ -\frac{1}{8} \end{bmatrix} x[n]$$

输出方程：

$$y[n]=\begin{bmatrix}1 & 0\end{bmatrix}\begin{bmatrix}\lambda_1[n]\\ \lambda_2[n]\end{bmatrix}+x[n]$$

8. 设线性时不变离散时间系统的系统函数为
$$H(z)=\frac{b_0z^2+b_1z+b_2}{z^2+a_1z+a_2}$$
求系统的状态方程和输出方程。

解
$$H(z)=\frac{Y(z)}{X(z)}=\frac{b_0+b_1z^{-1}+b_2z^{-2}}{1+a_1z^{-1}+a_2z^{-2}}$$

即
$$(1+a_1z^{-1}+a_2z^{-2})Y(z)=(b_0+b_1z^{-1}+b_2z^{-2})X(z)$$

整理得
$$Y(z)=-a_1z^{-1}Y(z)-a_2z^{-2}Y(z)+b_0X(z)+b_1z^{-1}X(z)+b_2z^{-2}X(z)$$

由此可画出系统的模拟框图（见下图）。选择单位延迟器的输出作为状态变量，得

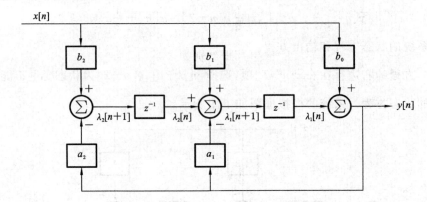

$$y[n]=q_1[n]+b_0x[n]$$
$$\lambda_1[n+1]=-a_1y[n]+\lambda_2[n]+b_1x[n]=-a_1\lambda_1[n]+\lambda_2[n]+(b_1-a_1b_0)x[n]$$
$$\lambda_2[n+1]=-a_2y[n]+b_2x[n]=-a_2\lambda_1[n]+(b_2-a_2b_0)x[n]$$

写成矩阵形式的状态方程：
$$\begin{bmatrix}\lambda_1[n+1]\\ \lambda_2[n+1]\end{bmatrix}=\begin{bmatrix}-a_1 & 1\\ -a_2 & 0\end{bmatrix}\begin{bmatrix}\lambda_1[n]\\ \lambda_2[n]\end{bmatrix}+\begin{bmatrix}b_1-a_1b_0\\ b_2-a_2b_0\end{bmatrix}x[n]$$

输出方程：
$$y[n]=\begin{bmatrix}1 & 0\end{bmatrix}\begin{bmatrix}\lambda_1[n]\\ \lambda_2[n]\end{bmatrix}+b_0x[n]$$

9. 设线性时不变离散时间系统的系统函数为
$$H(z)=\frac{z}{2z^2-3z+1}$$
求系统的状态方程和输出方程。

解
$$H(z)=\frac{z}{2z^2-3z+1}=\frac{\frac{1}{2}z^{-1}}{1-\frac{3}{2}z^{-1}+\frac{1}{2}z^{-2}}$$

由题 8 所得公式，有
$$a_1=-\frac{3}{2},\quad a_2=\frac{1}{2},\quad b_0=0, b_1=\frac{1}{2}$$

所以

$$\begin{bmatrix} \lambda_1[n+1] \\ \lambda_2[n+1] \end{bmatrix} = \begin{bmatrix} \dfrac{3}{2} & 1 \\ -\dfrac{1}{2} & 0 \end{bmatrix} \begin{bmatrix} \lambda_1[n] \\ \lambda_2[n] \end{bmatrix} + \begin{bmatrix} \dfrac{1}{2} \\ 0 \end{bmatrix} x[n]$$

按 $H(z) = \sum\limits_{i=1}^{N} \dfrac{k_i z^{-1}}{1 + a_i z^{-1}}$ 建立状态方程亦可，但所得状态方程不同。

$$H(z) = \dfrac{z}{2z^2 - 3z + 1} = \dfrac{2}{z-1} - \dfrac{1}{z - \dfrac{1}{2}} = \dfrac{2z^{-1}}{1 - z^{-1}} - \dfrac{z^{-1}}{1 - \dfrac{1}{2}z^{-1}}$$

由公式可直接写出状态方程和输出方程：

$$\begin{bmatrix} \lambda_1[n+1] \\ \lambda_2[n+1] \end{bmatrix} = \begin{bmatrix} 1 & 0 \\ \dfrac{1}{2} & 0 \end{bmatrix} \begin{bmatrix} \lambda_1[n] \\ \lambda_2[n] \end{bmatrix} + \begin{bmatrix} 2 \\ -1 \end{bmatrix} x[n]$$

$$y[n] = \begin{bmatrix} 1 & 1 \end{bmatrix} \begin{bmatrix} \lambda_1[n] \\ \lambda_2[n] \end{bmatrix}$$

10. 已知系统的状态方程和输出方程分别为

$$\begin{bmatrix} y_1[n+1] \\ y_2[n+1] \end{bmatrix} = \begin{bmatrix} 1 & 1 \\ 4 & 1 \end{bmatrix} \begin{bmatrix} y_1[n] \\ y_2[n] \end{bmatrix} + \begin{bmatrix} 0 \\ 1 \end{bmatrix} x[n]$$

$$y[n] = y_1[n] = \begin{bmatrix} 1 & 0 \end{bmatrix} \begin{bmatrix} y_1[n] \\ y_2[n] \end{bmatrix}$$

(1) 求系统的单位脉冲响应 $h[n]$；

(2) 已知 $\begin{bmatrix} y_1[0] \\ y_2[0] \end{bmatrix} = \begin{bmatrix} 1 \\ 1 \end{bmatrix}$，激励 $x[n] = u[n]$，求 $\begin{bmatrix} y_1[n] \\ y_2[n] \end{bmatrix}$ 与全响应；

(3) 求系统的自然频率，并判断系统的稳定性。

解 (1) $\boldsymbol{\phi}(z) = [z\boldsymbol{I} - \boldsymbol{A}]^{-1} z = [\boldsymbol{I} - z^{-1}\boldsymbol{A}]^{-1} = \begin{bmatrix} 1 - z^{-1} & -z^{-1} \\ -4z^{-1} & 1 - z^{-1} \end{bmatrix}^{-1}$

$$= \dfrac{1}{(1-z^{-1})^2 - 4z^{-2}} \begin{bmatrix} 1 - z^{-1} & z^{-1} \\ 4z^{-1} & 1 - z^{-1} \end{bmatrix}$$

$$= \begin{bmatrix} \dfrac{1}{2}\dfrac{z}{z+1} + \dfrac{1}{2}\dfrac{z}{z-3} & -\dfrac{1}{4}\dfrac{z}{z+1} + \dfrac{1}{4}\dfrac{z}{z-3} \\ -\dfrac{z}{z+1} + \dfrac{z}{z-3} & \dfrac{1}{2}\dfrac{z}{z+1} + \dfrac{1}{2}\dfrac{z}{z-3} \end{bmatrix}$$

$$\boldsymbol{A}^n = \mathscr{Z}^{-1}[\boldsymbol{\phi}(z)] = \begin{bmatrix} \dfrac{1}{2}(-1)^n + \dfrac{1}{2} \cdot 3^n & -\dfrac{1}{4}(-1)^n + \dfrac{1}{4} \cdot 3^n \\ -(-1)^n + 3^n & -\dfrac{1}{2}(-1)^n + \dfrac{1}{2} \cdot 3^n \end{bmatrix} u[n]$$

故 $h[n] = (\boldsymbol{C}\boldsymbol{A}^{n-1}\boldsymbol{B}) u[n-1]$

$$= \begin{bmatrix} 1 & 0 \end{bmatrix} \begin{bmatrix} \dfrac{1}{2}(-1)^{n-1} + \dfrac{1}{2} \cdot 3^{n-1} & -\dfrac{1}{4}(-1)^{n-1} + \dfrac{1}{4} \cdot 3^{n-1} \\ -(-1)^{n-1} + 3^{n-1} & \dfrac{1}{2}(-1)^{n-1} + \dfrac{1}{2} \cdot 3^{n-1} \end{bmatrix} \begin{bmatrix} 0 \\ 1 \end{bmatrix}$$

$$= \dfrac{1}{4}[3^{n-1} - (-1)^{n-1}] u[n-1]$$

(2) $$X(z) = \frac{z}{z-1}$$

$$Y(z) = \boldsymbol{\phi}(z)y[0] + \boldsymbol{\phi}(z)z^{-1}\boldsymbol{BX}(z) = \begin{bmatrix} \frac{3}{8}\frac{z}{z+1} + \frac{7}{8}\frac{z}{z-3} - \frac{1}{4}\frac{z}{z-1} \\ -\frac{3}{4}\frac{1}{z+4} + \frac{7}{4}\frac{z}{z-3} \end{bmatrix}$$

故状态方程：

$$\begin{bmatrix} y_1[n] \\ y_2[n] \end{bmatrix} = \begin{bmatrix} \frac{3}{8}(-1)^n + \frac{7}{8}(3)^n - \frac{1}{4}(1)^n \\ -\frac{3}{4}(-4)^n + \frac{7}{4}(3)^n \end{bmatrix} u[n]$$

输出方程：

$$y[n] = y_1[n] = \left[\frac{3}{8}(-1)^n + \frac{7}{8}(3)^n - \frac{1}{4}(1)^n\right]u[n]$$

(3) $$|z\boldsymbol{I} - \boldsymbol{A}| = \left| z\begin{bmatrix} 1 & 0 \\ 0 & 1 \end{bmatrix} - \begin{bmatrix} 1 & 1 \\ 4 & 1 \end{bmatrix} \right| = (z-1)^2 - 4 = (z-3)(z+1) = 0$$

自然频率，即极点 $p_1 = 3, p_2 = -1$。由于极点 p_1 位于单位圆外，故系统不稳定。

11. 已知系统的状态方程和输出方程分别为

$$\begin{bmatrix} \lambda_1[n+1] \\ \lambda_2[n+1] \end{bmatrix} = \begin{bmatrix} -5 & -1 \\ 3 & -1 \end{bmatrix} \begin{bmatrix} \lambda_1[n] \\ \lambda_2[n] \end{bmatrix} + \begin{bmatrix} 2 \\ 5 \end{bmatrix} x[n]$$

$$y[n] = \begin{bmatrix} 1 & 2 \end{bmatrix} \begin{bmatrix} \lambda_1[n] \\ \lambda_2[n] \end{bmatrix} + x[n]$$

(1) 求系统的差分方程；
(2) 求系统的单位脉冲响应 $h[n]$；
(3) 判断系统的稳定性。

解 (1) $\boldsymbol{A} = \begin{bmatrix} -5 & -1 \\ 3 & -1 \end{bmatrix}$, $\boldsymbol{B} = \begin{bmatrix} 2 \\ 5 \end{bmatrix}$, $\boldsymbol{C} = \begin{bmatrix} 1 & 2 \end{bmatrix}$, $\boldsymbol{D} = [1]$

$$H(z) = \boldsymbol{C}[z\boldsymbol{I} - \boldsymbol{A}]^{-1}\boldsymbol{B} + \boldsymbol{D} = \begin{bmatrix} 1 & 2 \end{bmatrix} \begin{bmatrix} z+5 & 1 \\ -3 & z+1 \end{bmatrix} \begin{bmatrix} 2 \\ 5 \end{bmatrix} + [1]$$

$$= \begin{bmatrix} 1 & 2 \end{bmatrix} \begin{bmatrix} \frac{z+1}{z^2+6z+8} & \frac{-1}{z^2+6z+8} \\ \frac{3}{z^2+6z+8} & \frac{z+5}{z^2+6z+8} \end{bmatrix} \begin{bmatrix} 2 \\ 5 \end{bmatrix} + 1 = \frac{12z+59}{z^2+6z+8} + 1 = \frac{z^2+18z+67}{z^2+6z+8}$$

$$H(z) = \frac{Y(z)}{X(z)} = \frac{z^2+18z+67}{z^2+6z+8}$$

故得差分方程：

$$y[n+2] + 6y[n+1] + 8y[n] = x[n+2] + 18x[n+1] + 67x[n]$$

(2) $$H(z) = \frac{z^2+18z+67}{z^2+6z+8} = -\frac{35}{4}\frac{z}{z+2} + \frac{11}{8}\frac{z}{z+4} + \frac{67}{8}$$

$$h[n] = \left[-\frac{35}{4}(-2)^n + \frac{11}{8}(-4)^n\right]u[n] + \frac{67}{8}\delta[n]$$

(3) 系统的特征方程为

$$|z\boldsymbol{I}-\boldsymbol{A}|=\begin{vmatrix} z+5 & 1 \\ -3 & z+1 \end{vmatrix}=z^2+6z+8=(z+2)(z+4)=0$$

特征根 $p_1=-2, p_2=-4$ 均在单位圆外，故系统不稳定。

12. 系统的状态矩阵如下，求 $e^{\boldsymbol{A}t}$。

(1) $\boldsymbol{A}=\begin{bmatrix} -2 & 0 \\ 0 & -3 \end{bmatrix}$；

(2) $\boldsymbol{A}=\begin{bmatrix} -2 & 1 \\ 0 & -2 \end{bmatrix}$；

(3) $\boldsymbol{A}=\begin{bmatrix} -3 & 1 \\ 2 & -2 \end{bmatrix}$；

(4) $\boldsymbol{A}=\begin{bmatrix} 0 & 1 & 0 \\ 0 & 0 & 1 \\ 2 & -5 & 4 \end{bmatrix}$。

解 (1) $\qquad e^{\boldsymbol{A}t}=\beta_0\boldsymbol{I}+\beta_1\boldsymbol{A}$

$$|\alpha\boldsymbol{I}-\boldsymbol{A}|=\left|\alpha\begin{bmatrix} 1 & 0 \\ 0 & 1 \end{bmatrix}-\begin{bmatrix} -2 & 0 \\ 0 & -3 \end{bmatrix}\right|=\begin{vmatrix} \alpha+2 & 0 \\ 0 & \alpha+3 \end{vmatrix}=(\alpha+2)(\alpha+3)=0$$

特征根 $\alpha_1=-2, \alpha_2=-3$，则有

$$\begin{cases} \beta_0-2\beta_1=e^{-2t} \\ \beta_0-3\beta_1=e^{-3t} \end{cases}$$

解得

$$\begin{cases} \beta_0=3e^{-2t}-2e^{-3t} \\ \beta_1=e^{-2t}-e^{-3t} \end{cases}$$

所以

$$e^{\boldsymbol{A}t}=\beta_0\boldsymbol{I}+\beta_1\boldsymbol{A}=(3e^{-2t}-2e^{-3t})\begin{bmatrix} 1 & 0 \\ 0 & 1 \end{bmatrix}+(e^{-2t}-e^{-3t})\begin{bmatrix} -2 & 0 \\ 0 & -3 \end{bmatrix}=\begin{bmatrix} e^{-2t} & 0 \\ 0 & e^{-3t} \end{bmatrix}$$

(2) $\quad |\alpha\boldsymbol{I}-\boldsymbol{A}|=\left|\alpha\begin{bmatrix} 1 & 0 \\ 0 & 1 \end{bmatrix}-\begin{bmatrix} -2 & 1 \\ 0 & -2 \end{bmatrix}\right|=\begin{vmatrix} \alpha+2 & 1 \\ 0 & \alpha+2 \end{vmatrix}=(\alpha+2)^2=0$

得 $\qquad \alpha_1=\alpha_2=-2=\lambda$

则有

$$\begin{cases} \beta_0+\beta_1\lambda=e^{\lambda t} \\ \dfrac{d}{d\lambda}(\beta_0+\beta_1\lambda)=\dfrac{d}{d\lambda}e^{\lambda t} \end{cases} \quad \text{或} \quad \begin{cases} \beta_0+\beta_1(-2)=e^{-2t} \\ \beta_1=te^{-2t} \end{cases}$$

得

$$\begin{cases} \beta_0=(1+2t)e^{-2t} \\ \beta_1=te^{-2t} \end{cases}$$

所以 $\quad e^{\boldsymbol{A}t}=\beta_0\boldsymbol{I}+\beta_1\boldsymbol{A}=(1+2t)e^{-2t}\begin{bmatrix} 1 & 0 \\ 0 & 1 \end{bmatrix}+te^{-2t}\begin{bmatrix} -2 & 1 \\ 0 & -2 \end{bmatrix}=\begin{bmatrix} e^{-2t} & te^{-2t} \\ 0 & e^{-2t} \end{bmatrix}$

(3) $\quad |\alpha\boldsymbol{I}-\boldsymbol{A}|=\begin{vmatrix} \alpha+3 & -1 \\ -2 & \alpha+2 \end{vmatrix}=\alpha^2+5\alpha+4=(\alpha+1)(\alpha+4)=0$

得 $\qquad \alpha_1=-1, \quad \alpha_2=-4$

则有

$$\begin{cases} \beta_0 + \beta_1(-1) = \mathrm{e}^{-t} \\ \beta_0 + \beta_1(-4) = \mathrm{e}^{-4t} \end{cases}$$

解得

$$\begin{cases} \beta_0 = \dfrac{4}{3}\mathrm{e}^{-t} - \dfrac{1}{3}\mathrm{e}^{-4t} \\ \beta_1 = \dfrac{1}{3}\mathrm{e}^{-t} - \dfrac{1}{3}\mathrm{e}^{-4t} \end{cases}$$

所以 $\mathrm{e}^{\mathbf{A}t} = \beta_0 \mathbf{I} + \beta_1 \mathbf{A} = \left(\dfrac{4}{3}\mathrm{e}^{-t} - \dfrac{1}{3}\mathrm{e}^{-4t}\right)\begin{bmatrix} 1 & 0 \\ 0 & 1 \end{bmatrix} + \left(\dfrac{1}{3}\mathrm{e}^{-t} - \dfrac{1}{3}\mathrm{e}^{-4t}\right)\begin{bmatrix} -3 & 1 \\ 2 & -2 \end{bmatrix}$

$$= \begin{bmatrix} \dfrac{1}{3}\mathrm{e}^{-t} + \dfrac{2}{3}\mathrm{e}^{-4t} & \dfrac{1}{3}\mathrm{e}^{-t} - \dfrac{1}{3}\mathrm{e}^{-4t} \\ \dfrac{2}{3}\mathrm{e}^{-t} - \dfrac{2}{3}\mathrm{e}^{-4t} & \dfrac{2}{3}\mathrm{e}^{-t} + \dfrac{1}{3}\mathrm{e}^{-4t} \end{bmatrix}$$

(4) 用拉普拉斯变换求解：

$$(s\mathbf{I} - \mathbf{A})^{-1} = \begin{bmatrix} s & -1 & 0 \\ 0 & s & -1 \\ -2 & 5 & s-4 \end{bmatrix}$$

$$= \dfrac{1}{(s-1)^2(s-2)} \begin{bmatrix} s^2 - 4s + 5 & s - 4 & 1 \\ 2 & s^2 - 4s & s \\ 2s & -5s + 2 & s^2 \end{bmatrix}$$

$$= \begin{bmatrix} \dfrac{-2}{(s-1)^2} + \dfrac{1}{s-2} & \dfrac{3}{(s-1)^2} + \dfrac{2}{s-1} - \dfrac{2}{s-2} & \dfrac{-1}{(s-1)^2} - \dfrac{1}{s-1} + \dfrac{1}{s-2} \\ \dfrac{-2}{(s-1)^2} - \dfrac{2}{s-1} + \dfrac{2}{s-2} & \dfrac{3}{(s-1)^2} + \dfrac{5}{s-1} - \dfrac{4}{s-2} & \dfrac{-1}{(s-1)^2} - \dfrac{2}{s-1} + \dfrac{2}{s-2} \\ \dfrac{-2}{(s-1)^2} - \dfrac{4}{s-1} + \dfrac{4}{s-2} & \dfrac{3}{(s-1)^2} + \dfrac{8}{s-1} - \dfrac{8}{s-2} & \dfrac{-1}{(s-1)^2} - \dfrac{3}{s-1} + \dfrac{4}{s-2} \end{bmatrix}$$

$$\mathrm{e}^{\mathbf{A}t} = \mathscr{L}^{-1}\left[(s\mathbf{I} - \mathbf{A})^{-1}\right]$$

$$= \begin{bmatrix} -2t\mathrm{e}^t + \mathrm{e}^{2t} & 3t\mathrm{e}^t + 2\mathrm{e}^t - 2\mathrm{e}^{2t} & -t\mathrm{e}^t - \mathrm{e}^t + \mathrm{e}^{2t} \\ -2t\mathrm{e}^t - 2\mathrm{e}^t + 2\mathrm{e}^{2t} & 3t\mathrm{e}^t + 5\mathrm{e}^t - 4\mathrm{e}^{2t} & -t\mathrm{e}^t - 2\mathrm{e}^t + 2\mathrm{e}^{2t} \\ -2t\mathrm{e}^t - 4\mathrm{e}^t + 4\mathrm{e}^{2t} & 3t\mathrm{e}^t + 8\mathrm{e}^t - 8\mathrm{e}^{2t} & -t\mathrm{e}^t - 3\mathrm{e}^t + 4\mathrm{e}^{2t} \end{bmatrix}$$

或用特征根法求解：

$$|\alpha \mathbf{I} - \mathbf{A}| = \left| \alpha \begin{bmatrix} 1 & 0 & 0 \\ 0 & 1 & 0 \\ 0 & 0 & 1 \end{bmatrix} - \begin{bmatrix} 0 & 1 & 0 \\ 0 & 0 & 1 \\ 2 & -5 & 4 \end{bmatrix} \right| = (\alpha - 1)^2(\alpha - 2) = 0$$

得 $\alpha_1 = \alpha_2 = 1, \alpha_3 = 2$。其余从略。

13. 已知 $\mathbf{A} = \begin{bmatrix} 2 & 1 \\ 0 & 2 \end{bmatrix}$，求 $\mathbf{A}^n$。

解
$$\mathbf{A} = \begin{bmatrix} 2 & 1 \\ 0 & 2 \end{bmatrix}$$

$$|\alpha \mathbf{I} - \mathbf{A}| = \begin{vmatrix} \alpha - 2 & 1 \\ 0 & \alpha - 2 \end{vmatrix} = (\alpha - 2)^2 = 0$$

得
$$\alpha_1 = \alpha_2 = 2$$
$$A^n = \beta_0 I + \beta_1 A = \begin{bmatrix} \beta_0 + 2\beta_1 & \beta_1 \\ 0 & \beta_0 + 2\beta_1 \end{bmatrix}$$
$$\begin{cases} \beta_0 + \beta_1 \alpha = 2^n \\ \beta_1 = n \cdot \alpha^{n-1} \end{cases}$$
$$\alpha = \alpha_1 = \alpha_2 = 2$$

求得
$$\beta_0 = (1-n)2^n, \quad \beta_1 = n2^{n-1}$$

所以
$$A_n = \begin{bmatrix} 2^n & n2^{n-1} \\ 0 & 2^n \end{bmatrix}$$

14. 线性时不变系统的状态方程和输出方程分别为
$$\dot{\lambda}(t) = A\lambda(t) + Bx(t)$$
$$y(t) = C\lambda(t)$$

式中:$A = \begin{bmatrix} -2 & 2 & -1 \\ 0 & -2 & 0 \\ 1 & -4 & 0 \end{bmatrix}; B = \begin{bmatrix} 0 \\ 1 \\ 1 \end{bmatrix}, C = \begin{bmatrix} 1 & 0 & 0 \end{bmatrix}$。

(1) 判断系统的可控性；
(2) 判断系统的可观性；
(3) 求系统的转移函数。

解 (1) $S = [B \vdots AB \vdots A^2 B]$

$$= \begin{bmatrix} \begin{bmatrix} 0 \\ 1 \\ 1 \end{bmatrix} & \begin{bmatrix} -2 & 2 & -1 \\ 0 & -2 & 0 \\ 1 & -4 & 0 \end{bmatrix}\begin{bmatrix} 0 \\ 1 \\ 1 \end{bmatrix} & \begin{bmatrix} -2 & 2 & -1 \\ 0 & -2 & 0 \\ 1 & -4 & 0 \end{bmatrix}^2 \begin{bmatrix} 0 \\ 1 \\ 1 \end{bmatrix} \end{bmatrix}$$

$$= \begin{bmatrix} 0 & 1 & -6 \\ 1 & -2 & 4 \\ 1 & -4 & 9 \end{bmatrix}$$

矩阵满秩，故系统可控。

(2) $R = \begin{bmatrix} C \\ CA \\ CA^2 \end{bmatrix} = \begin{bmatrix} 1 & 0 & 0 \\ -2 & 2 & -1 \\ 3 & 4 & 2 \end{bmatrix}$

矩阵的秩为3，满秩，故系统可观。

(3) $H(s) = C(sI - A)^{-1}B + D = \begin{bmatrix} 1 & 0 & 0 \end{bmatrix} \begin{bmatrix} s+2 & -2 & 1 \\ 0 & s+2 & 0 \\ -1 & 4 & s \end{bmatrix}^{-1} \begin{bmatrix} 0 \\ 1 \\ 1 \end{bmatrix}$

$$= \begin{bmatrix} 1 & 0 & 0 \end{bmatrix} \frac{1}{(s+2)(s+1)^2} \begin{bmatrix} s(s+2) & s(s+2) & -(s+2) \\ 0 & (s+1)^2 & 0 \\ s+2 & -(4s+6) & (s+2)^2 \end{bmatrix} \begin{bmatrix} 0 \\ 1 \\ 1 \end{bmatrix}$$

$$= \frac{1}{(s+1)^2}$$

15. 已知系统的状态方程和输出方程分别为

$$\begin{bmatrix} \dot{\lambda}_1(t) \\ \dot{\lambda}_2(t) \end{bmatrix} = \begin{bmatrix} -2 & -1 \\ -1 & -2 \end{bmatrix} \begin{bmatrix} \lambda_1(t) \\ \lambda_2(t) \end{bmatrix} + \begin{bmatrix} 1 \\ 1 \end{bmatrix} x(t)$$

$$y(t) = \begin{bmatrix} 0 & 1 \end{bmatrix} \begin{bmatrix} \lambda_1(t) \\ \lambda_2(t) \end{bmatrix}$$

(1) 判断系统的可控性；
(2) 判断系统的可观性；
(3) 求系统的转移函数。

解 (1) $A = \begin{bmatrix} -2 & -1 \\ -1 & -2 \end{bmatrix}$, $B = \begin{bmatrix} 1 \\ 1 \end{bmatrix}$, $C = \begin{bmatrix} 0 & 1 \end{bmatrix}$, $D = 0$

$$M = [B \vdots AB] = \begin{bmatrix} \begin{bmatrix} 1 \\ 1 \end{bmatrix} & \begin{bmatrix} -2 & -1 \\ -1 & -2 \end{bmatrix} \begin{bmatrix} 1 \\ 1 \end{bmatrix} \end{bmatrix} = \begin{bmatrix} 1 & -3 \\ 1 & -3 \end{bmatrix} \rightarrow \begin{bmatrix} 1 & -3 \\ 0 & 0 \end{bmatrix} \rightarrow \begin{bmatrix} 1 & 0 \\ 0 & 0 \end{bmatrix}$$

矩阵的秩为1，不满秩，故系统不可控。

(2) $$N = \begin{bmatrix} C \\ CA \end{bmatrix} = \begin{bmatrix} 0 & 1 \\ -1 & -2 \end{bmatrix}$$

矩阵不满秩，故系统不可观。

(3) $H(s) = C(sI-A)^{-1}B + D = \begin{bmatrix} 0 & 1 \end{bmatrix} \begin{bmatrix} s+2 & 1 \\ 1 & s+2 \end{bmatrix}^{-1} \begin{bmatrix} 1 \\ 1 \end{bmatrix}$

$= \begin{bmatrix} 0 & 1 \end{bmatrix} \dfrac{1}{(s+2)^2 - 1} \begin{bmatrix} s+2 & -1 \\ -1 & s+2 \end{bmatrix} \begin{bmatrix} 1 \\ 1 \end{bmatrix} = \dfrac{s+1}{s^2 + 4s + 3} = \dfrac{1}{s+3}$

16. 设系统的状态方程和输出方程分别为

$$\dot{\lambda}(t) = A\lambda(t) + Bx(t)$$
$$y(t) = C\lambda(t) + Dx(t)$$

式中：$A = \begin{bmatrix} 0 & 1 \\ 2 & 1 \end{bmatrix}$；$B = \begin{bmatrix} 1 \\ -1 \end{bmatrix}$；$C = \begin{bmatrix} 1 & -1 \end{bmatrix}$，$D = 0$。

(1) 系统是否可控；
(2) 系统是否可观。

解 $A = \begin{bmatrix} 0 & 1 \\ 2 & 1 \end{bmatrix}$, $B = \begin{bmatrix} 1 \\ -1 \end{bmatrix}$, $C = \begin{bmatrix} 1 & -1 \end{bmatrix}$

$$AB = \begin{bmatrix} 0 & 1 \\ 2 & 1 \end{bmatrix} \begin{bmatrix} 1 \\ -1 \end{bmatrix} = \begin{bmatrix} -1 \\ 1 \end{bmatrix}$$

$$S = [B \vdots AB] = \begin{bmatrix} 1 & -1 \\ -1 & 1 \end{bmatrix} \rightarrow \begin{bmatrix} 1 & -1 \\ 0 & 0 \end{bmatrix}$$

(1) 矩阵的秩 rank $S = 1$，小于2，不满秩，故系统不可控。

$$CA = \begin{bmatrix} 1 & -1 \end{bmatrix} \begin{bmatrix} 0 & 1 \\ 2 & 1 \end{bmatrix} = \begin{bmatrix} -2 & 0 \end{bmatrix}$$

$$R = \begin{bmatrix} C \\ CA \end{bmatrix} = \begin{bmatrix} 1 & -1 \\ -2 & 0 \end{bmatrix}$$

(2) 矩阵的秩 rank $R = 2$，满秩，故系统可观。

参 考 文 献

[1] Edward W. Kamen, Bonnie S. Heck. Fundamentals of signals and systems: using the Web and MATABLE(Third edition)[M]. 北京:科学出版社,2011.

[2] 姜建国,曹建中,高玉明. 信号与系统分析基础[M]. 2版. 北京:清华大学出版社,2006.

[3] 吴大正,杨林耀,张永瑞. 信号与线性系统分析[M]. 3版. 北京:高等教育出版社,1998.

[4] 王宝祥. 信号与系统[M]. 2版. 哈尔滨:哈尔滨工业大学出版社,2000.

[5] 郑君里,应启珩,张永瑞. 信号与系统[M]. 2版. 北京:高等教育出版社,2000.

[6] 管致中,夏恭恪. 信号与线性系统[M]. 4版. 北京:高等教育出版社,2004.

[7] 范世贵,李辉. 信号与线性系统[M]. 2版. 西安:西北工业大学出版社,2006.

[8] Alan V. Oppenheim, Alan S. Willsky. Signals and Systems(Second edition)[M]. 北京:电子工业出版社,2002.

[9] Simon Haykin, Barry Van Veen. Signals and Systems(Second edition)[M]. 北京:电子工业出版社,2012.

[10] Hwei P. Hsu. 信号与系统[M]. 北京:科学出版社,2002.

[11] Hwei P. Hsu. 数字信号处理[M]. 北京:科学出版社,2002.

[12] Edward W. Kamen, Bonnie S. Heck. Fundamentals of signals and systems: using the Web and MATABLE(Second edition)[M]. 北京:科学出版社,2002.